油库实用堵漏技术

（第2版）

郝宝垠　朱焕勤　樊宝德　　　　主　编
张永国　李钦华　赵鹏程　宋生奎　副主编

U0263354

中国石化出版社

内 容 提 要

本书是作者根据多年从事油气储运专业教学和科研工作所积累的油库堵漏方面的丰富经验和大量资料,进行系统、全面的总结编写而成。该书共分九章,对油库设备泄漏和堵漏的基本知识、油料泄漏检测方法、油库用密封材料、密封件的制作与拆装、油泵堵漏、阀门堵漏、油管堵漏、油罐堵漏、岩洞和建筑物堵漏分别进行了详细阐述。

本书既可作为油气储运专业的大中专学生选修课程的教科书,又可作为油库管理人员、油库工程技术人员和技术工人的参考书。

图书在版编目(CIP)数据

油库实用堵漏技术/郝宝垠,朱焕勤,樊宝德主编.
—2 版.—北京:中国石化出版社,2016.1(2024.12 重印)
ISBN 978 - 7 - 5114 - 3825 - 6

Ⅰ.①油… Ⅱ.①郝…②朱…③樊… Ⅲ.①油库 - 堵漏 - 技术
Ⅳ.①TE972

中国版本图书馆 CIP 数据核字(2016)第 020961 号

中国石化出版社出版发行
地址:北京市东城区安定门外大街 58 号
邮编:100011 电话:(010)57512500
发行部电话:(010)57512575
http://www.sinopec-press.com
E-mail:press@ sinopec.com
北京艾普海德印刷有限公司印刷
全国各地新华书店经销
*
787 毫米×1092 毫米 16 开本 15 印张 374 千字
2016 年 3 月第 2 版 2024 年 12 月第 2 次印刷
定价:48.00 元

前　　言

油库内油料发生"跑、冒、漏、洒"现象是司空见惯的，这往往是给国家财产和人民生命造成重大危害的根源。因此，油库内油料一旦发生泄漏，就应立即给予处理，阻止油料泄漏。但是，油料是易燃易爆又具毒性的物质，若使用的堵漏技术不当，不仅不能阻止油料泄漏，反而会引发重大事故。

堵漏技术是一门既古老又正处于不断发展的新兴技术，近些年来，我国在这一领域取得了长足进步。在油库的堵漏技术方面，不再仅仅是机械堵漏技术，粘接堵漏技术、带压堵漏技术、带压注剂堵漏技术在油库中也开始较为广泛地被采用，不停输密闭开孔封堵更换管道的高新技术，在油库也具有很好的应用前景。

作者在多年从事油气储运专业教学和科研中积累了丰富经验和资料，经过系统且全面的总结，将油库可以应用的各种堵漏技术撰写成册，献给广大读者。其目的就是减少油料泄漏事故的发生，从而减少损失，又能做到一旦发生油料泄漏，不至于束手无策或蛮干，能及时、迅速、安全地将泄漏堵住，避免因堵漏方法不当而酿成重大事故。

本书在编写的过程中，作者引用了不少国内外最新研究成果和资料，同时，还得到了机关领导及有关友人的大力支持和帮助，在此谨表深深的谢意。

这次再版时，在"油料泄漏检测"这一章增加了"漏油检测仪表简介"；在原第三章"油库用密封材料"基础上增加了"油库抢修器材"，以方便油库应急抢修工作；在"岩洞和建筑物堵漏"这一章，增加了"油库岩洞、油罐掩体渗水堵漏方法"一节。另外，原版中引用的部分文献有变动，此次再版时随之作了修订。其他内容，基本保留原稿，未作大的调整。

本书由郝宝垠、朱焕勤、樊宝德主编，张永国、李钦华、赵鹏程、宋生奎任副主编。全书由樊宝德负责统稿。限于作者水平，书中不妥之处，敬请广大读者斧正。

编　者

目　　录

1 概　　述

1.1　泄漏简介

1.1.1　泄漏的定义

所谓泄漏是指介质通过设备、装置的本体或其密封装置（或系统）向外流淌或挥发的现象。

人类进入文明社会以后，尤其在进入工业化之后，人们在生产、生活的各个领域各个部门大量使用了各种类型的机械、装置、设备、设施和工具，密封技术渗透到了几乎所有领域，从航天到地面，从陆地到水下，从工矿到农村，从生产到生活，各行各业都离不开密封技术。这就自然地随之产生了一个普遍性的又是经常性的"难题"，即一个密封装置或密封系统在使用一段时间之后，都不可避免地出现介质通过密封装置向外泄漏的现象。例如，当我们参观某个工矿企业时，往往会发现一种奇特的景象：有的是云雾缭绕（蒸汽泄漏）；有的是五彩缤纷（泄漏出的各色烟、尘、气）；有的是香气扑鼻（散发出的酒精、溶剂、香料）；有的是玉液潺流（水、液态介质外泄）；有的是彩披素装（渗出的红色锈液、黄色盐类等多彩介质，或堆积的冰块、雪白的烧碱等）。所有这些现象都是由于介质泄漏造成的。

1.1.2　油库设备泄漏的危害

1. 油库设备泄漏易引发火灾爆炸事故

油库内众多设备都是与易燃易爆的石油产品相关的。设备发生泄漏后，油品挥发，其浓度极易达到爆炸极限，极易满足燃烧三条件，从而引发火灾爆炸。这样的惨痛教训举不胜举。如1996年2月19日，浙江某油库，由于油罐底板被腐蚀穿孔，油料泄漏流至油库挡土墙外，引发了一场火灾。

再如，1977年7月21日15时，某石油公司2000m^3的5#半地下覆土油罐，由于长期泄漏没处理，致使罐室内始终存有高浓度汽油蒸气，形成了稳定的爆炸源。当天又向该罐卸下192t汽油，卸油时从呼吸阀排出的油气，由于当时天阴气压低久久未散，在5#罐附近积聚，油罐采光孔盖未盖，使罐内外油气串成一体，形成了一个里外相通的爆炸性气体空间，经雷击点燃采光孔周围爆炸性混合气体，引起油罐火灾。罐内油料外泄流入消防水池，消防人员抽水扑救时，发动机喷出的火星又点燃了消防池内的油料，使火势进一步扩大蔓延，又引发了第二场火灾。

2. 油库设备泄漏易引发中毒伤亡事故

油库所储油品除具有易燃易爆特点外，还具有毒性，特别是含硫油品及添加四乙基铅的汽油，毒性更大。轻质油品的毒性比重质油品的毒性小一些，但轻质油品挥发性大，往往使空气中的油蒸气浓度比重质油品的高，其危害更大。大量的油蒸气若经过口鼻等器官进入呼吸系统，能使人体器官受到伤害而引起急性或慢性中毒。空气中油蒸气含量为0.28%时，经过12~14min后，会使人感到头昏；若空气中油蒸气含量为1.13%~2.22%时，在几分钟内便使人难以支持；若空气中油蒸气含量更高时，会使人立即昏倒、丧失知觉，甚至窒息死亡。

例如 1998 年 5 月 28 日，某石油公司 4# 半地下覆土油罐进出油管法兰垫片渗漏，7 名工人分 3 批进入罐室拆卸法兰螺栓更换垫片。最后一个螺栓未卸下来，晚饭时，工人们感到头昏吃不下饭，两天没上班。5 月 31 日，储运科长又组织了 7 人拆卸该罐进出油管法兰上的最后一个螺栓。科长用毛巾捂住嘴巴先下罐室检查，10min 后昏倒在地。罐外人员于是分三批徒手下去抢救，均刚走几步就昏倒，最后三人经抢救无效死亡。

又如，1998 年 5 月 15 日，某后方油库从半地下油罐向发油棚进行油料输转作业时，少量油料通过放空阀外漏至罐前阀门井内。作业结束后，1 名保管员独自进入深度达 6.5m 的该阀门井内操作阀门，结果中毒昏迷在阀门井内，身亡。

3. 油库设备泄漏易造成重大的经济损失和环境污染

油库储存的石油产品是关系到国计民生的重要能源，同时也是关系到战争胜败的重要战略物资。从某种意义上说，当今世界谁控制了石油资源，谁就控制了经济发展的命脉；谁掌握了石油资源，谁就掌握了战争的主动权。石油产品从原油开采到炼厂提炼加工，再到油库其中经过了多个环节，其价格也是不菲的。从油库设备中泄漏出的油料，一般是难以回收的，即使回收极少的一部分，大多质量下降很难使用，需重新加工才可供应使用，因此，油库设备一旦发生泄漏，就会造成重大的经济损失。

由于油品是具有毒性的，不仅能使人员中毒，而且也能使农作物中毒。油品泄漏时油料所到之处的庄稼、树木、植被严重的都会死亡。油料渗入的农田，连续多年都会颗粒不收。油品渗入地下，进入地下水，居民长期饮用，会引起多种急慢性疾病。油品蒸气挥发在空气中，如前文所述会引起人们中毒甚至死亡。由此可见，油库设备泄漏会造成严重的环境污染，严重损害人民健康。

1.1.3 油库设备泄漏的分类

油库设备泄漏，由于设备的多样性，决定了泄漏的场所和泄漏的形态的繁杂性，但归纳起来不外乎以下四种。

1. 静态泄漏

静态泄漏系指无相对运动的密封副之间的一种泄漏。如油库内各式各样的法兰、螺纹、油桶的捲口等结合处的泄漏都属静态泄漏。

2. 动态泄漏

动态泄漏系指具有相对运动的密封副之间的一种泄漏。如油泵轴与轴套之间、机械密封的动环与静环之间、机械的往复杆与填料之间的泄漏均属于动态泄漏。

3. 关闭件泄漏

关闭件泄漏系指关闭件(闸板、阀瓣、球体、旋塞锥、节流锥、滑块、柱塞等)与关闭座(阀座、旋塞体等)之间的一种泄漏。不同于静密封和动密封，关闭件具有截止、换向、节流、调节、减压、安全、止回、分离等作用，是特殊的密封装置。

4. 本体泄漏

设备壳体、油管壁、阀体、油罐壁、油罐底等部件自身产生的一种泄漏。如砂眼、裂缝、腐蚀穿孔或焊接缺陷引起的泄漏。

1.1.4 油库设备泄漏的原因

油库设备泄漏的原因是多方面的，归纳起来不外乎以下几个方面。

1. 安装施工质量差

在油库安装施工过程中，质量不符合设计要求，而发生泄漏。如输油管、油罐及其附件，在安装时焊接质量不过关，留有隐形砂眼，或焊接工艺不当引起裂纹、变形而导致油品泄漏；油泵过滤器等设备安装时精度不高，导致设备间隙过大，轴与孔偏心距大，振动冲击大，加速零件磨损、密封面粗糙而泄漏；油罐基础施工质量差，引起不均匀或超限沉降，使油罐屈起钢板折裂、折断而导致泄漏；输油管在安装过程中，下沟、回填时野蛮作业，自体撞坏或被重物砸凹陷穿孔、裂纹而泄漏。

2. 设计不合理

设计不合理是造成油库设备泄漏的又一重要原因。如油罐进出油管道上不设弹性短管，由于油罐基础沉降，使管道上的法兰面上受力不平衡，其密封垫受压不均，导致泄漏。同样油泵进出口管道上不设弹性短管，油泵工作中产生的振动得不到消除，使与之相连的阀门、法兰及其他设备受振动影响而产生泄漏。

设计不合理引起的油库设备泄漏，一般较难治理，需在油库设备检修和改造时一并解决。

3. 制造质量差

油库有些设备的泄漏是由于其制造质量低劣而引起的。如油泵、阀门等本体由于厂家铸造时留有砂眼等缺陷，使用后因受压而发生泄漏。又如输油管道及其连接附件因加工质量原因产生渗漏、断裂等现象屡见不鲜。

4. 操作不当

操作人员技术不熟练或工作责任心不强，发生误操作酿成泄漏事故的实例司空见惯。一般表现在：不按时、按质、按量添加润滑剂，导致油泵磨损而泄漏；操作阀门时，用力过猛，产生水击，冲坏阀门或管道及其附件，用力过大时还会破坏阀门密封面；查库不按时、不认真，油罐输油管等设备泄漏发现不及时，因堵漏不及时导致泄漏加重，酿成恶性事故。

5. 维修不周

维修不遵守操作规程和技术要求，维修质量差；不善于选用密封件，不及时更换失效的垫片和填料；密封件安装过得过紧或过松；密封面处理得不平整不光滑，影响其密封性；维修时蛮干，在无任何防范措施的情况下，换盘根、卸螺栓，造成设备泄漏；维修时焊接质量差，有气孔、砂眼、夹渣、裂纹等缺陷。

6. 腐蚀破坏

油库设备绝大多数都由钢材制造，如油罐输油管等均处于大气环境中，时时刻刻都遭受到大气中腐蚀介质的腐蚀，尤其是油罐底部以及埋地油管受到土壤腐蚀，山洞内油罐等设备往往受到水中所含腐蚀介质的严重腐蚀。油库设备泄漏事故据统计有近一半是由于腐蚀破坏所致。油罐底泄漏事故中腐蚀原因引起的比例更高。

7. 人为破坏

由于石油是重要的战略物资，战时是敌方破坏的重要目标，且油罐等设备是庞然大物，又属薄壳结构，步枪子弹即可击穿。油罐、输油管遭敌攻击时极易遭受破坏，造成油料泄漏。同时，石油产品比较紧缺，不法分子近些年来时时破坏输油管从中盗油，造成油料大量泄漏。

1.1.5 油库设备泄漏的预防

油库设备泄漏是油库管理中的一大顽症，但是可以预防的，这和防病、防洪一样，需要防患于未然。只要采取的防范措施得当，就能有效地防止油库设备泄漏事故的发生，或者将油料泄漏事故消灭在萌芽状态，使油料泄漏率降到最低限度。防止油库中油料泄漏的措施，大体有以下几个方面。

1. 把好合理设计关

油库设计是否合理是油料能否泄漏的关键所在。预防油料泄漏，首先应把好设计关，主要应做好以下几方面工作。

1）选材要正确

油库内多种设备材料应根据其所处场所环境、工况以及与之有关的油品性质进行正确选择。例如油库金属设备的防腐材料，一定要根据其设备所处环境的腐蚀介质的特点选用与之相适应的防腐材料。又如各种密封件选用时一定要考虑其耐油性能。

2）结构要合理

由于油料储运过程中会混入少许水分杂质，同时因温度变化，石油产品本身亦会析出部分水分，冬季易引起储油设备和输油管道冻结、堵塞、胀破，从而导致油品泄漏。夏季也会因为温度升高，油品体积的膨胀，胀坏密闭储油容器，或者胀裂油管导致油品泄漏，也可能油品从油罐上部开口处外溢，造成油品泄漏。所有这些都要从油库所用设备的结构方面加以考虑，采取正确的预防措施。又比如，土埋式卧式油罐，当处于地下水位高的地区时，雨季极易使油罐上浮，折断所连管道或油罐本身受到破坏，造成泄漏事故。为防止油罐上浮，其结构在设计时就应采取抗浮措施。

3）安全装置要齐全

设计时应考虑到操作失误、杂质混入以及静电积聚、遭受雷击等异常情况的发生，应根据实际情况设置各种安全装置，确保油库各项业务作业正常进行，防止油料泄漏事故的发生。例如设置防雷设备、设施；设置消除静电积聚设施；设置消防系统等。有条件的还应设安全监控系统。

2. 把好施工质量关

施工质量的好坏是油料设备能否保证不泄漏的决定因素。若施工质量差，就意味着油库设备存在着先天不足，投入运营后，极易发生泄漏事故。预防油料泄漏，在油库施工中应注意抓好以下几项工作。

1）设备基础应达到耐压力均匀

油罐、油泵、过滤器、管路支座等在基础施工时应严格按设计要求执行，同一基础应确保其各点的耐压力均衡，以确保不发生不均匀沉降。基础一旦发生不均匀沉降，往往会使油罐倾斜、变形、折断、翘屈、撕裂等，发生油料泄漏将在所难免。油泵基础若不均匀沉降，则会拉弯管道，使其连接法兰面受力不均，受拉的一侧间隙增大，受压一侧间隙减小，其密封垫片极易被破坏，泄漏也将在所难免。

2）设备安装质量应良好

油泵、阀门、法兰、丝扣等安装时，应做到装配合理、连接正确、配合恰当、松紧合适、受力均匀一致。设备安装时，其垂直度和水平度应符合要求，否则会造成偏磨、振动、泄漏现象；设备的地脚螺栓应坚固，接地线应牢固。调试后设备应振动小、润滑好、无泄漏，密封应可靠，操作应灵活。

3. 把好操作维护关

正确操作，及时维护是保证油库设备不漏的重要因素。

1）严格落实日查库制度

油库管理上应严格落实查库登记制度。多年来无论是民用油库还是军用油库都规定有每日查库登记制度。但有不少油库在执行中不认真、不落实，有的值班人员玩忽职守、走马观花。甚至人不到场，做假记录，造成微小渗漏发现不及时，维护不及时，结果酿成泄漏大事故。查库时应做到一看、二听、三嗅、四摸。即对各设备应用眼仔细认真观察有无渗油迹象，用耳细致听听有无漏油声音，用鼻子闻一闻有无油味，光线暗处看不到的地方还应用手摸一摸有无油渍油迹。

2）平稳操作，切忌蛮干

各种设备应按操作规程正确操作。开启运转设备和开关阀门时，不可用力过猛或忽大忽小，忽快忽慢，否则会使其部件受力不平衡，有时还会造成水击，从而损坏设备和密封件，造成泄漏。开关阀门时严禁使用长杠杆或过大手轮，阀门不可关得过紧。

一旦发现泄漏症状，就应及时加以处置，做到渗漏处置不过夜。

4. 把好堵漏技术关

油库内发生泄漏是难免的，为减少泄漏损失，正确应用堵漏技术至关重要。这方面应做好下述工作。

1）淘汰陈旧设备改进密封结构

有些油库设备陈旧老化，技术落后，泄漏严重，应及时淘汰更新。有的设备，其密封结构不完善，就应给予改进使之完善。如过去的一些输油泵，是用清水泵输送轻油的，其轴封结构不合理，可将其改造成胶圈（油封）密封，或螺旋密封或机械密封等，从而杜绝油泵泄漏。

2）采用先进的密封技术

随着科学技术的高速发展，密封技术水平也不断提高，新的密封材料新的密封产品不断地大量涌现，新的密封装置也不断地大量出现，取代了一部分传统的密封形式，使设备的泄漏率大幅度下降。

可以应用于油库的新型密封材料和密封元件有：聚四氟乙烯、柔性石墨、碳纤维、合成耐油橡胶及其制品、胶黏剂、厌氧胶及胶带、自紧密封圈、O 形密封圈、机械密封等。

1.2　堵漏简介

1.2.1　堵漏技术发展简史

为减少因泄漏造成的损失和危害，人们在长期实践中创造出了一门新技术，即"堵漏技术"。

所谓堵漏就是采用一定的设备、材料和工具按照一定的作业程序和方法将漏点封堵，阻止介质的泄漏。

在堵漏技术发展初期，一般仅能在停产、停输的条件下，进行简单的堵漏作业。后来，为了避免和减少因停产、停输带来的损失，在 20 世纪 50 年代国际上发展起了"带压堵漏技术"。该技术有代表性的是英国的弗曼奈特（Fermannite）公司的在线堵漏技术。我国基本上是 80 年代初开始进行带压堵漏技术的研究和应用，近些年来有了较大发展。随着堵漏技术的发展和应用，我国的胶黏剂与密封材料的研究与生产取得了长足进步。1980 年我国胶黏剂与密封材料的年产量约为 200kt，1987 年年产量为 700kt，1995 年就达 900 ~ 1000kt。目前，我国在质量和开发应用上还存在一定的差距，品种的系列化也不足。但在近几年发展非常迅速，在胶黏剂方面某些技术已处于世界领先水平。

在石油储运系统中，堵漏技术近些年来也获得了飞速发展。例如，输油管道不停输更换管道时的密闭开孔、密闭封堵技术及其设备，目前已处于国际领先地位。但是目前在油库内的应用还不够普遍，有待进一步发展。

1.2.2 油库设备堵漏方法不当的危害

油库设备发生泄漏后，堵漏作业过程中若不严格按操作规程办事，不采取必要的安全措施，盲目蛮干，往往酿成重大火灾爆炸事故或人员中毒身亡事故。

（1）堵漏时使用的手动工具或动力工具不是安全型的，使用时有可能产生火星，当温度达到油品及其油气燃烧条件时将会引起燃烧；若油气浓度处于爆炸极限范围，则会产生爆炸。

（2）采用焊接堵漏技术进行动火作业时，若动火现场未满足动火条件，也将会引起着火爆炸。

（3）堵漏时若不按正确的作业规程，又不采取合适的安全措施，也将会酿成事故。如对输油管道泄漏进行带压堵漏时，不先堵漏，在油品往外喷流的情况下就进行焊补，就难免不出事故。又如对油罐底板焊补时，虽然已清除了该油罐内的油品，且排净了该罐内油气，但在切割或焊接时未采取降温和消除火花等安全措施，依然会点燃由罐底板破损处渗入油罐基础内的油料，甚至引爆油气。

（4）带压掏盘根也很危险。如中高压管道上的阀门泄漏，堵漏时未降低管内油压，盲目地掏盘根，油品在压力下高速喷出，极易伤人，也极易着火爆炸。

（5）到罐室内、阀门井内去堵漏，不戴防毒面具，又不先通风换气，贸然进入罐室、罐内或井内，极易造成中毒、窒息、身亡事故。这类教训一定要记取。

综上所述，油库设备泄漏的危害太大，教训极为深刻。油库设备堵漏时，一定要树立牢固的安全意识，只有十分严格地按堵漏的安全操作规程执行，才可确保安全，使国家财产和人民生命得到保证。

1.2.3 油库设备堵漏方法简介

采用调整、堵塞或重建密封等方法，治理油库设备泄漏的过程称之谓堵漏。堵漏具有很高的经济价值和实用价值。应用堵漏技术可避免油库停业，可减少油料泄漏的损失，可避免由泄漏而引起的恶性事故，有时可挽回几十万甚至几百万元或更大的经济损失。有时可为我军赢得重大战机，为取得战争胜利创造重要条件。

堵漏是一门综合性高、技术性强、责任性大的特殊密封技术。堵漏的方法多种多样，对于油库实用的堵漏技术概括起来大致有如下几种。

1. 调整堵漏法

通过调整操作、调整密封元件的预紧力或者调整密封件的相对位置的一种消除泄漏的方法。

1）调位消漏

将密封元件的相对位置进行调换以达到消除泄漏的方法。这种方法常常用于以下场合的堵漏。①输油管上或油库设备上的连接法兰处泄漏时，可以通过一次性的调整法兰间隙来治理。②油泵泵轴、阀门杆或转向器的密封装置的填料函（箱）泄漏时，采用调整转轴（阀杆）与填料压盖之间的位置达到消除泄漏。③通过调整泵轴的水平位置以避免某一部位的局部磨损而引起的泄漏。

2）紧固消漏

给正在泄漏的密封件施加一适当的预紧力以达到消除泄漏的方法。这种方法常用于垫片、填料、机械密封等场合，也可用于球阀的阀座与球体间、旋塞阀的旋塞体与旋塞锥间的密封面。

3）清洗消漏

利用介质(油料)自身或其他液体(如水)将密封面上杂质清洗干净而达到消除泄漏的方法。这种方法经常用于油库里的闸阀、截止阀或机械密封的密封面上附着有杂质而引起的泄漏。

2. 机械堵漏法

采用机械方法构成新的密封层，从而堵住泄漏的方法称为机械堵漏法。这种方法广泛应用于油罐、输油管、过滤器等设备泄漏部位的内外堵漏。

1）顶压堵漏法

在油罐和管道上，固定一螺杆直接或间接堵住油罐和管道上的泄漏的方法。此法适用于油罐和中低压输油管道上的砂眼、腐蚀小孔或子弹穿孔等小洞的堵漏。

2）卡箍堵漏法

采用卡箍(卡子)将密封垫和压盖紧紧压在孔洞的内面或外面，从而达到消除泄漏的方法。这种方法适用于低压管道或便于操作的直径不大的设备堵漏。

3）支撑堵漏法

在设备、油罐、管道的外边设置支撑架，借助工具和密封垫堵住漏处的方法。此法适用于油罐、过滤器等较大设备容器壁泄漏的治理。

4）压盖堵漏法

采用螺栓将密封垫和压盖紧紧压在孔洞的内面或外面，从而达到消除泄漏的方法。此法适用于低压且便于操作的油库设备和管道的堵漏。

5）包裹堵漏法

采用金属密闭腔包住泄漏处，在腔内填充密封填料或连接处加密封垫的堵漏方法。此法适用于管道、法兰、螺纹等处的泄漏处理。

6）夹紧堵漏法

采用液压操纵夹紧器夹住泄漏处，使其变形而致密或使密封垫紧贴泄漏处，从而消除泄漏的方法。此法适用于螺纹连接处、管接头和管道其他部位的堵漏。

3. 塞孔堵漏法

采用挤瘪、堵塞等手段将作为堵漏的材料直接固定在泄漏孔洞内的方法。此法实际上是一种简单的机械堵漏法，它特别适用于油罐、油管、油泵、过滤器等的砂眼、小孔、小洞等缺陷的堵漏。

1）塞楔堵漏法

将韧性大的金属(铅、铝)、木头、塑料等材料制成圆锥体楔或扁形楔嵌入泄漏的孔洞或缝隙里，从而消除泄漏的方法。此法适用于油罐和中低压管道的泄漏处理。

2）螺塞堵漏法

在油罐、油管或其他设备的泄漏孔洞里钻孔攻丝，然后上紧螺塞和密封垫消除泄漏的方法叫螺塞堵漏法。此法适用于油罐和油管等设备其壁厚较大且孔洞较大部位的堵漏。

4. 粘补堵漏法

采用胶黏剂直接或间接堵住油罐、油管等设备泄漏的方法称为粘补堵漏法。这种方法最适宜于油库内设备漏油的处理，不需动火，利于油库安全，我们应大力推广应用此种堵漏技术。

1）粘接堵漏法

采用胶黏剂直接填补在泄漏处，或涂敷在螺纹处，使其粘接消除泄漏的方法。此法用于油罐和库内管道设备的堵漏。

2）缠绕堵漏法

将胶黏剂涂敷在泄漏部位和缠绕带上，以堵住泄漏的方法叫缠绕堵漏法。此法适用于管道和直径不大的设备上的堵漏，特别是腐蚀严重的部位。

3）粘压堵漏法

采用顶、压等手段把零件、板料、钉类、楔塞与胶黏剂一起堵住漏处，或使胶黏剂固化后拆除顶压工具的堵漏方法。此法适用于多种粘堵部位，但其应用范围受到温度和固化时间的限制。

4）涂敷堵漏法

将密封胶如厌氧密封胶、液体密封胶涂敷在缝隙、螺纹、孔洞处，使之密封而止漏的方法。也可用螺帽、玻璃纤维布等物固定。此法适用于油罐的堵漏。

5）强注密封胶堵漏法

在漏处将密封胶料强力注入密封腔内，并迅速固化成新的填料而止漏的方法。此法适用于难以堵漏的部位，如填料、法兰等泄漏的处理。

5. 更新密封法

采用更换、改进、修理漏处密封件及其结构，达到止漏的方法叫更新密封法。此法适用于密封填料的添加和更换，或改液体润滑为固体润滑、改道管路、重修垫片和填料装置等。

1）更换堵漏法

用新的密封件替换旧的密封件的堵漏方法。如更换阀门填料、泵轴填料。

2）改进堵漏法

改进泄漏处的密封件或密封装置结构而使之止漏的方法。如用胶圈或柔性石墨替代盘根，用聚四氟乙烯生胶带代替铅油麻丝，或用螺旋密封代替旧式填料函密封等。

3）重建堵漏法

在漏处重新设置新的垫片、填料等密封装置的方法。如在往复运动的填料处设置波纹管密封；在堵漏罩上设置填料装置；在垫片泄漏处设置O形圈、橡胶垫圈、聚四氟乙烯带等。

6. 焊补堵漏法

采用电(气)焊工艺直接或间接地堵住漏处的方法叫焊补堵漏法。这是一种传统的堵漏方法，它适用于焊接性能好的油库设备的堵漏，应用时必须严格按油库动火作业程序办理动火作业手续，且必须认真落实各项安全措施。

1）直焊堵漏法

将焊条直接填焊在泄漏处而止漏的方法叫直焊堵漏法。此法适用于油库内绝大多数设备小孔、小洞、小裂纹的堵漏。

2）间焊堵漏法

将焊缝用以固定压盖和密封件，而不直接用于堵漏的方法叫间焊堵漏法。此法适用于压力较大、泄漏面大或壁薄刚性小等部位的堵漏，俗称"打补丁"焊补法，尤其是油罐底堵漏时应用较广。

3）包焊堵漏法

将泄漏处包焊在金属腔内，从而达到止漏的方法叫包焊堵漏法。此法适用于法兰、螺纹处的泄漏处理，以及阀门和管道部位的堵漏。

　　有时将罩体金属盖焊接固定在泄漏部位上，可将其称为包焊堵漏，亦可称为罩焊堵漏。

　　还有许多堵漏方法，这里不再赘述。有时应用一种堵漏方法效果还不理想时，可以采用多种方法同时进行，人们称之为综合堵漏法。如：先塞楔子，后粘接，再用机械固定；又如先焊固定架，后用密封胶，最后再用机械顶压等。

2 油料泄漏检测

油料泄漏检测技术是防漏治漏的"侦察武器"，正确地应用检漏技术能及时、准确地提供油库设备的泄漏情况，便于及时采取应急措施，使损失降到最低限度。

随着科学技术和石油工业的飞速发展，近些年来，油品检漏技术也得到了长足发展。其检漏方法和设备层出不穷，常用的已不下几十种，下面仅就一些主要方法和设备作些简要介绍。

2.1 感官和工具检漏

目前的油品检漏方法多种多样，大致可分为三大类，即感官检漏法、工具检漏法、仪器检漏理论判定法。这里首先介绍感官检漏和工具检漏的方法梗概。

2.1.1 感官检漏法

通过人的视觉、听觉、嗅觉和触觉，即人的眼、耳、鼻、手等器官去感知泄漏介质的检漏方法称为感官检漏法。用眼观察油库设备上有无油迹；用耳去听有无咝咝作响的油流声或冒油气声；用鼻去闻有无油气味；用手去摸有无油料在设备表面或流至地面，或感觉有无油气流出，这些都属于感官检漏法。

如查库时检查油罐底部沥青砂有无被稀释的痕迹，地面、排水沟、管沟中有无不正常的油迹，洞库坑道内有无较浓的油气味，可以作为初步判定油罐底有无泄漏的依据。但当油罐地基渗漏性较高时，渗漏的油品易从地表下层流走，采用此法效果较差。

又如，在输油管道查线时，对埋地管道观察管线沿线两侧水面有无油膜，沿线两侧庄稼、树草有无枯萎死亡等不正常情况，抓一把土闻闻有无油味，可作为初步判断埋地管道有无油品泄漏的依据。

再如，每天查库时，都应仔细认真地查看各场所、各设备上、地面上有无油渍、油迹，嗅觉感知一下有无油气味，用手摸一摸各设备表面上有无漏油现象。

2.1.2 工具检漏法

从广义上讲，工具检漏法有肥皂液法、浸水法、液体涂敷法、薄膜法、吹纸法、试纸法等。上述方法大部分广泛应用于检查气体泄漏或酸碱溶液的泄漏，下面介绍油库常用的两种工具检漏法。

1. 油尺检漏法

通过人工检尺或设备仪器自动测量油罐内油面高度有无不正常变化，若油的液面高度降低，则说明油罐存在泄漏。该法在油库应用很广，目前仍然在用。但此法对于油罐底板轻微渗漏则难予判断，此法极易受到测量误差的影响，在温度变化频繁和温差变化大时不宜采用。对于岩洞内油罐用此法对油罐底的渗漏进行检测效果较好。

2. 表头检漏法

应用安装在输油管道上的压力表或流量表的读数变化来判定管道有无泄漏，这是管道检漏最直接的方法之一。在运行的管道上的泄漏会引起上游流量的增加，同时上游和下游的压力减小。泄漏引起的压降在泄漏点最大，泄漏段的上游、下游逐渐减小。当出入口流量或压力瞬间发生较大变化时，表明管道可能发生泄漏了。这种方法一般只用于稳态流的非压缩性流体，仅能检测到较大的泄漏，且不能确定泄漏位置。

2.2 油罐底检漏方法

立式金属油罐是油库中最常见也是使用最广的储油设备，它由罐顶、罐壁和罐底三部分及其附件组成。罐底长期处于腐蚀环境中，常因腐蚀或基础不均匀沉降、焊缝及钢材缺陷因素造成泄漏油事故，对其进行实时检漏非常重要。目前油罐底的检漏方法归纳起来有三大类，一是传统检漏法，上文介绍的感官检漏、油尺检漏属于此类；二是间接检漏法；三是直接检漏法。下面对后两类检漏法作简要介绍。

2.2.1 油罐油膜检漏法

该法又称间接检漏法，它是通过检测排水沟水面上是否有油膜漂浮的方法间接检测油罐是否泄漏。

1. 相对密度差检测法

利用水与油的相对密度差检测水面上漂浮油膜的一种方法。

（1）原理 如图 2-2-1 所示，在浮体中有带磁铁的可动浮体，当油膜出现时，由于浮力的变化可使浮体下降，使浮体内的笛簧接点开关动作。

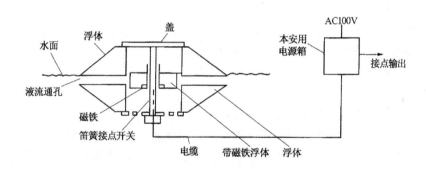

图 2-2-1 相对密度差检测法

（2）特征 结构简单，便于维修，凡在水面上流动的油品，都可进行检测，油膜的检测能力为 10mm 以上。

2. 高频电流检测法

利用水与油对高频电流衰减率的差别来检测水面上漂浮油膜的方法。

（1）原理 如图 2-2-2 所示，由装在浮体内部的高频信号发射器给固定电极加以微弱的高频电流，该电极的位置正好相当于吃水线的内表面，高频电流通过浮体壁，在水中扩散衰减，当出现油膜时，电极间的介电常数变大，高频电流的衰减变小，测定此变化而检测渗漏。

（2）特征 可检测 3~5mm 的油膜。

3. 光反射率检测法

利用水和油对光的反射率的差别来检测漂浮在水面上油膜的方法。

（1）原理 如图 2-2-3 所示，从浮体内光源发出的光束通过聚光透镜照射在水面上。

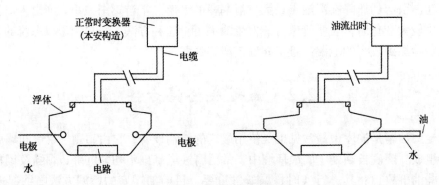

图 2 - 2 - 2　高频电流检测法

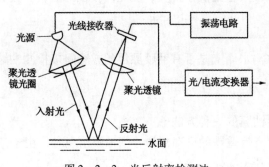

图 2 - 2 - 3　光反射率检测法

水面对照射光有 20% 的反射率，而油膜对光的反射率约为 30% 以上。经聚光透镜将此反射光收集于受光器，用光 - 电变换器变换为电流。通过测定此表面反射率差即可检测渗漏。可用发光二极管、钨灯或 H_c - N_c 激光等作为光源。

（2）特征　此方式为非接触式探测方式。

4. 电阻检测法

利用水与油的电阻率差来检测漂浮在水面上的油膜的方法。

（1）原理　对在浮体上的一对电极间通以微小电流，平时测定水的电阻，当水面出现油膜时，电极间的电阻变大，从而可检测出油膜。

（2）特征　由于水质不同，电阻会发生大幅度的变化，因此检测精度不高。

5. 静电电容检测法

利用水与油的静电电容差来检测漂浮在水面上的油膜的方法。

（1）原理　如图 2 - 2 - 4 所示，将电极保持在浮体的中心，平时测定水的静电电容，当出现油膜时就测定油的静电电容，以检测静电电容的变化。一般来说，油的感应率(2~5)比水的感应率(纯水时约为 80)小。

（2）特征　油膜检测能力为 3~5mm，较多地用于排水沟等的油膜检测。

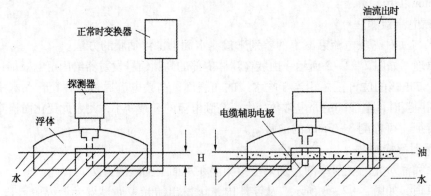

图 2 - 2 - 4　静电容检测法 H - 水中的电极长度

2.2.2 直接检测法

利用检测元件直接接触泄漏液体检测其物理、化学特性的变化，测定泄漏的方法。已开发和正在实际应用的方法有以下几种：

1. 导电性粉体元件检测法

使用一种导电性粉体元件(油分检测元件)检测渗漏的方法(见图2-2-5)，分为设置在储罐底部和防火堤内的埋设型以及设置在排水沟内的搁置型两种方式。特点是操作简单、应用比较广泛、耐水性较好、响应时间快，对出现极微量的泄漏亦可作出反应。

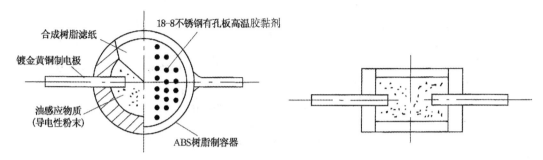

图2-2-5 导电性粉体元件测法

2. 电缆检测法

导电性粉体元件检测法为点检测法，而电缆检测法为线检测法，见图2-2-6。

该方式设置方法、场所等变得很复杂，更适合于管道系统，它的最大缺点是被油渗透后就必须更换新的。

3. 光导纤维检测法

以光导纤维为油检测元件，当油类附着在此元件的一部分上时，利用透过的光减少的现象进行探测的一种方法，见图2-2-7。因探测元件是一种具有挠性的细线状元件，故可做成直线、曲线或片状的元件，可用于管路和各种安装形式的油罐。如果检测汽油等高挥发性油类储罐，检测元件可重复使用；当附着原油、重油类时，检测元件必须更换。

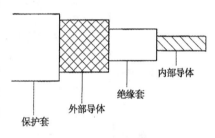

图2-2-6 电缆检测法

2.2.3 设置油罐基础检漏层

上述几种直接检漏法都是建立在对油罐渗漏液体进行物理的、化学的性能测试基础上的，也就是说只有当罐内油品渗漏后流到油罐基础以外，才可能采集到样品，才有可能检测出油罐底部是否泄漏。而立式油罐的罐底对于平底罐，若设有环形梁，底板渗漏初期，其渗漏的油水一般不能流到油罐基础外部，而是长期滞留在基础内部，甚至渗入地基下层随地下水流走。对于锥底立式油罐，其基础外围设有环形梁，且基础表面设有边缘坡向中心的集污坑，如图2-2-8所示。底板渗漏后，油水沿基础表面流向中心位置，积聚在集污坑附近，浸渍沥青砂垫层，当渗漏压力达到足够高时，油水穿过持力层或环梁底部，流至基础外地表层或进入地下水中。因此，不设法将渗漏初期的油水聚积并引至油罐基础外部就无法检测出油罐底部的初期渗漏。为此，提出了设置油罐基础检漏层的设想。

1. 油罐基础检漏层的结构与原理

油罐基础检漏层由聚四氟乙烯塑料薄膜层、油毛毡层、素混凝土找坡垫层组成，见

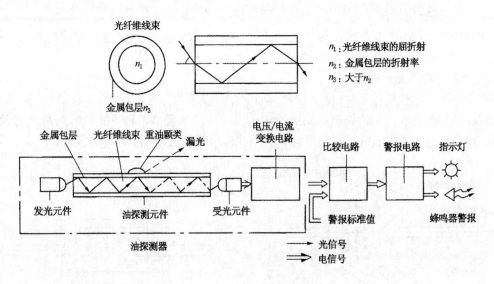

图2-2-7 光导纤维检测法

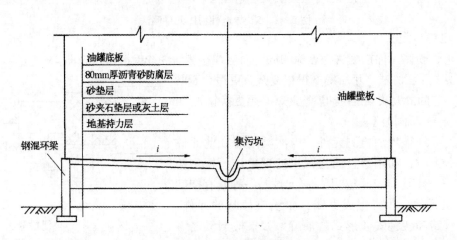

图2-2-8 锥底油罐基础结构图

图2-2-9,同时铺设在油罐基础的砂垫层下面。砂垫层渗透性好,可压缩率低,易于汇集渗漏的油水。聚四氟乙烯塑料薄膜按瓦顶屋面构成方式铺设,薄膜层正交的十字轴线在同一水平面上,斜交45°的十字轴线分别坡向汇流口。

汇流口设在靠近环梁内壁处,汇流口下接汇流管,汇流管穿过环梁,伸入到设在环梁外的观测容器内,见图2-2-10。底板渗漏后,渗漏的油水首先在某处浸透沥青砂层进入砂垫层,再沿铺设在砂垫层中的薄膜层流到汇流口,从汇流口流入汇流管,最后进入观测容器内。如果发现容器内有油水,就可以判断为底板渗漏,并可以初步判定渗漏部位所在区域。也可以在观测容器内设置传感器,连接报警系统,实现底板渗漏自动报警。

2. 油罐基础检漏层的设计

油罐基础主要由砂垫层、砂夹石垫层或灰土层等构成,压缩量小,承载能力高。当油罐基础下面的地基持力层为坚硬岩石时,油罐基础几乎不变形,也不会产生沉降,设在基础中的检漏层保持安装时的排液坡度不变。当地基持力层下有较厚的可压缩层时,可压缩层因受到油品荷载及基础自重荷载的作用而被压缩,使油罐基础产生沉降,一般基础中心的沉降量

14

较大，使检漏层排液坡度减小，排液会受到影响。

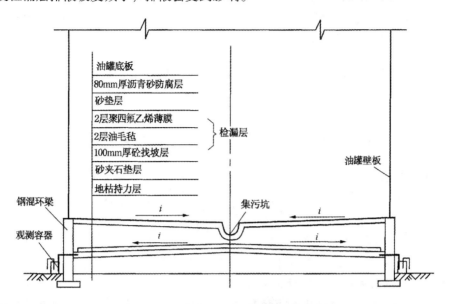

图 2-2-9 设检漏层的油罐基础结构图

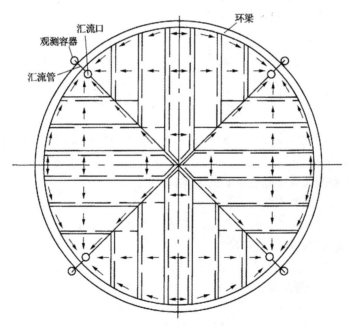

图 2-2-10 聚四氟乙烯薄膜层平面图

基于以上原因，检漏层的设计要考虑两种情况，即地基不含可压缩层和地基含有可压缩层。对地基不含可压缩层的油罐基础，检漏层设计坡度（即安装坡度）等于正常排液坡度，一般取 1%～1.5%，由油罐直径大小而定。对地基含可压缩层的油罐基础，检漏层设计坡度应大于正常排液坡度，使基础沉降后检漏层仍能保持正常排液坡度，其设计计算如下。

1）油罐基础受力和变形

油罐装满水时，通过油罐基础将水荷载施加到地基持力层，罐壁的荷载则通过环梁分散到地基中。环梁作为刚性梁，变形量较小，可以忽略不计。基础将产生较大变形，其变形和地基持力层保持一致。因此，油罐罐壁以内油品荷载可视为均布荷载，油罐基础可视为柔性基础。油罐基础受力和变形情况见图2－2－11。

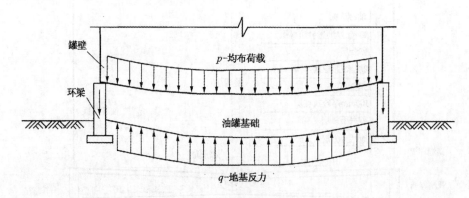

图2－2－11 油罐基础受力和变形

2）计算油罐基础底面各点的附加应力

由图2－2－11可知，基础中心沉降量最大，中心地基持力层以下的地层所受附加应力最大（见图2－2－12）。根据受力情况建立其数学模型。

罐底板中心点下M点的附加应力可按式（2－2－1）计算：

$$\sigma_z = \int_0^{2\pi} \int_0^R \frac{3pz^3}{2\pi} \frac{r\mathrm{d}r\mathrm{d}\theta}{(r^2+z^2)^{5/2}}$$

$$= \left\{ 1 - \frac{1}{[1+(R/z)^2]^{3/2}} \right\} p \qquad (2-2-1)$$

式中 σ_z——距离油罐底板中心点下z处的M点地层所受的附加应力，kPa；

R——油罐半径，m；

r——油罐底板某点距底板中心的距离，m；

z——M点与油罐底板中心距离，m；

p——均布荷载，为油品荷载与基础自重荷载之和，kPa。

3）计算油罐基础中心最终沉降量

根据《建筑地基基础设计规范》推荐的分层总和法，结合油罐地基的《岩土工程勘察报告》，计算基础中心的最终沉降量，按式（2－2－2）计算：

$$s = \Psi_s \sum_{i=1}^n \frac{p_0}{E_{si}} (z_i \bar{a}_i - z_{i-1} \bar{a}_{i-1}) \qquad (2-2-2)$$

式中 s——按分层总和法计算的地基最终沉降量，mm；

n——可压缩层厚度范围内的土层分层数；

p_0——基底附加应力，取σ_z值，kPa；

E_{si}——第i层土的压缩模量；

Ψ_s——沉降量计算经验系数；

z_i、z_{i-1}——基础底面下第i层、第$i-1$层土底面距基础底面的距离，m；

$\bar{a}_i$、$\bar{a}_{i-1}$——基础底面下至第i层、第$i-1$层土底面范围内的平均附加应力系数。

16

4）确定素混凝土找坡层的设计坡度

因检漏层由素混凝土找坡层支撑，故找坡层在基础沉降后的最终坡度等于检漏层的排液坡度。找坡层的设计坡度计算式为：

$$i_{sh} = i + \Psi(S/R) \qquad (2-2-3)$$

式中 i_{sh}——素混凝土找坡层的设计坡度；

i——检漏层的正常排液坡度，一般取 1% ~1.5%；

Ψ——修正系数，取 0.8 ~0.95；

S——油罐基础中心最终沉降量，mm；

R——油罐半径，m。

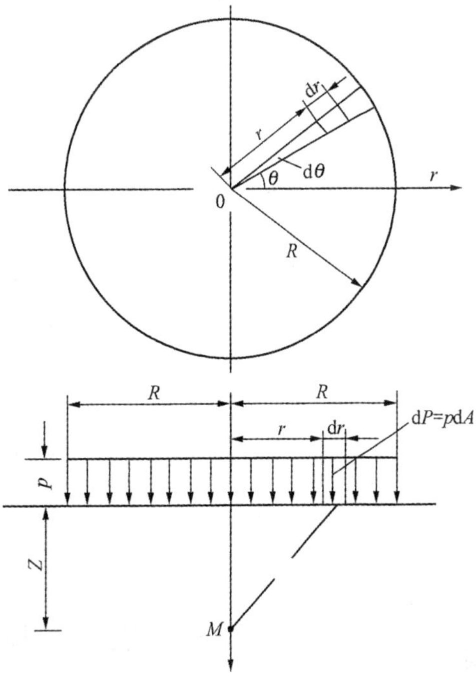

3. 安装检漏层的注意事项

安装检漏层应注意以下事项：

（1）安装前应按油罐直径大小及《岩土工程勘察报告》作好检漏层设计。直径小于 22m 的油罐可设 4 个汇流口，一般成对布置。检漏层设计坡度应大于 1%，且坡向汇流口，具体坡度根据计算确定。

（2）检漏层下面的砂夹石垫层采用粗砂和碎石按 4:6 的比例混合铺设，碎石粒径不大于 50mm，采用水撼法和碾压法结合压实，标准贯入实验击数 N 应大于 40。砂夹石垫层上铺设 100mm 厚素混凝土找坡垫层，保证检漏层有一定的排液坡度。素混凝土找坡垫层上面再设两层油毛毡，用于防止素混凝土层破裂时损坏薄膜层。

（3）薄膜层采用厚 0.2mm、幅宽 1.5m 的聚四氟乙烯塑料薄膜卷材，根据设计尺寸下料。按从外到内、从下到上的顺序铺设，薄膜之间为搭接，搭接宽度为 100mm。为了防止铺设时薄膜移动，可用不干胶连接，薄膜铺设两层。

（4）汇流口采用聚四氟乙烯塑料浇铸成喇叭口漏斗形，便于油品流入汇流管。汇流口最大直径 300mm，中心距环梁内壁 200mm。汇流口放置 5 层玻璃纤维布，用于阻挡砂垫层，防止薄膜层上的砂粒堵塞汇流管。汇流管采用 $DN50$ 聚四氟乙烯塑料管，预埋在环梁中，两端伸出环梁，并向环梁外有 2% 的坡度，见图 2-2-13。

（5）薄膜层安装完毕后，其上再铺设 200mm 厚的砂垫层，采用粒径小于 5mm 的粗砂，要铺设均匀，分层辗压压实，分层厚度为 120mm，不得锤击夯实。

此项技术有利于早期测出罐底是否渗漏，但却无法判定漏点的确切位置。

图 2-2-12 圆形面积上均布荷载作用

2.2.4 其他油罐检漏方法

其他检测方法如超声波法、射线示踪法、声发射法、磁粉探伤法和漏磁通法等无损检测技术，在国外也被广泛地应用于油罐渗漏检测，但这些方法也需要对罐底进行处理，加之大多为"点"检测，用于罐底的"面"检测则相当费时，且在技术上还有一定的难度。另外，运用计算机集中监控的罐区检漏系统目前正在开发和研究中。

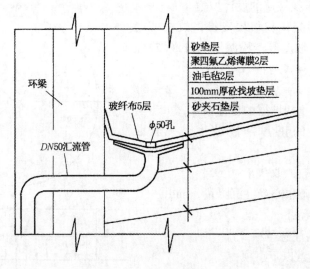

图 2-2-13 汇流管安装剖面图

2.3 输油管泄漏检测

对管道泄漏检测方法的研究已有几十年的历史。但由于检测的复杂性，如管道输送介质的多样性，管道所处的环境(如地上、管沟、埋地、海底)的多样性，以及泄漏形式的多样性(渗漏、穿孔、断裂等)，使得目前还没有一种简单可靠、通用的方法解决管道泄漏探测问题。

2.3.1 对油管检漏方法的评价指标

对一种泄漏检测方法优劣或一个泄漏检测系统性能的评价，应从以下几个方面加以考虑。

1. 泄漏位置定位精度

当发生不同等级的泄漏时，对泄漏点位置确定的误差范围。

2. 检测时间

管道从泄漏开始到系统检测到泄漏的时间长度。

3. 泄漏检测的范围

系统所能检测管道泄漏的大小范围，特别是系统所能检测的最小泄漏量。

4. 误报警率

误报警指管道未发生泄漏而给出报警信号，它们发生的次数在总的报警次数中所占比例称为误报警率。

5. 适应性

适应性是指泄漏检测方法对不同的管道环境，不同的输送介质及管道发生变化时，是否具有通用性。

6. 可维护性

可维护性是指系统运行时对操作者有多大要求，及当系统发生故障时，能否简单快速地进行维修。

7. 性价比

性价比是指系统建设、运行及维护的花费与系统所能提供性能的比值。

2.3.2 管道泄漏的检测方法

管道的泄漏检测技术基本上可分为两类，一类是基于硬件的方法，另一类是基于软件的方法。基于硬件的方法是指对泄漏物进行直接检测，如直接观察法、检漏电缆法、油溶性压力管法、放射性示踪法、光纤检漏法等。基于软件的方法是指检测因泄漏而造成的影响，如依据流体压力、流量的变化来判断泄漏是否发生及泄漏位置。这类方法有压力/流量突变法、质量/体积平衡法、实时模型法、统计检漏法、PPA（压力点分析）法等。除上述两类主要方法外，还有其他的一些检测法，如清管器检漏法。各类方法都有一定的适用范围。

1. 基于硬件的检漏法

（1）直接观察法　有经验的管道工人或经过训练的动物巡查管道时，通过看、闻、听或其他方式来判断是否有泄漏发生。近年美国 OILTON 公司开发出一种机载红外检测技术，由直升飞机带一高精度红外摄像机沿管道飞行，通过分析输送物资与周围土壤的细微温差确定管道是否泄漏。

（2）检漏电缆法　检漏电缆多用于液态烃类燃料的泄漏检测。电缆与管道平行铺设，当泄漏的烃类物质渗入电缆后，会引起电缆特性的变化。目前已研制的有以下几种电缆。

①油溶性电缆　电缆的同轴结构中有一层导电薄膜，当其接触烃类物质时会溶解，从而失去导电性。从电缆的一端发送电脉冲信号，因电路在薄膜溶解处被切断，从返回的脉冲中能检测出泄漏的具体位置。另一种结构的电缆中有两根平行导线，导线外都覆盖有一层绝缘油溶性膜，当油渗透进电缆后，溶解薄膜使两根导线之间短路，测两导线之间的电阻值能推测出漏油位置。

②渗透性电缆　这种电缆芯线导体的特性阻抗为定值。当油渗透进电缆后，会改变电缆的特性阻抗。从电缆的一端发送电脉冲，通过反射回来的电脉冲可知阻抗变化的位置，从而可确定泄漏的位置。

③分布式传感电缆　这种电缆主要用于碳氢化合物的泄漏检测，如燃油、溶剂等。它在 2km 的范围内，可达 1% 的检测精度。当泄漏物质透过电缆编织物保护层时，会引起电缆内聚合物导电层的膨胀，外层的编织物保护层会限制膨胀，使导电层向内压缩与传感线接触，从而构成导电回路，通过测得的传感导线回路电阻，可确定泄漏的位置。这种电缆还可以多根连接起来，对长距离管道泄漏进行检测。

（3）声学方法　当管道发生泄漏时，通常在泄漏点会产生噪声，声波沿管道向两端传播，管道上的声音传感器检测到声波，经处理后确定泄漏是否发生及漏点位置。由于受到检测范围的限制，若要对长距离的管道检漏，则必须沿管道安装许多声音传感器。

光纤具有电绝缘性、柔软性及径细、量轻等优点。近年来，有人提出了利用一种分布式光纤声学传感器进行管道检漏的方法，其原理是由泄漏产生的声压对光纤中的相位进行调制，相位的变化可由光纤构成的 sagnac 干涉仪检测到。一根光纤能替代许多普通声音传感器。在理论上计算，10km 管道定位精度能达到 ±5m。

（4）负压波法　管道发生泄漏时，泄漏部位的物质损失会导致压力的下降，压降沿管道向两端扩散而形成负压波。其传输速度与声波在流体中的传播速度相同，传输距离可达几十千米。根据安装在管道上、下游的传感器检测到负压波的时差及负压波的传播速度，可确定泄漏的具体位置。如图 2-3-1 所示。

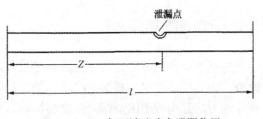

$$Z = \frac{1}{2}(l - \tau \times v) \quad (2-3-1)$$

式中　Z——泄漏点距上游传感器距离，m；

　　　l——管道长度，m；

　　　τ——负压波传到上、下游传感器的时差，s；

　　　v——负压波在管道内传播的速度，m/s。

图 2-3-1　负压波法确定泄漏位置

泵、阀的正常作业也会引起负压波。来自泵站方向的负压波与泄漏产生的负压波方向不同，为区分因泄漏引起的负压波和正常作业的负压波，国外研究出了负压波定向报警技术。在管道的两端各设置两个压力变送器，用以区分负压波的方向。国内有人提出了利用模式识别技术，在管道两端各安装一只变送器即可进行泄漏检测与定位。其原理是泄漏引起的负压波与正常操作引起的负压波波形特征有较大的区别。对负压波进行分段符号化处理，形成波形结构模式，检测到的负压波经预处理后，与标准负压波模式库进行匹配，判断是否有泄漏发生。

为了提高泄漏检测的灵敏度，还可运用相关技术对管道两端传感器接收的信号进行相关分析。

（5）光纤检漏法：

①准分布式光纤检漏　准分布式光纤进行漏油检测的技术已比较成熟。据报道，NEC公司已研制出能在 10km 管道长度范围内进行漏油检测的传感器，它对水不敏感，可在易燃易爆和高压环境中使用。

传感器的核心部件由棱镜、光发与光收装置构成。当棱镜底面接触不同种类的液体时，光线在棱镜中的传输损耗不同，可根据光探测器接收的光强来确定管道是否泄漏。这种传感器的缺点是当油接触不到棱镜时，就会发生漏检的现象。

②多光纤探头遥测法　美国拉斯维加斯市的 FCI 环保公司开发的 PETROSENSE 光纤传感系统，可对水中和蒸气态的碳氢化合物总量进行连续检测，可用于油罐及短距离输油管道的泄漏探测。对于不同的应用可选择配置 1~16 个探头。探头的核心部分是一小段光纤化学传感器，光纤包层能选择性地吸附碳氢化合物，使其折射率得到改变，从而使光纤中光的传播特性发生变化。探头中内设电子装置，可将光信号转换为电信号。数据采集模块有多种接口，可将信号远传以满足遥测的需要。

③塑料包覆石英（PCS）光纤传感器检漏　这种 PCS 光纤传感器的传感原理如图 2-3-2 所示。

当油与光纤接触时渗透到包层，引起包层折射率变化，导致光通过纤芯与包层交界面的泄漏，造成光纤传输损耗升高。传感器系统设定报警界限，当探测器的接收光强低于设定水平时，会触发报警电路。这种传感器可用于多种油液的探测。

④光纤温度传感器检漏　液态天然气管道，黏油、原油等加热输送管道的泄漏会引起周围环境温度的变化。分布式光纤温度传感器可连续测量沿管道的温度分布情况，这为上述管道的泄漏检测开辟了新途径。据报道，YORK 公司的 DTS 系统（分布式光纤温度传感系统），一个光电处理单元可连接几根温度传感光缆，长度达 25km，对于温度的变化可在几秒钟内反应。DTS 可设定温度报警界限，当沿管道的温度变化超出这个界限时，会发出报

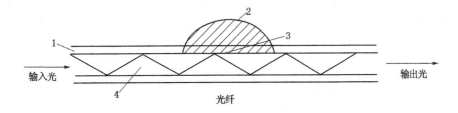

图 2 - 3 - 2　PCS 油料泄漏传感器

1—包覆层；2—油；3—泄漏波；4—纤芯

警信号。

2. 基于软件的方法

软件方法主要利用 SCADA（监控与数据采集系统）提供的压力、流量、温度等数据来检测管道的泄漏。它的主要优点是适应性广、安装简单。主要有下面几种类型的检测方法。

（1）质量或体积平衡法　质量或体积平衡法依赖于这样一个事实，即一条不泄漏的管道内，"流入与流出必相等"。这时测出管道出口与入口流量，有差值则表明管段内可能发生泄漏。实际上，由于所测流量取决于流体的各种性质（如温度、压力、密度、黏度）以及流体的状态，而使情况变得复杂，在实际应用中可用如下公式进行修正：

$$\theta_l = \theta_{in} - \theta_{out} - \theta_i \tag{2-3-2}$$

式中　θ_l——管道泄漏的体积流量，m^3/s；

θ_{in}，θ_{out}——测量段入口、出口体积流量，m^3/s；

θ_i——与温度、体积等有关的体积改变量，m^3/s。

当上式 θ_l 超过设定的阈值时，表明管道发生泄漏。泄漏的具体位置可由下式确定：

$$l = \frac{(P_i - P_0) + g\bar{\rho}(h_i - h_0) - C\rho_2 f_2 L Q_0^2 / D^5}{C(\rho_1 f_1 Q_1^2 - \rho_2 f_2 Q_0^2)/D^5} \tag{2-3-3}$$

式中　l——上游站到泄漏点的距离，m；

$P_i(P_0)$——上游站（下游站）测量的释放（吸入）压力，kPa；

$\bar{\rho}$——上游站到下游站之间的流体平均密度，kg/m^3；

h_i、h_0——上游站和下游站的压头，m 液柱；

C——系数；

ρ_1、ρ_2——上游和下游到泄漏点之间流体平均密度，kg/m^3；

f_1、f_2——上游和下游的流体平均摩擦系数；

L——泵站间管道长度，m；

Q_1、Q_0——管道上游和下游的体积流量，m^3/s；

D——管道直径，m。

（2）流量或压力突变法　这是管道检漏最直接的方式之一。在运行管道上的泄漏将引起上游流量的增加，同时上游和下游的压力减小。泄漏引起的压降在泄漏点最大，向泄漏段的头、尾逐渐减轻。

当出入口流量或压力瞬间发生较大变化时，可能表明管道发生泄漏。这种方法一般只用于稳态流的非压缩性流体，仅能探测到较大的泄漏，并且不能确定泄漏位置。

（3）实时模型法　实时模型法是研究得最多的一种方法，它不仅能探测到较小的泄漏，且定位准确。这种方法的工作原理是由一组几个方程建立一个精确的计算机管道实时模型，此模型与实际管道同步执行。定时取管道上的一组实际值，如上下游压力、流量，运用这些测量值，由模型估计管道中流体的压力、流量值，然后将这些估计值与实测值作比较来检漏。

（4）统计检漏法 质量或体积平衡法监测管道的完好性，方法简便，费用低，但当管道的运行状况不断变化时，它就不能有效地应用。考虑到流体的动态特性，开发管道实时模型用于检漏，需要大量的模拟实验和计算。壳牌公司开发了一种不用管道模型的检漏系统，该系统根据管道出入口的流量和压力，连续计算压力和流量之间关系的变化。当泄漏发生时，流量和压力之间的关系总会变化。应用序列概率比试验方法和模式识别技术，可检测到这种变化。当泄漏确定之后，用最小二乘法进行泄漏定位。

基于软件的方法对检测仪表精度要求很高，否则会带来较大的定位误差。根据检测的具体要求可选用精度较高的仪表，或利用数学方法对采集的数据进行修正。

3. SCADA 系统

SCADA 系统是 Supervisory Control and Data Acquisition 的简称，即监控和数据采集系统。它利用计算机技术收集现场数据，通过通信网传送到监控中心，在监控中心监视各地的运行情况，并发出指令对运行状况进行控制。SCADA 系统对提高管道自动化水平有重要意义。

泄漏检测是管道 SCADA 系统的重要组成部分，SCADA 系统一般采用软件方法检漏。如前所述质量/体积平衡法，流量/压力变化法，实时模型法等。根据实际情况可将系统设计成对每个管段进行静态泄漏检测的系统或设计成具有动态泄漏检测能力的瞬态模拟系统。

远程终端装置(RTU)将采集的流量、压力、温度等参数传递给监控中心，对管道的运行状况进行实时监控。当检漏软件检测到泄漏时，给出报警信号。泄漏严重时，监控中心可发送指令关闭泵阀。SCADA 系统可准确掌握现场情况，及时灵活地调度控制生产，优化运行，获得较好的经济效益；可及时发现并处理故障，确保管输安全；可为管理及时提供可靠数据，装备 SCADA 系统是实行管道自动化的必由之路。

4. 管道泄漏检测的发展趋势

随着管道工业的不断发展，公众对环境的要求越来越高，对泄漏检测和定位要求也越来越高，管道泄漏检测有如下发展趋势。

1）软硬结合

单一的方法很难满足管道泄漏检测的要求，基于硬件的方法和基于软件的方法在很多方面具有互补性。基于硬件的方法有很高的定位精度和较低的误报警率。基于软件的方法能实现实时在线监测，及时给出报警信号。

2）泄漏检测与 SCADA 系统结合

SCADA 系统不仅能为泄漏检测提供数据源，而且能对管道的运行状况进行监控，是管道自动化的发展方向。因为单一的检漏系统并不经济，因此，它将集成到 SCADA 系统中，成为其不可缺少的一部分。

2.3.3 油库输油管道对检漏技术的要求

1. 油库输油管道的特点

油库所属输油管道具有三个特点，其一，距离短。油库内输油管主要用于两种场合，一是用于储油区各油罐间油品的输转倒罐，油品单向流动时，距离不会太大，一般在几百米至千米和几千米间。二是用于装卸油作业，将油品从装卸作业区（铁路、公路栈桥或装卸油码头)至储油区或分配库消耗区，短的数百米、千米，长的十几公里至二十几公里，超过三十公里的很少，总之属短管类型。其二，油库所属输油管道口径小，拐弯多、附件多。因库内管道到达的点多，相对说来输量小，所以管道的口径比较小，弯头多，阀门等附件多。其三，管道输送的都是成品油(炼油厂油品车间除外)，洁净度要求高，尤其是储存航空油料的油库，对输油管的质量要求极严格。

2. 对检漏技术的要求

由于管道口径小，大多数管内探测检漏方法，在油库内使用将受到限制。能应用于油库输油管道的检漏方法应具备以下性能。

(1)检漏精度高　管内所输成品油，特别是航空油料，价格高，一旦泄漏损失大，要求能在泄漏刚发生，漏量不大时就能及时被发现。

(2)定位准确　库内设备、设施多，密度大，若漏点定位不准，则往往堵漏时会造成不该受影响的设备设施遭到不必要的损坏，影响油库正常业务工作，使损失扩大。

(3)对油品无污染　检漏方法所使用的仪器设备和介质都不能对管内所输油品有污染，尤其对航空油品更不能有任何不良影响。

(4)价格低廉　油库管道输量小，大多数管道利用率都不很高，若检漏设备价格昂贵，应用就受到限制。

2.4　漏油检测仪表简介

地下管道泄漏检测仪，目前国内生产的已有多种，应用亦很广泛。在此，本书仅以沈阳仪表科学研究院研制的 HB652 - FJ - 1B 型金属管道防腐层检漏仪为例作一简单介绍。

2.4.1　概述

本仪器应用人体阻容法检测漏铁讯号，可在地面上检测出地下埋覆金属管道防腐层破损情况。适用于石油工业或其他工业的地下金属管道防腐层质量检查，并可用于探测地下金属管线的走向及埋深。探测距离因防腐层质量而异，一般可达 1 千米以上。

仪器由发射机(向地下管线发送音频电磁波讯号)、接收机(接收漏铁讯号确定漏铁位置)、探管机(探测地下管线走向和埋深)、电子计步器(记录距离、漏点定位用)等几部分组成。

2.4.2　特点

与国内同类仪器相比较，仪器具有以下特点：

(1)发射机采用石英晶体振荡器，频率稳定度高，工作可靠性强。

(2)接收机用 LED 显示，有漏点声光报警，晚间也可进行检测。

(3)探管机有管线位置左右偏移指示，显示直观，可保证检漏工作准确无偏离。探头可扳角度，以适应多种方法探管和测试管道埋地深度。

(4)配有电子计步器，可指示漏点距离，特别适用于野外无明显参照物的漏点位置记录。

2.4.3　主要技术指标

1. 发射机

工作频率：862 Hz ±1Hz

输出电压：5~150V，共7挡

脉冲功率：20W

体积：14×17×80mm

质量：11 kg

电源：外接12V免维护密封式铅蓄电池，可连续工作8h

电池体积：90mm×70mm×105mm，2只

电池重量：1.5 kg×2

2. 接收机

接收频率：862 H z

带宽：±5H（−3 dB）

灵敏度：优于50μV

50Hz干扰抑制比：≥60 dB

电源：内装6V密封镍镉电池，可工作8~24h

体积：145mm×170mm×80mm

质量：0.8kg

3. 探管机

接收频率：862Hz

声音回路带宽：±10Hz（−3dB）

灵敏度：优于20μV

电源：内装6V密封镍镉电池，可工作32h

体积：145mm×170mm×80mm

质量：0.8kg

4. 充电机

专用，快速充电；可在3~5h充满

体积：160mm×170mm×80mm

质量：1.3kg

2.4.4 工作原理

1. 测漏原理

测漏原理如图2−4−1所示。

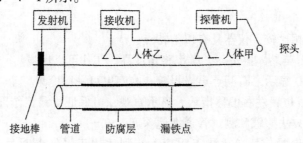

图2−4−1 测漏原理示意图

完整的防腐层其绝缘性能良好，发射机输出主要靠分布电容及绝缘电阻构成回路，讯号电流很小。当防腐层破损，漏铁处与大地有较好的电接触，则有较大讯号电流由漏铁点流出，经大地返回发射机。在漏铁处讯号最强，离漏铁点越远讯号越弱。也就是说在地面上形成以漏铁点为中心的分布电场，中心处向外形成电位梯度。如设土壤的导电率是均匀的，则

24

等电位线是许多同心圆见图 2 - 4 - 2。检漏时，两位检漏员之间的距离是一定的（电缆长度决定的）但所处电位梯度不同，则感应的讯号大小不一样。根据这一原理则可找出漏点。

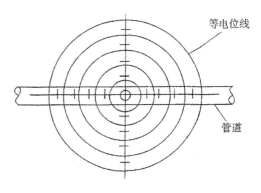

图 2 - 4 - 2　漏铁点地面电场分布示意图

检漏时，将发射机输出的一端接地，另一端接管道。检漏工作一般由两人背向发射机沿管线进行。前者（图 2 - 4 - 1 中的人体甲）背探管机，后者背接收机，两人均佩戴腕电极，人体构成两个输入电极，通过电缆输给接收机。接收机将地面电场信号进行处理显示，根据讯号的强弱变化即可确定漏铁位置。

2. 探管原理

管道通过发射机输出的讯号电流，则一定在其周围产生 862Hz 的环形交变场。其磁力线分布是中间密、远处疏。用线圈接收，根据其讯号强弱及分布情况即可进行探管工作。

1）双线圈法（表头指示）

探头内相隔一定距离对称安装两只线圈。见图 2 - 4 - 3，当探头与地面平行在管道正上方 A 时，通过两个线圈的磁力线大小相等、方向对称（角度相同）故感应的讯号相等，表头指示为 0。如探头偏左或偏右，则两只线圈感应的讯号不再相等，表头指"负"或"正"，指示偏离方向。

2）峰音法（耳机讯响）

原理同上，见图 2 - 4 - 3。只用单线圈接收，耳机声响最大处为管道的正上方。

3）哑点法（耳机讯响）

单线圈接收，原理见图 2 - 4 - 4。探头与地面垂直，只有探头在管道正上方时线圈绕线方向与磁力线方向平行，感应讯号最小，耳机中听不到声音。以此"哑点"来判定管道位置。

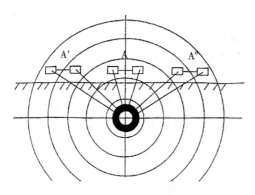

图 2 - 4 - 3　双线圈原理

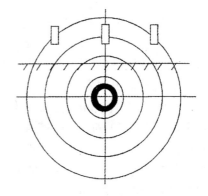

图 2 - 4 - 4　哑点法原理

3. 埋深测探

探测管理道深，如图 2 - 4 - 5 所示。

首先用前述方法找出管道正上方位置 A。单线圈接收，扳动探头使线圈与地面成 45°角，左右平移、找出"哑点"B（同理可找出哑点 B′，二点等同），与管道中心 O 构成 △AOB，角

25

ABO＝45°，则 AO＝AB，在地面上测出 AB 线段长度即可知管道的埋深 AO。

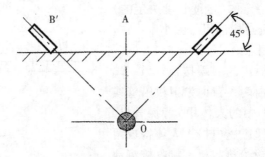

图 2-4-5　埋深的探测

2.4.5　仪器使用方法

1. 发射机

工作时，将发射机输出端的一端用短输出线通过阴极保护测试桩（或其他）接到管线上，如图 2-4-6 所示，如是裸管直径较大鳄鱼夹不好夹时可用钕铁硼磁石吸在金属管道上。另一端用接地线（长输出线）接接地棒。接地线应与管线走向相垂直，接地棒应插入潮湿土壤中用电源线（与充电线合用）连好外附蓄电池。

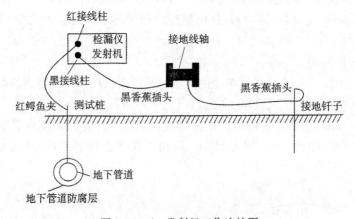

图 2-4-6　发射机工作连接图

"输出选择"旋钮置"!"（对应电压为 5V，余类推"7"为 150V）。

"节拍""连续"开关置"连续"。

打开电源开关电流表即有指示，依次旋动"输出选择"开关至 2、3 电流表指示加大，一般选择电流稍小于 2A 即可。如管道与环境较好，在检漏范围内灵敏度较高，可适当降低电流值以降低电源消耗，且可防止探管机输入饱和。

"节拍""连续"开关置"节拍"即可开始检漏工作。

发射机是本仪器消耗电流最大的，蓄电池容量按 8h 设计，使用时应注意监测其电压。负载电压 10.2V 为终止电压，使用后要及时充电。

2. 探管机

参见图 2-4-7，检漏员甲身背探管机，带长电缆导电腕带（接收机输入用与探管无关），手持探头。插好有关插头，打开电源开关，将"增益""音量"（在耳机上）旋钮旋至适当位置，即可见表针摆动、听到讯号声音。摆动探头，观察表头指示或听声音大小以确定管道位置，确保检漏员行进在管道上方。

增益旋钮只控制表头指示，音量旋钮只控制耳机声音的大小。当耳机中声音很大，但表头偏移指示不灵敏，多是讯号太强所致，可适当降低发射机输出改善之。

检电按钮为检查机内电池电压所设，在无讯号输入的情况下，按下按钮，表头应指示红区以上方可操作，否则应先充电。一次充电可工作32h。

注意：用双线圈法探管时应把探头白色的一端置左边。单线圈法的"峰音""哑点""测深"亦以白色一端的线圈为准。

3. 接收机

参见图2-4-7，检漏员乙手带短电缆的导电腕带，插好有关插头，打开电源即可开始检漏工作。调增益旋钮使第三级发光管LED点亮，此时，如果在监听位置，耳机中可听到讯号声。两人一前一后行进在管道上方，当防腐层正常时发光管的级数跳动不大。当检漏员甲逐渐接近漏点时，LED逐渐升级（如果用耳机监听的话，声音也逐渐加大，但人耳的灵敏度为对数型，差别不大）至第八级LED点亮后，显示由原来的点显示变为线显示，一至八级同时点亮报警。如开关在报警档，七级以前耳机中无声，第八级开始发出讯号声。继续前进，LED升级，如第十级点亮后仍不降低，可降低增益找出峰值点。此时甲所在位置为可疑点。二人继续前进，当甲乙二人距可疑点等距离时讯号最弱。再前进，当乙在可疑点上方时，再次出现峰值。此后，讯号渐弱。此时可认为可疑点即为漏铁点。以上可以看出二次峰值为同一点，就是第一次峰值"甲"所在位置为同一点，且也就是最弱点时"甲"、"乙"距离的中点。该点即为漏点。

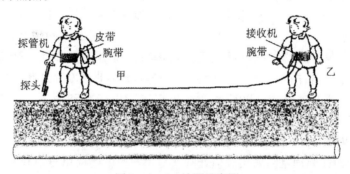

图2-4-7 检漏示意图

有时两个漏点离得较近（与腕带输入电缆相比），可将输入电缆挽起，缩短甲乙二人的距离进行监测。也可以采取甲乙二人并行前进法加以校核，即甲沿管线上方行走，乙离开管线，使输入电缆与管线方向保持垂直，这样讯号最强点甲所处的位置即是漏铁点。将漏铁点标出，以便挖开补漏。挖开的管线，可用肉眼或火花机找出漏铁处。有些漏铁，特别是管线接头处，由于现场防腐作业不完善，沥青浸涂不良，往往肉眼分辨不出，表面完好无损但管线已与大地接通造成腐蚀。这种漏点必须用高压火花机检测（火花机另外订货）。

报警监听开关置报警档时，一至七级显示时耳机无声音，讯号达报警点（八级）时耳机突然发声。当置开关于监听档时，耳机中始终有讯号声，其大小与显示级数相对应。通过调整立体声耳机上的音量旋钮调节声音大小。

检电按钮为检测机内电池电压而用。按下时应与报警状态相同，即前八级LED都亮才表明电池容量充足。

本机线显示时功耗较大，机内电池只能连续工作 6h，而点显示时可连续工作 24h，请使用者注意。

4. 充电机

所配套充电机为本仪器专用。由二个独立单元组成，互不影响。可单独使用一个单元，但不用的单元应置"电源关"。

铅电池单元：发射机外附蓄电池专用。采用定压限流充电方式。充电导线与工作时的电源线合用(插头座相同)。

镍镉电池单元：供接收机、探管机内电池充电用。

充电器的使用方法很简单，接好被充电池(红夹为正级、黑为负极)、输出插头插入仪器，接好 220V 市电，打开电源开关，指示灯亮，开始充电。

铅电池：随充电时间增长，电压增高，电流渐小，直到 0.15A 时电压近 15V 时充电结束。

镍镉电池：随充电时间的增长，电压增高，由恒流转为涓流时，基本充满，再充数小时更好。

5. 在使用过程中电池状况

(1)铅电池：一充即满(电流降至 0.15A)，一用即欠电压 10.2V 以下，为铅电池内阻加大断格，可反复充放几次，如无改进，应更换新电池。

(2)镍镉电池：恒流与涓流状态反复切换，为电阻内阻加大。可让其反复切换几小时，如无改善，可人工充放电 2~3 个循环，仍无效，电池报废。

6. 电子计步器

电子计步器内藏传感器，能自动记录所走步数，具有预置步距、计算距离等多种功能。使用时，把计步器挂在腰带上，在检漏的起点处手动置 0，自此，每走一步即自动累计一个数。在需要知道已走过的距离时，可直接读出步数和距离，详见计步器的使用说明书。

2.4.6 注意事项

(1)本仪器的检漏原理是防腐层破损处漏铁与大地接触构成讯号通路。因此，被测管线上覆土应该与管线有较好的接触。新敷管线回填后应经过一段时间，等土质沉降压实才能检漏。

(2)发射机接地棒不要插在松土或异常干硬的地点，最好插在较潮湿的地方，以保证与大地有良好的接触。输出线与测试桩(或管线)应保证良好接触，接线前要除锈。

个别情况因土地雨后太湿或者附近有特大漏点，当发射机在最低输出档，表头电流超过 2A 时，可将接地棒拔出一些或改从另一点接地。

(3)腕电极应与人体有良好接触，电极应戴在手腕上或拿在手中。不要戴手套去拿电极，也不要把腕电极戴在衣袖外面。

(4)在高压铁塔下或大工厂附近，地面杂散电流很大，探管机指示可能发生偏差，可将探头抬高或举过头顶，以减小地表电场的干扰。

(5)在有恒电位仪保护的区域，应注意恒电位仪一般都采用可控硅控制，其高次谐波很丰富，有可能进入仪器影响检漏，最好关掉恒电位仪。但有时亦可利用其高次谐波作讯号源，不用本仪器的发射机来进行检漏。具体作法请操作者探索。

（6）在牺牲阳极保护的区域使用，原则上应断开阳极堆。但在发射机功率允许，接收机和探管机灵敏度够用的情况下，也可不断开阳极堆。

（7）接收机探管机充电插孔直接接机内电池。充电时不用开接收机探管机的电源开关。

（8）发射机输出端不能短路，否则将烧坏大功率管和表头。在夏日使用时应避免烈日直晒和淋雨受潮。

长期不用时，至少3个月充足电1次，进行维护。

3 油库用密封材料与抢修器材

所谓密封材料是用于填充缝隙、密封接头或能将元器件包封起来，以达到不漏气体、液体、灰尘等的材料。密封材料具有能与缝隙、接头等凹凸不平的表面通过受压变形或流动润湿而紧密接触或粘接，并能占据一定空间的双重作用，从而达到密封目的。

对密封材料要求其不受温度、湿度或其他环境因素的影响，即使被密封的部位发生几何尺寸或体积变化，也要能保持密封；应具有很小的应力松弛、收缩率和蠕变性；不能与密封介质（油库中主要是各种石油产品）发生化学反应；最好是对密封部位表面发生粘附，这样有利于增强密封效果；应具有一定的内聚强度，有的应用场合要求具有一定的流动性，可以做成液体状或膏状，密封后能在一定条件下，发生凝胶、固化或硫化。用于动密封的密封材料还要求具有良好的减摩性、耐磨性、耐热性和导热性，以利于降低能耗，延长使用寿命。

密封材料的分类见表 3-0-1。

表 3-0-1　密封材料分类

固体密封材料	非金属密封材料		陶瓷密封材料；石墨密封材料；橡胶密封材料；石棉密封材料；天然纤维密封材料；树脂密封材料；聚合物密封材料；无机非金属基复合密封材料
	金属密封材料	黑色金属密封材料	铸铁；铸钢；碳钢；合金钢
		有色金属密封材料	铜及其合金；铝及其合金；其他有色金属及其合金
液体密封材料	弹性密封材料（粘附型）	单包装型　无溶剂型	液体聚硫橡胶；液体有机硅橡胶；液体聚氨酯橡胶
		双包装型　溶剂型	氯丁橡胶；丁基橡胶；天然橡胶；其他
	非弹性密封材料（粘附型）	单包装型与双包装型　无溶剂型与溶剂型	液体环氧树脂及其复合物；液体不饱和聚酯树脂；丙烯酸树脂及厌氧胶；液体酚醛树脂及其复合物
	液体密封垫料（非粘附型）	不干性黏着型半干性黏弹型干性黏着型干性可剥型	①低分子量聚合物②低分子量聚合物，固体树脂加增塑剂③可固化的液体树脂④橡胶溶剂
	磁流体密封材料		水基、油基、二酸基、氟碳密封材料
组合密封材料	金属与金属组合密封件金属与非金属组合密封件非金属与金属组合密封件固体与液体组合密封件		

对油库常用的密封材料下文做些介绍。

3.1 固体密封材料

3.1.1 纤维类密封材料

1. 植物纤维

以棉、麻为原料制作的线、绳、布、盘根、纸张等材料经过浸渍油、蜡等，就成为密封材料了。这类材料价格便宜，原料丰富，用于100℃以下的压力不高的油库设备上效果较好。

以棉、麻线浸渍润滑油脂编制成油浸棉、麻盘根，可用于管道、阀门、旋塞、转轴、活塞杆等处做密封材料。它适用于轻质石油产品、润滑油、碳氢化合物、空气、水等介质，使用温度120℃以下。油浸麻盘根除适用于上述介质外，还适用于碱溶液等介质。

油浸棉盘根和油浸麻盘根的规格（正方形边长，mm）有：3、4、5、6、8、10、13、16、19、22、25、28、32、35、42、45、50。

2. 动物纤维

用羊毛、皮纤维等制成的毛毡、皮碗等密封件，可用于常温、低压活塞油泵的轴密封和活塞杆密封上，因为它具有摩擦系数小的特点。

3. 人造纤维

人造纤维有化学纤维、玻璃纤维、石棉纤维、碳纤维、陶瓷纤维等。

化学纤维有尼龙、锦纶、涤纶、腈纶、维纶、丙纶等，它比棉纤维强度高、耐腐蚀，其使用温度在100℃以下。它与防渗透材料混用或混制后，可做密封材料。

玻璃纤维用做密封件的填充物，可提高密封件的耐温性和耐腐蚀性。在玻璃布上涂敷胶黏剂或密封胶可做堵漏材料包扎在泄漏处。

碳纤维是以人造丝或丙烯腈纤维经高温碳化而成。一般是用碳纤维编织绳浸渍聚四氟乙烯乳液制成碳纤维密封填料，型号为TCW型。其性能是强度高、弹性好、耐磨、耐热、耐蚀性强，能承受的最大工作压力为35MPa，在空气中可在 $-120 \sim 350$℃的温度范围内稳定工作。

陶瓷纤维是用氧化铝、三氧化铝等材料制成。用陶瓷纤维和合金丝为主要材料再加入石墨、滑石粉制成陶瓷纤维密封填料，型号有NGW型。其性能是：能耐深冷和超高温介质，耐磨、耐蚀性也很好。

3.1.2 石棉类密封材料

石棉分白石棉和蓝石棉两种，蓝石棉用于耐酸，白石棉通常制板。用石棉制成石棉纤维、石棉绳、石棉线，添加一些胶黏剂、橡胶、塑料、石墨、油脂等材料，制成石棉板、石棉盘根等密封材料。

1. 石棉板

石棉板分为衬垫石棉板，橡胶石棉板、耐油橡胶石棉板、石棉抄取板以及夹金属网和特殊种类用途的橡胶石棉板。石棉板主要用做垫片。油库内主要用耐油橡胶石棉板做法兰或过滤器等设备静止密封的垫片。耐油石棉橡胶板的等级牌号和推荐使用范围见表3-1-1。耐油石棉橡胶板的厚度允许偏差见表3-1-2。

表 3 - 1 - 1　耐油石棉橡胶板等级牌号和推荐使用范围

分类	等级牌号	表面颜色	推荐使用范围
一般工业用耐油石棉橡胶板	NY510	草绿色	温度 510℃以下、压力 5MPa 以下的油类介质
	NY400	灰褐色	温度 400℃以下、压力 4MPa 以下的油类介质
	NY300	蓝色	温度 300℃以下、压力 3MPa 以下的油类介质
	NY250	绿色	温度 250℃以下、压力 2.5MPa 以下的油类介质
	NY150	暗红色	温度 150℃以下、压力 1.5MPa 以下的油类介质
航空工业用耐油石棉橡胶板	HNY300	蓝色	温度 300℃以下的航空燃油、石油基润滑油及冷气系统的密封垫片

表 3 - 1 - 2　耐油石棉橡胶板的厚度允许偏差

公称厚度/mm	允许偏差/mm	同一张板厚度差/mm
≤0.41	+0.13 -0.05	≤0.08
0.41 ~ 1.57(含)	±0.13	≤0.10
1.57 ~ 3.00(含)	±0.20	≤0.20
>3.00	±0.25	≤0.25

注：以上两表均引自 GB/T 539—2008 耐油石棉橡胶板。

2. 石棉盘根

石棉纤维虽具有耐热性好、强度高、吸附性能好等优点，但石棉纤维摩擦系数大、导热性差、耐强酸性差，为了扬长避短，往往以石棉纤维为主，添加多组分材料制成石棉盘根，从而改变其耐蚀性、耐磨性、耐热性，并提高其强度。

石棉盘根分为夹金属丝和不夹金属丝两种。夹金属丝的能增加其强度和耐热性能。常用的金属丝有钢、镍、不锈钢、蒙乃尔合金和不锈钢带等。

石棉盘根按其主要填充物可以分为油浸石棉盘根、橡胶石棉盘根、石墨石棉盘根、石蜡石棉盘根、聚四氟乙烯浸渍石棉盘根等。石墨石棉盘根是在石棉纤维中渗透石墨粉制作而成，用于温度 450℃以上，压力 16MPa 的高温中高压密封处，油库中很少应用。石蜡石棉盘根是在石棉纤维中浸渍石蜡制成，用于低温深冷密封处。聚四氟乙烯浸渍石棉盘根是在石棉纤维中浸渍聚四氟乙烯乳液制成的，用于 -200 ~ 260℃，压力为 35MPa 以下的强腐蚀介质中。

石棉盘根用于油泵轴、阀门杆密封，以及堵漏密封上。常用的油浸石棉盘根与橡胶石棉盘根的牌号及其使用范围见表 3 - 1 - 3。

橡胶石棉盘根的产品规格(正方形边长，mm)为：3、4、5、6、8、10、13、16、19、22、25、28、32、35、38、42、45、50 等。牌号有 LXB550、XS450、XS350、XS250 等。夹金属丝的在牌号后边加注该金属丝的化学元素符号。编织用(A)、卷制用(B)为代号，加注于牌号后。

表 3 - 1 - 3　油浸、橡胶石棉盘根的牌号及使用范围

名　称	油浸石棉盘根				橡胶石棉盘根				
牌　号	YS250	YS350	YS450	YS510	XS250	XS350	XS450	XS510	XS550
适用压力/MPa	4.5	4.5	6.0	10.0	4.5	4.5	6.0	10.0	12.0
适用温度/℃	250	350	450	510	250	350	450	510	550
适用介质	用于水、蒸汽、空气、石油产品等				用于蒸汽、石油产品等				

油浸石棉盘根产品规格见表3-1-4。

表3-1-4 油浸石棉盘根产品规格

形 状	直径或边长/mm	容 量
F	3~50	
Y	5~50	≥0.9(夹金属丝)≥1.1
N	3~50	

注：1. 形状：F—方形，空心或一至多层编织；Y—圆形，中间是扭制芯子，外边是一至多层编织；N—圆形扭制。
 2. 夹金属丝的在牌号后边用括弧加注该金属化学元素符号。
 3. 直径(边长)系列(mm)：3、4、5、6、8、10、13、16、19、22、25、28、32、35、38、42、45、50。

3.1.3 橡胶类密封材料

橡胶有天然橡胶和人造橡胶之分，使用范围极其广泛。在橡胶里添加某些物质和夹杂金属丝、金属片、纤维、织物，可改变其性能，增加其强度，提高耐磨性、导电性等，将之制成各种各样的密封元件，如平垫片、盘根、O形圈、唇形圈、油封、密封条、防尘罩、防尘圈和隔膜等密封件，应用于多种介质多种密封场合。

橡胶的特性及其应用范围见表3-1-5。

表3-1-5 橡胶特性及适用范围

名称	适用温度/℃	主要特性	适用范围
天然橡胶	-54~85	弹性、耐寒性良好、机械强度大。但耐油性和耐天候性差。硬橡胶比软橡胶硬而脆，缺乏弹性，但强度高，耐蚀性能好，耐温性也比普通橡胶高	水、弱酸、弱碱等介质
丁腈橡胶	-54~120	耐磨性、耐热性、耐老化性均良好，可在100℃下长期工作	对矿物油、动植物油、脂肪烃有良好的耐蚀性，耐碱和非氧化性稀酸腐蚀，不耐芳烃、酯等强溶剂腐蚀
氯丁橡胶	-50~107	耐热性、耐氧和臭氧、耐光照、耐磨性都超过天然橡胶。也耐辐射，抗老化性优良	水、氧气、空气。耐油性比天然橡胶好，但不及丁腈橡胶
丁基橡胶	-51~110	耐温性较高，对氧化环境抗蚀性较好，耐候性很好，透气性很差，抗拉强度较高	适用于作水、高压蒸汽、真空的密封材料。对稀硝酸、氧和非氧化性酸、盐、乙醇、丙酮等抗蚀能力好，耐动植物油脂、脂肪酸的腐蚀，但不能耐石油产品
氟橡胶	-40~230	耐温性高，耐蚀性强，但耐溶剂性不及氟塑料，价格高	耐各类酸、碱、盐、石油产品、烃类等介质，不适用于酮类、酯类的有机溶剂和甲醇

名称	适用温度/℃	主 要 特 性	适 用 范 围
聚氨酯橡胶	-54~100	坚韧、耐磨，低温挠性好，耐温性差	可耐非氧化性稀酸、碱和盐，有一定的耐溶剂性和耐油性，抗氧和臭氧的腐蚀。不宜用于高温水中
硅橡胶	-70~300	耐温性好，耐寒性好，电绝缘性好，耐磨，但模制强度低，性脆	能耐稀酸、稀碱、盐、水腐蚀，不耐汽油、煤油等石油产品腐蚀，作高温或低温及低压条件下的静密封

橡胶用作密封材料的制品主要有以下几种：

1. 橡胶盘根

主要有橡胶夹布盘根、橡胶石棉盘根（上文已述）、橡胶条盘根、环形橡胶盘根。一般用于低压条件下。

2. 橡胶平垫片

橡胶平垫片有普通垫和夹布垫，使用压力一般为 0.6MPa 以内，最多不超过 1MPa。油库中常购工业用硫化橡胶板自制平形垫片。工业用硫化橡胶板是按国家标准 GB/T 5574—2008 生产的，其公称厚度、宽度及偏差应符合表 3-1-6 的规定。

表 3-1-6　尺寸偏差　　　　　　　　　　　　　　　　　　mm

厚 度		宽 度	
公称尺寸	偏 差	公称尺寸	偏 差
0.5	±0.2	500~2000	±20
1.0			
1.5			
2.0	±0.3		
2.5			
3.0			
4.0	±0.4		
5.0	±0.5		
6.0			
8.0	±0.8		
10	±1.0		
12	±1.2	500~2000	±20
14	±1.4		
16	±1.5		
18			
20			
22			
25	±2.0		
30			
40			
50			

3. 橡胶 O 形圈

O 形橡胶圈具有自紧密封作用（简称 O 形圈），是密封件中用途广、产量大的密封元件。正确选择 O 形圈的尺寸与公差是保证液压气动系统与元件正常可靠工作的关键环节。

1）结构

O 形圈的形状应为圆环形，如图 3 - 1 - 1 所示。

2）尺寸标识代号

根据 GB/T 3452.1 和 GB/T 3452.2，符合本书表 3 - 1 - 8 和表 3 - 1 - 9 的 O 形圈，尺寸标识代号应以内径 d_1、截面积直径 d_2、系列代号（G 或 A）和等级代号（N 和 S）标明。示例见表 3 - 1 - 7。

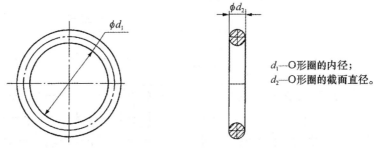

d_1—O 形圈的内径；
d_2—O 形圈的截面直径。

图 3 - 1 - 1　典型的 O 形圈结构

表 3 - 1 - 7　O 形圈尺寸标识代号示例

内径 d_1/mm	截面直径 d_2/mm	系列代号 （G 或 A）	等级代号 （N 或 S）	O 形圈尺寸标识代号
7.5	1.8	G	S	O 形圈 7.5 × 1.8 - G - S - GB/T 3452.1 - 2005
32.5	2.65	A	N	O 形圈 32.5 × 2.65 - A - N - GB/T 3452.1 - 2005
167.5	3.55	A	S	O 形圈 167.5 × 3.55 - A - S - GB/T 3452.1 - 2005
268	5.3	G	N	O 形圈 268 × 5.3 - G - N - GB/T 3452.1 - 2005
515	7	G	N	O 形圈 515 × 7 - G - N - GB/T 3452.1 - 2005

注：N、S 的定义见 GB/T 3452.2。

3）O 形圈的选用要求

一般用途的 O 形圈（G 系列）的内径 d_1、截面直径 d_2 和公差，应从表 3 - 1 - 8 中选取；对于航空和类似应用的 O 形圈（A 系列）的内径 d_1、截面直径 d_2 和公差，应从表 3 - 1 - 9 中选取，本部分推荐了较小的公差范围。

注：大多数内径尺寸是按优先数系列选取的。

G 系列 O 形圈内径 d_1 的公差用下式计算：

d_1 的公差 $= \pm [(d_1^{0.95} \times 0.009) + 0.11]$ mm

A 系列 O 形圈内径 d_1 的公差用下式计算：

d_1 的公差 $= \pm [(d_1^{0.96} \times 0.007) + 0.09]$ mm

计算结果应经四舍五入圆整，小数点后取两位有效数字。

表3-1-8 一般应用的O形圈内径、截面直径尺寸和公差(G系列)　　　　　mm

d_1 尺寸	d_1 公差±	d_2 1.8±0.08	d_2 2.65±0.09	d_2 3.55±0.10	d_2 5.3±0.13	d_2 7±0.15
1.8	0.13	×				
2	0.13	×				
2.24	0.13	×				
2.5	0.13	×				
2.8	0.13	×				
3.15	0.14	×				
3.55	0.14	×				
3.75	0.14	×				
4	0.14	×				
4.5	0.15	×				
4.75	0.15	×				
4.87	0.15	×				
5	0.15	×				
5.15	0.15	×				
5.3	0.15	×				
5.6	0.16	×				
6	0.16	×				
6.3	0.16	×				
6.7	0.16	×				
6.9	0.16	×				
7.1	0.16	×				
7.5	0.17	×				
8	0.17	×				
8.5	0.17	×				
8.75	0.18	×				
9	0.18	×				
9.5	0.18	×				
9.75	0.18	×				
10	0.19	×				
10.6	0.19	×	×			
11.2	0.20	×	×			
11.6	0.20	×	×			
11.8	0.19	×	×			
12.1	0.21	×	×			
12.5	0.21	×	×			
12.8	0.21	×	×			
13.2	0.21	×	×			
14	0.22	×	×			
14.5	0.22	×	×			
15	0.22	×	×			
15.5	0.23	×	×			
16	0.23	×	×			
17	0.24	×	×			
18	0.25	×	×	×		
19	0.25	×	×	×		
20	0.26	×	×	×		
20.6	0.26	×	×	×		
21.2	0.27	×	×	×		
22.4	0.28	×	×	×		
23	0.29	×	×	×		
23.6	0.29	×	×	×		
24.3	0.30	×	×	×		
25	0.30	×	×	×		
25.8	0.31	×	×	×		
26.5	0.31	×	×	×		
27.3	0.32	×	×	×		
28	0.32	×	×	×		
29	0.33	×	×	×		
30	0.34	×	×	×		
31.5	0.35	×	×	×		
32.5	0.36	×	×	×		
33.5	0.36	×	×	×		
34.5	0.37	×	×	×		
35.5	0.38	×	×	×		
36.5	0.38	×	×	×		
37.5	0.39	×	×	×		
38.7	0.40	×	×	×		
40	0.41	×	×	×	×	
41.2	0.42	×	×	×	×	
42.5	0.43	×	×	×	×	
43.7	0.44	×	×	×	×	
45	0.44	×	×	×	×	
46.2	0.45	×	×	×	×	
47.5	0.46	×	×	×	×	
48.7	0.47	×	×	×	×	
50	0.48	×	×	×	×	
51.5	0.49		×	×	×	
53	0.50		×	×	×	
54.5	0.51		×	×	×	
56	0.52		×	×	×	
58	0.54		×	×	×	
60	0.55		×	×	×	
61.5	0.56		×	×	×	
63	0.57		×	×	×	
65	0.58		×	×	×	
67	0.60		×	×	×	

d_1 尺寸	公差±	d_2 1.8±0.08	2.65±0.09	3.55±0.10	5.3±0.13	7±0.15	d_1 尺寸	公差±	d_2 1.8±0.08	2.65±0.09	3.55±0.10	5.3±0.13	7±0.15
69	0.61		×	×	×		185	1.39			×	×	×
71	0.63		×	×	×		187.5	1.41			×	×	×
73	0.64		×	×	×		190	1.43			×	×	×
75	0.65		×	×	×		195	1.46			×	×	×
77.5	0.67		×	×	×		200	1.49			×	×	×
80	0.69		×	×	×		203	1.51				×	×
82.5	0.71		×	×	×		206	1.53				×	×
85	0.72		×	×	×		212	1.57				×	×
87.5	0.74		×	×	×		218	1.61				×	×
90	0.76		×	×	×		224	1.65				×	×
92.5	0.77		×	×	×		227	1.67				×	×
95	0.79		×	×	×		230	1.69				×	×
97.5	0.81		×	×	×		236	1.73				×	×
100	0.82		×	×	×		239	1.75				×	×
103	0.85		×	×	×		243	1.77				×	×
106	0.87		×	×	×		250	1.82				×	×
109	0.89		×	×	×	×	254	1.84				×	×
112	0.91		×	×	×	×	258	1.87				×	×
115	0.93		×	×	×	×	261	1.89				×	×
118	0.95		×	×	×	×	265	1.91				×	×
122	0.97		×	×	×	×	268	1.92				×	×
125	0.99		×	×	×	×	272	1.96				×	×
128	1.01		×	×	×	×	276	1.98				×	×
132	1.04		×	×	×	×	280	2.01				×	×
136	1.07		×	×	×	×	283	2.03				×	×
140	1.09		×	×	×	×	286	2.05				×	×
142.5	1.11		×	×	×	×	290	2.08				×	×
145	1.13		×	×	×	×	295	2.11				×	×
147.5	1.14		×	×	×	×	300	2.14				×	×
150	1.16	×	×	×	×	×	303	2.16				×	×
152.5	1.18			×	×	×	307	2.19				×	×
155	1.19			×	×	×	311	2.21				×	×
157.5	1.21			×	×	×	315	2.24				×	×
160	1.23			×	×		320	2.27				×	×
162.5	1.24			×	×	×	325	2.30				×	×
165	1.26			×	×	×	330	2.33				×	×
167.5	1.28			×	×	×	335	2.36				×	×
170	1.29			×	×	×	340	2.40				×	×
172.5	1.31			×	×	×	345	2.43				×	×
175	1.33			×	×	×	350	2.46				×	×
177.5	1.34			×	×	×	355	2.49				×	×
180	1.36			×	×	×	360	2.52				×	×
182.5	1.38			×	×	×	365	2.56				×	×

d_1		d_2					d_1		d_2				
尺寸	公差±	1.8±0.08	2.65±0.09	3.55±0.10	5.3±0.13	7±0.15	尺寸	公差±	1.8±0.08	2.65±0.09	3.55±0.10	5.3±0.13	7±0.15
370	2.59				×	×	487	3.33					×
375	2.62				×	×	493	3.36					×
379	2.64				×	×	500	3.41					×
383	2.67				×	×	508	3.46					×
387	2.70				×	×	515	3.50					×
391	2.72				×	×	523	3.55					×
395	2.75				×	×	530	3.60					×
400	2.78				×	×	538	3.65					×
406	2.82					×	545	3.69					×
412	2.85					×	553	3.74					×
418	2.89					×	560	3.78					×
425	2.93					×	570	3.85					×
429	2.96					×	580	3.91					×
433	2.99					×	590	3.97					×
437	3.01					×	600	4.03					×
443	3.05					×	608	4.08					×
450	3.09					×	615	4.12					×
456	3.13					×	623	4.17					×
462	3.17					×	630	4.22					×
466	3.19					×	640	4.28					×
470	3.22					×	650	4.34					×
475	3.25					×	660	4.40					×
479	3.28					×	670	4.47					×
483	3.30					×	注：表中"×"表示包括的规格。						

表3-1-9　航空及类似应用的O形圈内径、截面直径尺寸和公差（A系列）　　　　mm

d_1		d_2					d_1		d_2				
尺寸	公差±	1.8±0.08	2.65±0.09	3.55±0.10	5.3±0.13	7±0.15	尺寸	公差±	1.8±0.08	2.65±0.09	3.55±0.10	5.3±0.13	7±0.15
1.8	0.10	×					5.6	0.13	×				
2	0.10	×					6	0.13	×	×			
2.24	0.11	×					6.3	0.13	×				
2.5	0.11	×					6.7	0.13	×				
2.8	0.11	×					6.9	0.13	×	×			
3.15	0.11	×					7.1	0.14	×				
3.55	0.11	×					7.5	0.14	×				
3.75	0.11	×					8	0.14	×	×			
4	0.12	×					8.5	0.14	×				
4.5	0.12	×	×				8.75	0.15	×				
4.87	0.12	×					9	0.15	×				
5	0.12	×					9.5	0.15	×	×			
5.15	0.12	×					10	0.15	×	×			
5.3	0.12	×	×				10.6	0.16	×	×			

d_1 尺寸	公差 ±	d_2 1.8±0.08	2.65±0.09	3.55±0.10	5.3±0.13	7±0.15
11.2	0.16	×	×			
11.8	0.16	×	×			
12.5	0.17	×	×			
13.2	0.17	×	×			
14	0.18	×	×	×		
15	0.18	×	×	×		
16	0.19	×	×	×		
17	0.20	×	×	×		
18	0.20	×	×	×		
19	0.21	×	×	×		
20	0.21	×	×	×		
21.2	0.22	×	×	×		
22.4	0.23	×	×	×		
23.6	0.24	×	×	×		
25	0.24	×	×	×		
25.8	0.25		×	×		
26.5	0.25	×	×	×		
28	0.26	×	×	×		
30	0.27	×	×	×		
31.5	0.28	×	×	×		
32.5	0.29	×	×	×		
33.5	0.29	×	×	×		
34.5	0.30	×	×	×		
35.5	0.31	×	×	×		
36.5	0.31	×	×	×		
37.5	0.32	×	×	×	×	
38.7	0.32	×	×	×	×	
40	0.33	×	×	×	×	
41.2	0.34	×	×	×	×	
42.5	0.35	×	×	×	×	
43.7	0.35	×	×	×	×	
45	0.36	×	×	×	×	
46.2	0.37		×	×	×	
47.5	0.37	×	×	×	×	
48.7	0.38		×	×	×	
50	0.39	×	×	×	×	
51.5	0.40		×	×	×	
53	0.41	×	×	×	×	
54.5	0.42		×	×	×	
56	0.42	×	×	×	×	
58	0.44		×	×	×	
60	0.45	×	×	×	×	
61.5	0.46		×	×	×	

d_1 尺寸	公差 ±	d_2 1.8±0.08	2.65±0.09	3.55±0.10	5.3±0.13	7±0.15
63	0.46	×	×	×	×	
65	0.48		×	×	×	
67	0.49	×	×	×	×	
69	0.50		×	×	×	
71	0.51	×	×	×	×	
73	0.52		×	×	×	
75	0.53	×	×	×	×	
77.5	0.55			×	×	
80	0.56	×	×	×	×	
82.5	0.57			×	×	
85	0.59	×	×	×	×	
87.5	0.60			×	×	
90	0.62	×	×	×	×	
92.5	0.63			×	×	
95	0.64	×	×	×	×	
97.5	0.66			×	×	
100	0.67	×	×	×	×	
103	0.69			×	×	
106	0.71	×	×	×	×	
109	0.72			×	×	×
112	0.74	×	×	×	×	×
115	0.76			×	×	×
118	0.77	×	×	×	×	×
122	0.80			×	×	×
125	0.81	×	×	×	×	×
128	0.83			×	×	×
132	0.85		×	×	×	×
136	0.87			×	×	×
140	0.89		×	×	×	×
145	0.92		×	×	×	×
150	0.95		×	×	×	×
155	0.98		×	×	×	×
160	1.00		×	×	×	×
165	1.03		×	×	×	×
170	1.06		×	×	×	×
175	1.09		×	×	×	×
180	1.11		×	×	×	×
185	1.14		×	×	×	×
190	1.17		×	×	×	×
195	1.20		×	×	×	×
200	1.22		×	×	×	×
206	1.26				×	×
212	1.29		×		×	×

d_1		d_2					d_1		d_2				
尺寸	公差±	1.8±0.08	2.65±0.09	3.55±0.10	5.3±0.13	7±0.15	尺寸	公差±	1.8±0.08	2.65±0.09	3.55±0.10	5.3±0.13	7±0.15
218	1.32		×		×	×	300	1.76		×		×	×
224	1.35		×		×	×	307	1.80		×		×	×
230	1.39		×		×	×	31.5	1.84		×		×	×
236	1.42		×			×	325	1.90				×	×
243	1.46				×	×	335	1.95				×	×
250	1.49			×		×	345	2.00				×	×
258	1.54		×		×	×	355	2.05		×		×	×
26.5	1.57		×				365	2.11				×	×
272	1.61			×		×	375	2.16				×	×
280	1.65		×		×	×	387	2.22				×	×
290	1.71			×	×	×	400	2.29				×	×

注：表中"×"表示包括的规格。

4. 橡胶唇形圈

橡胶唇形圈又称皮碗，主要用于往复运动的密封部位。按其断面形状分为 U 形、V 形、Y 形、J 形和 L 形等类型，L 形和 J 形用于低压，U 形、V 形和 Y 形唇形圈可用于高压条件下。

5. 橡胶油封

橡胶油封也属唇形圈的一种，它是由橡胶密封圈、卡紧弹簧和金属骨架组成，卡紧弹簧保证油封有一定接触压力。按结构可分为骨架式和无骨架式两类；按工作接合部位可分为内向密封型和外向密封型两类，还有其他一些分类方法。橡胶油封由于广泛用于润滑油密封而得名，它也可以用于水和轻质石油产品，用于低线速度、低压工作条件。

6. 橡胶密封条

橡胶密封条的截面有多种形状，主要用于机械设备、交通工具和建筑物外露部位的密封，以防尘、空气、水分等介质进入系统内部。

7. 橡胶隔膜

橡胶隔膜又称膜片，主要用于隔膜阀、隔膜泵、减压阀、调节阀、电磁阀和一些仪表上，防止介质混合和泄漏，借助胶膜运动来传递动力和压力。也可用它作爆破膜以确保安全。一般用在压缩空气、天然气、煤气及油类、酸碱等介质中。

8. 橡胶防尘罩和防尘圈

防尘罩用于润滑系统和缓冲系统的传动部位，防尘圈较多用于活塞杆和柱塞等往复运动部位，它是防止灰尘、杂质进入系统内部的一种密封件。

由于橡胶具有组织细密，质地柔软，弹性和回弹性好，容易加工成形，廉价易买，容易实现密封等优点，被广泛应用于多种密封，也是堵漏的常用材料。

3.1.4 塑料类密封材料

塑料作为密封材料，除聚四氟乙烯外都不如橡胶使用广泛。做密封材料的塑料有聚四氟乙烯、聚氯乙烯、聚酰胺（尼龙）等。在塑料里添加一定的石墨、石棉、玻璃丝等材料，可改变其性能。常制成密封生料带、平形垫片、盘根、唇形圈及复合品。

聚四氟乙烯具有非常优良的耐蚀、耐热性能，使用温度在 -180 ~ 250℃，有优良的抗黏性和低摩擦系数，除溶于金属锂、钾、钠，高温下的三氟化氯、高流速的液氟外，几乎可耐所有的化学介质。一般聚四氟乙烯弹性差，现研制出了一种膨胀聚四氟乙烯，具有橡胶的弹性，密封性能好，又不失其原有特性。

1. 聚四氟乙烯生料带

聚四氟乙烯生料带厚度为 0.08~0.15mm，卷成筒形。具有韧性，易伸长变形，压紧力小，容易形成单分子膜效应，密封性好，使用方便，用于螺纹连接处和其他密封部位，它逐步代替了麻加铅油密封管螺纹的方法。

2. 塑料平形垫片

常用聚四氟乙烯、聚乙烯、软聚氯乙烯、尼龙等加工成平形垫片，一般用于 2.5MPa 以内的压力范围。

目前有一种静密封胶带，是由膨胀聚四氟乙烯制成，呈白色不透明的带状物，若在带状物上贴一条粘胶带，称为密封胶带。它具有柔性、压缩性，高抗拉强度，不污染介质，不被侵蚀，使用温度宽等优点。

3. 塑料盘根

聚四氟乙烯盘根，用聚四氟乙烯纤维浸渍聚四氟乙烯乳液而成，型号为 NFS 型。有的是以聚四氟乙烯为主原料，填充石墨、玻璃纤维、铜粉等辅助材料制成，用于压力为 35MPa 以下的密封部位。

近来又研制出一种用 100% 膨胀聚四氟乙烯编织的盘根，主要用于阀门的阀杆密封，装填方便快捷，适用于 -260~288℃ 的温度，对磨损阀杆有良好的密封效果。在膨胀聚四氟乙烯中混合一定的石墨和耐高温润滑剂的纱编织的黑色盘根，有良好的润滑性和导热性，适用于 -240~280℃ 的温度和线速度达 21.8m/s 的泵用填料。

4. 塑料密封圈

常用聚四氟乙烯、尼龙制成 V 形圈、O 形圈及活塞环等密封圈。V 形密封圈的耐压能力随圈数增多而增加，耐压能力为 32MPa。

3.1.5 柔性石墨类密封材料

石墨硬而脆，只限于做机械密封的密封环或做填料的填充料。但用一种液体浸入石墨层间，利用强制气化工艺使石墨膨胀数百倍而成为柔性石墨，其性能就得到了改变。

柔性石墨具有耐高温、低温、腐蚀的特性，而且抗辐射，自润性良好，摩擦系数小等特点。它还有很好的柔韧性和回弹性，以及优良的不渗透性。

柔性石墨优于其他密封材料，它可用于密封要求高、压紧力小，温度和压力变化剧烈的场合。其适用温度为 -200~165℃，能在 80℃ 以下的非氧化性介质中长期工作。在特定场合，耐压能力可达 30MPa 以上，一般能在 5MPa 以内的压力下可靠地工作。它除了强氧化性介质外，能耐大多数酸、碱、盐、有机溶剂、石油产品、蒸汽等介质。在油库中应用最合适。

柔性石墨常制成带状、板状、成形垫片和盘根，也可和其他材料制成组合密封件（又称复合密封件），用于动、静密封部位，也是理想的堵漏材料。

1. 柔性石墨带

柔性石墨密封带分为带黏接剂和无黏接剂两种，它可以直接粘在密封面上，如在阀门的密封面上，也可用黏性柔性石墨带缠绕在螺纹上做密封用，耐压能力达 73MPa。

2. 柔性石墨板

柔性石墨可像橡胶、石棉那样制成平板状，其厚度有0.2～3mm等规格。

3. 柔性石墨垫片

用柔性石墨制成垫片，其厚度有0.4mm、0.75mm、1.0mm、1.5mm等规格。垫片分基本型和带环型，垫片带内外环或在垫片内夹不锈钢网，以增强耐压能力。

4. 柔性石墨盘根

柔性石墨可模压成型制成盘根，截面为方形，用于填料函（箱）处的密封，也有一种直接用长的辊花带或平带缠绕在轴上，用压盖压入填料函（箱）而成的盘根。

3.1.6 金属类密封材料

金属具有强度高、导热性好，耐高温、高压、冲蚀和磨损等特性。但其耐腐蚀性比一般非金属差，易产生界面泄漏，需要较大的预紧力。用不同金属材料可制成多种形式的垫片，用软金属丝、箔可制成填料。软质金属可用于堵漏，在油库设备泄漏的抢修中被广泛采用。

1. 金属垫片

不同材质的金属垫片的最高使用温度为：铅100℃、黄铜260℃、紫铜315℃、铝425℃、低碳钢540℃、铬不锈钢650℃、银650℃、镍810℃、蒙乃尔合金810℃、不锈钢870℃、铂1300℃。铅的耐压性能差，为0.6MPa，铝的耐压为6.4MPa，其他均能耐高压。

2. 金属填料

金属填料主要是用软金属铅、铝、铜制成丝、箔、条，然后有用丝编织而成的填料，有用箔揉绉叠压而成的填料，有用条预制而成的填料。如软铜丝发辫式编织填料可用于540℃以下的高压蒸汽、热油和水介质；铅箔束、铅丝束发辫式编织填料可用于300℃以下的温度，以及蒸汽、气体、氨为介质的机械的轴密封上，铅填料对浓硫酸有良好的耐蚀性；铅条填料与石棉盘根交错装配，用于温度不高于550℃的油品介质中。

3.1.7 组合密封件

由两种或两种以上材料为主要材料制成的密封件，其性能优于单一的材料，往往根据不同的工况条件，采用不同形式的组合密封件。组合的形式有金属与金属、金属与非金属、非金属与非金属、固体与液体等。

1. 金属与金属组合密封件

采用镀层、包层、掺合、硬软配合等形式制成，如按不同工况条件，可镀金、镀铂、镀镉、镀铅、镀铜、镀镍等。金属平形垫片也有采用镀层的。又如阀门关闭时阀芯与阀座的配合，采用硬度不同的两种金属材料制密封副。

2. 金属与非金属组合密封件

这种组合密封件形式多种多样，应用很广。其常见形式有：金属皮包垫、缠绕垫、非金属皮包金属垫、金属波形填料、软金属箔或丝与非金属编织填料、金属为骨架的非金属垫等。

金属皮包垫是用厚度为0.1～0.3mm的不同金属材料，把非金属垫包起来的一种垫片，常见的有波形板贴石棉绳垫、波纹板包非金属垫、平包非金属垫、半包非金属垫等。

缠绕垫是用薄金属带和薄非金属带紧贴在一起，转绕成蜗线的密封盘。薄金属带有镀锌的0.8#钢、0Cr13、1Cr13、1Cr18Ni9和其他金属带；薄非金属带有石棉带、聚四氟乙烯带、柔性石墨带等。

非金属皮包金属垫是用优异的聚四氟乙烯、柔性石墨板等材料粘贴或包在金属垫片和非金属垫片上，以改善其耐蚀性和密封性。

金属波形填料是以多层同心圆金属波纹片组成正方形断面，波谷中填充优质石棉线，表面涂石墨压制而成。其型号为 BSP-600 型，是一种高温高压填料。

软金属箔、丝与非金属编织填料是用铅、铝、铜、巴氏合金等软金属的箔、丝，与石棉绳、亚麻线、毛线、石墨和润滑剂等非金属，采用掺合、包挠等形式组合的不同填料。

以金属为骨架的非金属垫一般是用金属板或金属网衬托在垫片中间，外面包裹一层柔性石墨、聚四氟乙烯、橡胶等材料压制而成。

3. 非金属与非金属组合密封件

非金属组合密封件常采用粘贴、包裹、掺合等方法制成。例如：用柔性石墨或聚四氟乙烯粘贴或包裹石棉板、石棉盘根等材料制成垫片和填料；又如用石墨、塑料、橡胶与石棉线等材料掺合、浸润等方法制成填料。YAB 型尼龙石棉盘根就是以尼龙线和石棉线为主要原料制成的。

4. 固体与液体组合密封件

在固体垫片和填料表面上涂敷一层涂料、密封胶或黏接剂，以提高其密封性能。密封胶内填充一些固体材料也属于此类密封件。

3.2　液体密封材料

3.2.1　概述

用某些液态物质在缝隙和孔隙中进行粘合、堵塞后以实现密封，该类物质叫做液体密封材料，又称密封胶，它包括胶黏剂和某些涂料，胶黏剂又可分为液态密封胶、厌氧胶、胶带等。

1. 液体密封材料的特点和机理

1）特点

液体密封材料具有承载力大，密封性好、能耐一定振动和冲击；适应性强，对密封面要求不高，特别适合于薄壁及异形不规则的窄缝处的密封；使用方便、成本低；密封结构简单，耐腐蚀，绝缘性好；密封处无变形，内应力分布均匀，优于焊接和螺栓连接；应变能力强，适用于渗透密封和应急堵漏，不需要动火，尤其适合在油库应用。

其缺点是：容易老化，适用于温度不太高的场所；胶黏剂不可拆，且质量较难控制，这就在某些方面限制了其使用范围。

2）机理

半干性粘弹型和不干性粘着型的密封作用是靠其在密封层中永久保持液态，具有一定的粘性和浸润性，填满泄漏缝隙，长期存在液膜，阻止介质外泄。

干性粘接型和干性可剥型的密封作用是靠其液态时的浸润性填满密封面，并有阻漏的粘附力和固化内聚力而达到密封效果。

粘接型密封胶和胶黏剂的密封机理目前说法不一，主要有机械粘附论、分子扩散论、物理吸附论、静电吸引论、化学引力论等。

2. 液体密封材料的组成和分类

1）组成

密封胶的组成物质较多，按需要配备如下物质：

①基料　如淀粉、蛋白质、松香、桐油、虫胶、动物骨血皮和各种天然橡胶、天然树脂、合成橡胶、合成树脂、沥青、某些无机物等。

②溶剂　如醇类、醚类、酮类、芳香烃类、卤化烃类等。

③固体剂　如胺类、唑类、酸酐类、高聚物类等。

④增塑剂　如邻苯二甲酸、二丁酯、邻苯二甲酸、二异辛酯、癸二酸、磷酸、三苯酯及低分子聚酰胺、低分子聚硫橡胶、聚酯树脂等。

⑤填料　如金属粉、金属氧化物粉、非金属粉及各种纤维、纤维布、纸等。

有时还依条件加入一些防老化剂、防起皮剂、防沉淀剂、防水剂、着色剂等。

2）分类

① 按化学类型分：

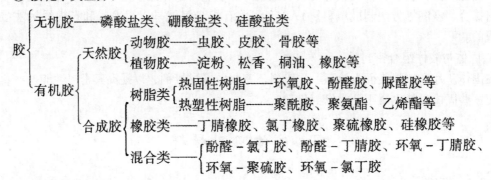

② 按使用目的分：

结构胶　胶层具有较高的强度和一定的耐温性，主要做耐压密封。如酚醛－乙烯胶、酚醛－橡胶、环氧胶、聚丙烯胶等。

非结构胶　强度不高，承载能力不大，主要做定位密封和低压密封。如橡胶、脲醛、聚醋酸乙烯酯胶等。

特种胶　满足某一种特殊用途的胶。如压敏胶、厌氧胶、止血胶、修补胶、水下胶、防腐胶、耐高温胶、耐低温胶、透明胶、堵漏胶等。

③ 按外观形态分：

液态、糊状、粉状、胶膜、胶棒、胶带等。

④ 按包装组分：

单组分、双组分、三组分等成品胶。

3.2.2　非粘附型密封胶

非粘附型密封胶称为液态密封垫料，也称为液体垫圈、液体垫片、液体密封胶和封口胶等。它是一种呈液态的密封材料，可代替固体垫片用于各种平面密封，可代替铅油麻纤维用于螺纹密封，也可用于承插密封和卷口密封等部位。

非粘附型密封胶一般按涂膜状态分为不干性粘着型、半干性粘弹型、干性粘着型和干性可剥型。

1. 不干性粘着型密封胶

不干性粘着型密封胶一般以合成树脂为基料，不含溶剂或少含溶剂。不含溶剂的呈膏状，含溶剂的呈液体状。这种胶成膜后长期不固化，保持粘性和浸润性。因此，它的密封效果良好，经受得起机械振动和冲击，且易涂布和拆卸，适用于流水线组装、修理频繁、紧急修理场合。非溶剂型不需要干燥，涂布后即可连接，也可待数日、数周后再连接。

2. 半干性粘弹型密封胶

半干性粘弹型密封胶通常用柔韧而富有弹性的线型合成树脂为基料，一般含有溶剂，涂布后溶剂很快挥发，形成永久性的粘弹性涂膜。可用于振动、冲击或连接面不十分吻合的部位，连接处也容易拆卸。这种胶干燥到不粘手后就可以连接，完全干燥后再连接效果会更好。这种胶目前使用较广泛。

3. 干性粘着型密封胶

干性粘着型密封胶通常以热固性树脂为基料，主要有酚醛树脂、环氧树脂和不饱和聚酯等基料，几乎都含溶剂。这种胶呈液体状态，涂布后溶剂挥发便牢固地附着在连接处。可拆性、耐振动和冲击性较差，但耐热性和耐压性好。这种胶干燥到不粘手就可连接，不宜干硬过度后连接。

4. 干性可剥型密封胶

干性可剥型密封胶通常以合成橡胶或纤维素树脂等内聚力较高的高分子化合物做基料，都含有溶剂。涂布后溶剂很快挥发，形成附着严密、有弹性、耐振动、易剥离的膜。这种胶可按涂布量控制膜的厚度。因此，适于间隙较大和有坡度的部位。胶干燥到不粘手时就可连接，不宜完全干燥后再连接。

3.2.3　液状粘附型密封胶

1. 特点

液状粘附型密封材料简称粘附型密封胶。它与非粘附型密封胶相比，有一定相似之处，开始施胶时都呈黏稠液态，对接合表面都有良好的浸润性，具有良好的耐介质、耐热、耐寒、耐老化性，电气绝缘性好。但粘附型密封胶还具有其独自的特点，具体体现在以下三方面。

（1）在胶的组成中添加一定的稀释剂和增黏剂，可进一步提高其对接合面的浸润性。同时要求在涂胶前清除接合表面的油污、灰尘等杂质，以提高界面粘合力。

（2）一般都在其组成中加入硫化剂和固化剂，加入硫化或固化促进剂，或者利用密封胶基体高分子的热固性，湿气固化性，使线性分子生成体型交联结构，大大提高胶的内聚强度及其与接合表面的粘接强度。

（3）由于其粘接强度是非粘附型密封胶的接合力的几十至几百倍，从而具有优异的耐压密封性能，能在高压接合部位使用，但可拆性较差。因此，这类密封胶最好用于油罐的堵漏、油管非拆卸处的堵漏。

2. 分类

通常应用的粘附型密封胶有下列三种。

1）弹性密封胶

弹性密封胶均以合成橡胶为基料，通过加入硫化剂进行硫化而得到弹性胶体，具有较高的耐压性。广泛用于不同材料，不同膨胀系数，受热时产生位移变形的接合部位及无紧固力或紧固力较小的部位，在嵌、镶、塞等部位能保持良好的弹性和回复性。按其材料可分为硅橡胶型、液体聚硫橡胶型、聚氨酯橡胶型、丙烯酸橡胶型、氟橡胶型和聚异丁烯橡胶型等。有双组分和多组分两种。近年又研制出了在室温下硫化的类型，为单组分，简化了涂胶工艺。

2）热熔胶

热熔胶以热塑性树脂为基料，熔融混合增粘剂、增塑剂、填充剂和防老化剂等组成单组分的胶体。它在固化过程中不产生交联反应，仅是从加热熔融状态涂布后自然冷却回复到固态。依靠熔融状态对密封面有良好的浸润性和冷却固化后的粘接强度来实现密封，它对绝大多数材料，特别是一些非极性难粘塑料都具有优良的浸润性和粘接力。热熔胶涂布容易、速度快、安全经济、储存期长。还具有优异的耐压性和一定的可拆性，是一种较理想的密封材料。

热熔胶按材料不同可分为乙烯－醋酸乙烯共聚体型（简称 EVA 型）、聚酰胺型、聚酯型、聚氨酯型和丁基橡胶型等。

3）厌氧胶

厌氧胶是 1953 年首先由美国乐泰公司发明，现已成为一大系列。我国从 20 世纪 60 年代开始研制，已开发出十几种牌号。

厌氧胶分为胶黏剂和密封胶两种，这里主要指作密封的厌氧型密封胶，也称为嫌气性密封剂。厌氧胶的基料是热固性树脂，大多数为丙烯酸酯型，常用的有甲基丙烯酸二缩三乙二醇酯、双甲基丙烯酸乙二醇酯、甲基丙烯酸羟丙酯、三甲基丙烯酸三羟甲基丙烷酯、丙烯酸－癸二酸环氧丙烯酸和甲基丙烯酸改性聚氨酯等。

厌氧胶通常情况下是低黏度液体，当它涂布在密封面上与空气隔绝后，胶液便迅速产生交联反应变成固体，起到密封作用，这是厌氧胶一名的来由。

厌氧胶具有优异的耐压、耐振性能，压力可达到 32MPa，使用温度一般在 100℃ 以上。厌氧胶为单组分，使用方便，浸润性好，渗透强，能在常温下固化，绝缘性好，耐腐蚀，不易被介质溶解。

厌氧胶作为密封垫料用于各种管接头、法兰和一些较小的平面密封，可节省垫片、密封圈、密封带、麻铅油等，特别在油压管接头和阀门结合面密封上取得良好的效果；可用于振动冲击大的部位，作为不经常拆卸的螺纹件紧固、防松、防漏材料，可省去防松弹簧垫圈、制动螺母、开口销等零件，有利于设备轻量化，提高装配效率；可用于配合部位的固定，可以省去轴承、固定螺钉、键槽以及各种零件与轴连接时的复杂操作，降低成本。

厌氧胶按用途可分为管道工程通用型、液压系统专用型、冷冻设备专用型、塑料垫片型和管筒胶接型等。

3.2.4　胶面密封件

胶面密封件是一种新型的密封材料，它的性状介于固体密封件与液态密封件之间，它具有突出的耐压性能，操作简便，携带容易，可拆性好，能多次重复使用，而且所需紧固力小，对接合面表面加工精度要求不高，能长期储存。

胶面密封件目前可分为密封胶带、涂胶垫片和涂胶填料等密封件。

1. 密封胶带

目前有半弹性非压敏型胶带、弹性底面压敏型嵌线胶带和弹性全压敏型编结胶带。

（1）半弹性非压敏型胶带　以弹性较好的聚酰胺树脂（尼龙）为基材，胶带截面形状是两边扁平，中间隆起呈圆弧形。它常与液态密封胶组合使用，靠胶带圆弧形受压变形和密封胶填平结合面的凹坑与缝隙产生密封效果。

（2）弹性底面压敏型嵌线胶带　主要由基膜、涂层、嵌线和底面胶四部分组成，如图 3－2－1（a）所示。基膜为纸箔、铝箔、布、玻璃纸、醋酸乙烯薄膜及聚酯薄膜等；嵌线采用尼龙或聚氨酯树脂弹性体；底面胶为压敏胶，一般采用丙烯酸酯型、橡胶型和有机硅型；涂层为乳液聚合制得的丁苯、氯丁、丁腈胶乳或聚氨酯泡沫塑料等。胶带靠嵌线截面的圆弧形和压敏胶起密封作用。胶带成卷供应，随用随剪，使用方便，此液态密封胶耐压和耐热性能好，一般耐压 15MPa。

（3）弹性全压敏型编结胶带　是由轴心线、编结层、基膜和压敏胶等主要部分组成，如图 3 - 2 - 1（b）所示。轴心线的作用和组成与嵌线基本相同，编结层主要采用玻璃纤维，基膜和压敏胶基本上与嵌线胶带相同，但基膜一般不用纸和铝箔。它具有很大的回复力和理想的抗张强度，因此耐压性比嵌线更好，重复使用性也更好，但可拆性比嵌线胶带差。

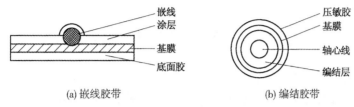

（a）嵌线胶带　　　　　　　　　（b）编结胶带

图 3 - 2 - 1　密封胶带

2. 涂胶垫片

是一种用合成树脂涂在基材表面上的密封垫片。

（1）高压垫片　在金属、酚醛或复合基材上，涂上一层聚氨酯或类似的聚合物制成的高压垫片，能在 - 30 ~ 100℃ 范围内，压力 40MPa 时，保持良好的密封性。

（2）纸基垫片　在柔性的纸基材料上涂一层密封腻子制成的纸基垫片，密封腻子有环氧树脂、聚氯乙烯和聚氨酯等，使用温度随腻子材料而异，适于中压场合。

（3）成型垫片　在成型的金属或非金属垫片上涂上一层密封胶，以此提高垫片的耐压性能和耐腐性能。

3. 涂胶填料

在成形的填料或在盘根上涂上一层密封胶，借以提高填料的耐压性能。

3.2.5　做密封胶用的胶黏剂

密封剂与胶黏剂有着密切的关系，许多高分子化合物既是胶黏剂的基本材料，又是密封剂的基本材料。如聚氨酯、聚丙烯酸酯、液体聚硫橡胶、硅橡胶、丁腈橡胶、氯丁橡胶等均是如此。有许多胶黏剂也具有良好的密封效果，同时可以作密封剂使用。目前密封剂尚未成为一个独立的学科，它是随胶黏剂的发展而发展的。但是，密封剂在使用目的和使用原理上和胶黏剂又存在着一定的区别，不能混为一谈。密封剂主要是对密封的部位起有效的密封作用，能防止内部介质泄漏和外部介质的侵入，在大多数情况下还要求方便拆卸，并不一定要求界面上有多高的粘接强度，其中有一类密封剂就属于非粘附（结）性的。另一类粘附性密封剂的粘附性也不如胶黏剂需要的粘接强度那么高，因为太高了反而不利于拆卸。有学者认为粘附性密封剂的粘接强度有 3 ~ 4MPa 已经足够。

对于设备本体的孔洞、砂眼、腐蚀穿孔、或战争时热武器产生的弹丸破坏引起的泄漏，在处理时，往往可以采用设备本体同种材质或不同材质的材料，选用适合的胶黏剂，将其与设备本体粘接成一体，使泄漏处覆盖起来，以消除泄漏。也就是用粘接工艺代替焊接工艺。在此场合下，胶黏剂又间接地起了密封剂的作用。选用合适的胶黏剂及其工艺，代替焊接工艺，进行油库设备维修和应急堵漏是最理想的，往往是一种最安全、有时也是最省事省钱的堵漏方法。

胶黏剂按基料可分为无机胶黏剂和有机胶黏剂。有机胶黏剂又有天然和合成两大类。按固化方式可分为：水基蒸发型、溶剂挥发型、热熔型、化学反应型、压敏型。按受力状况可分为结构胶黏剂和非结构胶黏剂。按用途可分为：通用胶黏剂、高强度胶黏剂、软质材料用胶黏剂、热熔型胶黏剂、压敏胶及胶黏带、特种胶黏剂。

能用于油库设备堵漏的胶黏剂，大多属于通用胶黏剂。这类胶黏剂一般能在常温下固化，使用方便，适用于粘接多种金属和非金属材料，在常温下具有较好的粘接性能。常用于机械零部件、竹木器的粘接、定位、装配和修补。在油库设备应急抢修中应用时，一般应先堵漏后粘接修补。

3.3 密封材料的选用

能否正确选用油库设备所用的密封材料是能否确保油库设备长期不泄漏的重要条件之一。为保证密封材料选用得正确，我们应根据四个依据进行选用。

3.3.1 依据材料所承受的温压关系选用

密封材料和密封件的性能是与所承受的温度和压力有关的。材料受热时，若温度越高，其强度就越低，即材料的受压能力就越差。例如，$10^#$钢制阀门的公称压力为10MPa，在工作温度为200℃时，其耐压能力为10MPa的话，那么该阀门在工作温度300℃时，它的耐压能力为8MPa，在400℃时为6.4MPa，而在435℃时仅为5MPa了，在455℃时为4MPa。该阀门的工作温度仅升高了255℃，可耐压能力却下降了60%。若材料受的压力越高，那么，材料的受热能力就越差。一种材料在一定的温度或压力条件下，有一个相应的最大工作压力或最高工作温度，若超过其极限值就有可能产生泄漏。

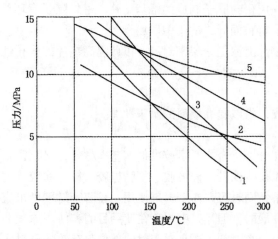

图3-3-1 泄漏压力与温度的关系
1—不干性无溶剂型；2—干性可剥型；3—半干性粘弹性型；4—干性粘着型；5—高温不干性粘着型

材料的温压变化规律，不仅表现于钢材和其他金属上，塑料、橡胶、密封胶、胶黏剂等非金属也同样具有这种性质。液体密封胶胶层的特性不仅与封口搭接长度、厚度、密封面的光洁度有关，而且还受到环境条件、压紧力以及所受温度的影响。从图3-3-1中，可以明显地看出，液体密封胶、温度越高其耐压力越低，温度越低其耐压力越高。

3.3.2 依据材料所承受的压力与转速关系选用

密封材料用于动密封和用于静密封时，工况条件有差别。动密封条件下，由于转动容易使密封材料产生磨损，使密封处产生间隙。同一材料用于静密封时，可能性能良好，不会产生泄漏；但用于动密封时，使用一段时间后可能会发生泄漏。因此，选用密封材料时，还应考虑转动对密封的影响。对同一种密封材料而言，用在动密封处的极限压力和温度比用在静密封处低。

橡胶O形圈在静密封中的耐压能力可达到200MPa以上，但用在动密封处的耐压能力仅为40MPa。图3-3-2为密封填料选用图。表3-3-1是用设备密封填料腔的压力（一般以

出口压力的 $\frac{2}{3}$ 计算)与 $\phi 50\text{mm}$ 的转轴的周速度 V 的乘积值为根据所选的密封填料。

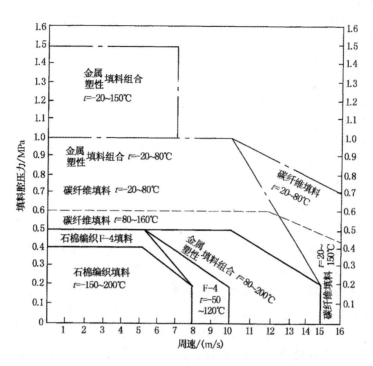

图 3-3-2　填料选用图

表 3-3-1　根据 PV 值选用填料

压力P/MPa	转速/(r/min) 最小		PV值/(MPa·m/s) 最小	最大	工作温度/℃	棉填料	麻填料	塑性填料	白石棉填料	蓝石棉填料	F₄浸渍石棉填料	铅填料	铝填料	铜填料	铅塑性填料	铝塑性填料	铜(塑性石棉)填料	石棉塑性填料	F₄纤维填料	碳纤维填料	柔性石墨填料
0~0.3	100	1750	0	1.64	20~65	○	○	○	○	○	○	○	○		○	○	○	○	○	○	○
					65~260			○	○		○	○	○	○	○	○			○	○	○
					260~330			○					○	○	○					○	○
					330~400			○						○							○
0.35~0.7	1750	3600	1.7	6.7	20~65	○	○		○	○	○	○	○						○	○	○
					65~260			○	○		○	○	○	○					○	○	○
					260~330								○	○							○
					330~400										○	○	○				○
0.7~1.2	1750	3600	3.3	11.7	26~65			○	○				○							○	○
					65~260				○				○	○						○	○
					260~330																○
					330~400								○								○
1.2~1.8	1750	3600	5.7	16.8	26~65			○					○				○		○	○	○
					65~260				○										○	○	○
					260~330							○	○								○
					330~400																○

49

3.3.3 依据材料的耐腐蚀性选用

选用密封材料的又一个重要依据是其耐腐蚀性。腐蚀情况千变万化，它与介质、压力、温度、转速以及介质的浓度、流速等有关。密封材料的材质不同，其腐蚀速度，形态不一样。金属材料被腐蚀主要是失重，质量流失；而非金属被腐蚀时主要是增重，其腐蚀状态有溶解、溶胀、软化、起泡、分解、老化、硬化、断裂等现象。一般说来，非金属材料的耐腐蚀性优于金属材料，而非金属材料的强度、耐温性又不如金属材料。

从耐腐蚀性考虑，选用密封材料时，一要选用电化学腐蚀性弱的材料，二要选用金属表面能产生钝化膜的材料，三要尽量选用非金属材料代替金属材料。

首先，尽量选用非金属材质的密封材料，如选用橡胶、聚四氟乙烯、柔性石墨制成垫片、O形圈、盘根、填料等。

其次，选用金属材质的密封材料时，应尽量选用其表面能产生钝化膜的材料。能否在表面产生钝化膜，不同的金属与介质的浓度、温度和压力有关。如铅在浓度小的硫酸中，能形成钝化膜，阻止介质腐蚀，但当浓度超过96%时，钝化膜就被破坏了，腐蚀急剧上升。碳钢则与铅相反，在硫酸浓度为50%左右时，腐蚀最严重，当浓度升至60%以上时，钢的表面能形成钝化膜，阻止其腐蚀。由此，选用时必须依据介质的浓度、压力、温度等情况，结合各金属的特性进行比较，确定其在此介质条件中能否形成钝化膜。

一般情况下，这样的金属不是难以选到，就是价格昂贵，经济上不合理。通常情况下，是对金属表面进行处理，使之钝化。金属表面处理有镀层、渗层、氧化钝化等工艺。如阀门的密封面进行渗氮、渗硼处理；阀杆采用渗氮、镀铬、镀镍处理；垫片和密封圈采用镀铬、镀银处理，从而提高了密封材料的使用寿命。

最后，选用组合密封材料，也就是在金属表面包裹一层自润性好、耐腐蚀、耐磨损、耐高温、回弹性和密封性好的聚四氟乙烯、柔性石墨等材料，如在阀门密封面上粘贴聚四氟乙烯，从而提高了阀门的密封性、耐磨、耐腐等性能。

3.3.4 依据密封形式和经济、安全、方便的原则选用

选用密封件时，除应依据上述三条外，还应依据设备的密封形式，以及经济、安全、方便的原则。

设备上的密封形式是根据工况条件和设备的总体结构设计出来的，若无特殊情况，应按此密封形式选用密封件。若实在难以选择，且原有密封件的密封效果又不理想时，也可在不影响设备性能的条件下，对其密封形式做某些改造，以利于解决泄漏问题。注意法兰平面密封有光面和水线之分，若将缠绕垫片用于水线平面密封上，就不利于密封和重复使用，水线平面密封应选用金属平形垫片。密封面平度、平行度和光洁度较差的，应选用补偿能力强的密封件。

选用密封件时，应考虑其经济性，要求密封件价格便宜，还要质量好，经久耐用。

选用密封件时，还应考虑其能否保证安全可靠。危险性大的重要部位应选用密封性能优异的密封件，如填料处选用波纹管；垫片处选用自紧密封好的垫片；振动大的部位选用回弹力强的密封件。对难以止漏的动密封，应改为机械密封或非接触密封与接触密封相结合的型式。

选用密封件时，另外还应考虑其维修是否方便。要尽量简化密封件的结构、规格、型号，有利于设备的管理维修。选用设计压紧力、垫片个数值小的密封件，使其安装省力又拆卸方便。

3.4 油库抢修器材

SUKX96-9型应急抢修器材，可对油罐和输油管道及其他设备的孔、缝隙泄漏实施快速封堵；对破损严重的管段可实施快速切割更换新管段，并可对管内油料实施回收。该套器材轻便、机动、操作简单、快速、效果好。并且，各种抢修操作全部采用冷处理技术，安全可靠，特别适用于加油（气）站油罐、输油管等设备漏油时的抢修，既快速又安全，对加油（气）站的营业不会造成影响。

3.4.1 器材构成

该套器材共有8大功能，分为10个包装箱。另有一些零星采购的器材。

1. 包装箱

①胶黏堵漏器材箱；

②油罐堵漏器材箱；

③管道堵漏器材箱（一）；

④管道堵漏器材箱（二）；

⑤管道抢修工具箱；

⑥管道连接器材箱；

⑦换接软管段箱（一）；

⑧换接软管段箱（二）；

⑨管道切割器箱；

⑩油料回收器材箱。

2. 需另购器材

（1）换接管段。

①直管段：

规格：管径与油库、加油加气站输油（气）管线相适应，长度为900mm。

数量：每种管径2根。

②单侧法兰管段（配带螺栓、螺母）：

规格：管径与油库、加油加气站输油（气）管线相适应，长度为900mm。

数量：每种管径1根。

③双侧法兰管段（配带螺栓、螺母）：

规格：管径与油库、加油加气站输油（气）管线相适应，长度为900mm。

数量：每种管径2根。

（2）手摇泵。

规格：HSB-1.3E。

数量：1台。

（3）阀门。

规格：与油库、加油加气站输油（气）管线相适应。

数量：每种规格1个。

（4）安全防护器具。

①油气浓度检测仪。

型号：XP311A。

数量：1台。

②防毒面具：一套。

③耐油胶靴：2双。

④灭火毯：2块。

⑤干粉灭火器。

型号：MF5。

数量：2个。

⑥防爆应急灯或手电：2把。

3.4.2　器材适用范围与使用方法

1. 快速堵漏胶棒

（1）适用范围　主要用于储油罐、局部输油管段（如转弯处、分支处等）和阀门阀体10mm以下的小孔和宽度小于3mm的裂缝堵漏。

（2）堵漏方法　堵漏胶棒为双组分胶泥，棒芯为一种组分，外层为另一种组分。切下一小段胶，用手捏揉，揉均后，按填入修补孔洞或缝隙中，并将边缘按压平滑。可在压力低于0.3MPa工况下带压堵漏。

2. 油罐应急堵漏器

用于罐壁上15～100mm孔洞的堵漏。堵漏时，先将应急器组装好，转动活动杆使其与螺杆重叠成螺杆组，将螺杆组从孔洞插入罐内后，再使活动档杆垂直于螺杆紧挂在油罐内壁上，拧紧螺母即可。

3. 堵漏塞楔

用于罐壁孔洞的简易堵漏及管端堵漏。堵漏时根据孔洞的大小，选择或修整一个合适的塞楔，塞入罐壁孔洞并钉紧，达到止漏的目的。

4. 应急堵漏管卡和斯特劳勃管线维修器

用于输油管线穿孔的堵漏。

1）钩锁式应急堵漏管卡

堵漏时，选用与管线规格相适应的管卡，先将下堵漏瓦扣在泄漏处管子下侧，再将带有锁紧机构的上堵漏瓦套移至下堵漏瓦对面的管壁上，并将两瓦对齐，使钩锁钩住下瓦，然后转动螺杆，锁紧钩锁，直至堵住泄漏。

2）单侧紧固式应急堵漏管卡

堵漏时，选用与管线规格相适应的管卡，松开紧圈活节螺栓，将管卡张开，扣在泄漏处，将活节螺栓放至闭锁位置，迅速紧固螺帽，直至堵住泄漏。

3）斯特劳勃管线维修器

堵漏时，选用与管线规格相适应的维修器，松开紧固螺栓，使维修器张开，并将其包箍于管线泄漏处，使紧固螺栓对准螺孔后，紧固六角螺栓，直至堵住泄漏。

5. 管线油料回收接头

用于管线抽空或放空。管线切断后，将该接头大口径端用斯特劳勃管接头与管线断口端连接，小口径端接上胶管，即可自流放空，或用手摇泵、发动机泵等将管线抽空。

6. 管线切割器

用于手动切割 $DN100～DN200$ 钢管。

1）操作条件

管子四周内要有100mm的回转空间，手柄转动角度为90°～110°。

2）使用方法

（1）选用与管线规格相适应的切割器。

（2）压低锁销，打开下部轭架。

（3）以四个装有弹簧的导向点平衡切割器。

（4）关闭下部轭架，进刀使割刀片与管壁接触。

（5）前后摆动手柄（90°～110°）开始切割。

（6）察看管子上的初始切痕，确信四个割刀同轨迹，以确保垂直切割。

（7）适当进刀（保持割刀有较大的压力，且摆动不太费力）。

3）使用注意事项

（1）使用润滑油可省力、延长割刀片和销子的使用寿命（不要使用切割油）。

（2）用锤子、凿子、锉刀等除去切割区域的硬外壳或积垢，以节省割刀和切割时间，亦有利于垂直切割。

3.4.3　说明

（1）胶黏堵漏器材中的堵漏胶棒应每两年更换一次。

（2）由于各油库、加油加气站的情况不同，所以各单位要根据自身的实际情况，结合本套器材，制订切实合理的具体抢修方案。

（3）本套抢修器材的操作比较简单，关键是要加强演练，提高操作熟练程度。

（4）各单位要在使用实践中不断总结经验教训，以便进一步完善、改进和提高油库、加油加气站应急抢修能力。

（5）斯特劳勃管线连接器的装配、拆卸和使用详见本书第7章7.2节相关内容。

4 密封件的制作与装拆

油库内油泵、阀门、管道等出现"跑、冒、滴、漏",相当一部分问题出在密封件上,把好这方面的质量关,就为提高油库设备的防漏能力,奠定了坚实的基础。因此,密封件的制作、安装和拆卸在油库设备密封防漏中具有举足轻重的作用。

4.1 垫片的制作与装拆

垫片是易损件,且广泛应用于油库内多种设备多种场合,是油库设备、管道、阀门中用量最大的密封零件。目前已有不少部门和行业制定了垫片标准,但也有许多非标准化。垫片损坏了,可以到市场上采购,然而采购往往不一定能随时买到,市场化以后,垫片价格低,利润小,销售商一般还不太愿意经营,即使有一部分,往往也是品种规格不全,难以购到合适的。因此,油库工作人员还应该懂点垫片制作知识,急需时不妨自己动手制作,以解燃眉之急。这一点对于军队油库为保证油料及时供应,显得尤为重要。

4.1.1 垫片的制作

若损坏的垫片已标准化了,则应尽可能按标准尺寸要求制作,对于非标准化的垫片一般是先测量其密封面和旧垫片尺寸进行制作。一般情况下垫片的外径应比法兰密封面稍小一些,而垫片内径要比管道内径稍大一些,两内径差一般取垫片厚度的2倍。下面重点介绍平垫片、复合垫片和O形圈的制作。

1. 平垫片制作

平垫片主要用板材制作,制作方法有,用剪刀剪、锯子锯、刀子切、冲子冲、錾子錾、车床车、高压水射流切冲、激光烧削等。

(1)剪制垫片 剪制垫片的工具有手动剪、电动剪、剪垫机等。薄而软的垫片可以用手剪剪制,较厚且硬的垫片可以用电动剪或剪垫机制作。

(2)锯制垫片 制作垫片必须采用细齿锯条进行锯割垫片外圆,或用钢丝锯锯割垫片的内圆或外圆,不可使用普通粗齿锯锯割。

(3)切制垫片 有一种切垫器,由莫氏锥体与钻床主轴相配,定心杆起定圆心作用,两个刀架可在调节臂中滑动,并可调换方向位置,刀片由调节螺钉确定高度。切垫片前,按垫片半径确定刀片与定心杆距离,外圆刀片刃口朝外,内圆刀片刃口朝内,两刀片应为等高或内刀片比外刀片口稍高。刀片可用废机锯条制作。切垫片时,工作台上硬木板面与切垫器垂直。切垫的下脚料可用钉子或卡具固定后切制小的垫片。切垫器可自行制作,如图4-1-1所示。

(4)冲制垫片 手工冲制是利用手工具进行,效率低劳动强度大,适用于小口径垫片的制作。其手工工具有外圆冲子和内圆冲子,如图4-1-2所示。机械冲制是利用模具在机床上进行,效率高,质量好,适用于大口径大批量的垫片制作。

(5)錾制垫片 一般錾刀是用废机锯条制成,或用薄工具钢制成。有平形錾刀,也有曲面錾刀,刃口夹角以15°~30°为宜。不可用普通錾子制作垫片。錾制方法如图4-1-3所示。

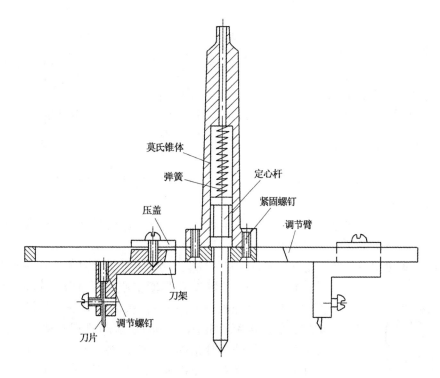

图 4 - 1 - 1　切垫器

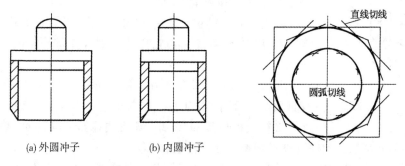

(a) 外圆冲子　　(b) 内圆冲子

图 4 - 1 - 2　冲制垫片手工具　　图 4 - 1 - 3　錾制平垫的方法

（6）车制垫片　在车床上车制平垫片有内夹持法和外夹持法，如图 4 - 1 - 4 和图 4 - 1 - 5所示，以及内外夹持法三种。该法适用于制作金属和非金属垫片，并能套料，节约板材，质量又好。

（7）拼制垫片　对于特大垫片，不易找到整块板料时，可以用并接方法制作。依据垫片尺寸和板料大小，确定下料块数，按垫片尺寸制出弧形样板，应留出一定的并接搭头长度。接头有榫槽接头、半搭接头、斜接头。注意接头应平整并打毛，用黏接剂粘接。例如用氯丁胶 100 份，JQ - 1 胶 10 ~ 15 份的重量配比，均匀涂胶 3 次，1 ~ 2 次以下以留指痕为准，约 15min 后再涂下一道胶，待第三道大部分溶剂挥发后，进行粘合，用手锤轻敲密合处，使其紧密后，用钢板平整压住接头，在室温下固化 6h 后，就可使用。

（8）采用先进切割技术制作垫片　激光技术和高压水射流技术已应用于材料切割加工。制作垫片亦可采用这些先进技术。

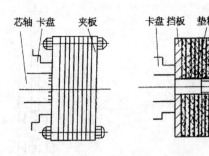

图 4 - 1 - 4　外夹持法车制垫片　　　　　图 4 - 1 - 5　内夹法车制垫片

2. O形圈的制作

有金属空心O形圈和橡胶O形圈两种。金属空心O形圈是用管材弯曲成圆形后经焊接而成；橡胶O形圈是用合成橡胶注模而成，可用于静密封处，也可用于动密封处。

橡胶O形圈往往因备件短缺影响工作，可采用大O形圈或O形圈条粘接成所需的尺寸。粘接方法：长度按O形圈中心直径计算（斜口应加斜口长度、平口不另加长度），一般接头以斜口搭接为好，用砂布打毛接头后，再用酒精清洗。按工况条件选用胶黏剂，用S－2胶黏剂粘合硅橡胶等O形圈时，应在斜口处均匀涂布一层胶，套上比接头长、截面直径相等的塑料软管，挤合圈条定位，紧密无间，经过24h以上时间固化，剪除塑料软管即成。用此法可粘接氯丁橡胶和丁腈橡胶。

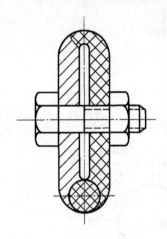

图 4 - 1 - 6　修边工具

还有一种快粘法，系用薄薄的一层GB101胶黏剂迅速涂布在齐口处并对齐连接，略施压力，保持1min不动，待5min后可用。

橡胶O形圈注模有飞边，影响使用，用剪刀和刀子修边难以保证质量。可用修边工具，如图4－1－6所示。这种工具是用两半圆夹板夹持橡胶O形圈，让飞边显露在其外面，然后修磨飞边，还可用液氨冷冻法，使橡胶O形圈硬化后修磨起来方便。

粘接橡胶O形圈的方法，可以最大限度降低备用量，粘接尺寸自由。粘接的O形密封圈有脱胶现象，尽量使用在静密封处。

3. 复合垫片的制作

复合垫片是指两种或两种以上不同材料制成的垫片。其制作工艺有压贴（在垫片两面压贴一层性能好的材料）、粘接（在垫片外面粘接一层性能好的材料）、包裹（在垫片或散装材料外面包裹一层金属或聚四氟乙烯等材料）、缠绕（在垫片外用聚四氟乙烯生胶带缠绕一层或用两种薄带并卷在一起，如缠绕垫片）、镀层（在垫片上镀一层金属）等。

4.1.2　垫片的修理

垫片的修理主要系指金属平形垫片以及其他金属垫片，只要金属垫片没有大的变形、严重的腐蚀、深的压痕和裂纹等缺陷，就可以进行修理。修理前应进行退火处理，使其软化，紫铜和奥氏体不锈钢应进行淬火处理。然后研磨修整，使垫片恢复原有的平整度和光洁度，与密封面相贴合。复合垫片一般只更换表面一层密封材料即可。

4.1.3 垫片的安装

垫片严密性的好坏与垫片安装时施加的预紧力有很大关系，同时与安装方法是否恰当也有关系。

1. 预紧力的确定

这是一个很复杂的问题，它受到多种因素的影响，诸如密封形式、介质的压力与性能、垫片材料和尺寸、螺纹的精度和粗糙度等。有的部门规定用扭矩（测力）扳手来确定螺栓的预紧力，也是粗略的，主要靠操作者在实践中摸索经验来确定预紧力。

为了垫片密封可靠，需要同时满足 Y 和 m 值。Y 为设计压紧应力，也叫预紧比压，它是某种密封垫片最小预紧压力乘上一定的安全系数得来的，它基本上反映出某种密封垫片的静态特性；m 为垫片系数，是有效压紧应力 σ_q 与工作压力 P_1 的比值，它反映了密封垫片的动态特性。

在高温条件下，法兰连接零件产生蠕变，有削弱密封的现象出现，需对螺栓预紧力另加一个附加力，这附加力不可无限增加，它受到法兰连接处和垫片强度的制约。因此，在高温或深冷的工况条件下，对螺栓采用热紧或冷松的办法来解决。

综上所述，一般情况下，压力高、温度高的比压力低、温度低的预紧力要大，介质渗透力较强的比渗透力较弱的预紧力要大；垫片接触面大的比接触面小的预紧力要大；金属垫片比非金属垫片的预紧力要大。在保证试压合格的情况下，尽量采用较小的螺栓预紧力。

有规程规定，垫片压紧前，应对其必要的预紧力了解清楚，不得超过设计限度，螺栓上紧扭矩简单计算如下：

$$T = 1.96 \frac{W}{n} d$$

式中　T——一个螺栓的当量扭矩，N·cm；

　　　W——垫片上紧载荷，N；

　　　n——螺栓个数；

　　　d——螺栓有效直径（根径），cm。

2. 准备工作

安装垫片的准备工作有垫片的选择和修整、紧固件的清洗、静密封面修整和研磨等工作。

紧固件的型式、尺寸和材质应符合技术要求，不允许有乱扣、弯曲、材质不一、规格不同的螺母混入。

密封面应清洁、平整，不允许有残渣、胶渍、油污和明显的凹痕、划痕等缺陷。对齿形垫、梯形垫、透镜垫、锥面垫及其他金属自紧垫片，应与静密封面进行着色检查，以印影连接不断为合格。

3. 垫片的安装

上垫片前，垫片、静密封面、螺栓、螺母及管螺纹应涂敷一层石墨粉。垫片袋装不沾灰，石墨盒装不见天，随用随取。

垫片安放要对中、正确。垫片不得偏斜，不允许采用双垫片，梯形垫不得落槽底。

螺纹处缠绕密封带时，密封带（如 F-4 生胶带）应首尾相搭接，接头呈楔形。

上螺栓时，应采用对称、轮流、均匀操作的方法，见图 4-1-7。螺栓应满扣、整齐、无松动。通过声音判断螺栓是否上紧，当用试锤轻敲螺母时，拧紧的螺栓声音频率高，未拧紧的频率低。两法兰间隙应均匀一致。

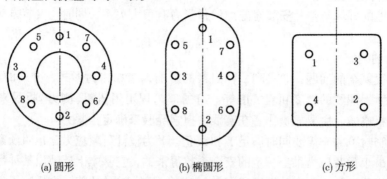

(a) 圆形   (b) 椭圆形   (c) 方形

图 4 - 1 - 7 螺栓上紧的顺序

垫片紧固后，上下法兰间应有一定间隙，内外螺纹位置上应有一定的距离，这叫做预留间隙，以防法兰、螺纹密封处泄漏后，有一定的拧紧余地。

O 形圈安装的压缩量要适当。金属空心 O 形圈一般压扁度为 10% ~ 40%；橡胶 O 形圈压缩率，圆柱面上取 13% ~ 20%，平面上取 15% ~ 25%。O 形圈安装时遇到螺纹、沟槽、孔洞部位，可用透明薄膜隔起来，即可通过。

4. 安装中容易出现的问题

安装垫片时，修理工容易忽视垫片和密封面清洁，不太注重密封面的修理。常见的缺陷见图 4 - 1 - 8。

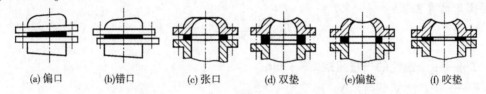

(a) 偏口   (b)错口   (c) 张口   (d) 双垫   (e)偏垫   (f) 咬垫

图 4 - 1 - 8 垫片在安装中常见的缺陷

4.1.4 垫片的拆卸

拆卸垫片时，首先应解除垫片上的预紧力，应对称、均匀、松动螺栓，轮流松动1/4 ~ 1圈后，方能全松螺栓。对难以松动和难以取出的金属垫片，可用煤油浸透或石墨敷涂后再拆卸。

对难以打开的静密封处，可采用如下方法：阀门中法兰可采用阀杆顶开；法兰之间对称伸入两翘杠扳开；螺纹密封处可用管子钳或用加温方法打开。也可采用敲打本体方法，或同时兼用几种方法来打开静密封处。

静密封面打开后，用楔式工具伸入垫片与密封面间，工具顶住垫片，对称地拨动后取出。O 形圈应用工具钩出或推出。密封胶参考本章4.3节中"胶层的拆卸"。梯形垫嵌在槽中不动，未涂石墨的橡胶石棉垫一般粘贴很牢，难以取出，可用铲刀的刃口斜面贴着密封面慢慢地铲除，以防铲伤密封面。有水线的密封面，沟槽中的残迹可用尖刃工具铲除。

4.2 填料的制作与装拆

4.2.1 填料的制作

填料也属于易损件，超过规定使用期的填料和损坏的填料不宜修理，应予更换。填料的制作有手工切制、工具切制、机械切制、模具压制以及车制、铸制等方法。

58

1. 填料尺寸的确定

填料展开长度用下列公式计算：

$$L = D_1 \times \pi = \frac{D + d}{2}\pi = (d + B)\pi = (D - B)\pi$$

式中　L——填料展开长度，mm；

D_1——填料中径，mm；

D——填料外径，mm；

d——阀杆或轴的直径，mm；

B——填料宽度，mm。

填料函尺寸见图 4 - 2 - 1。

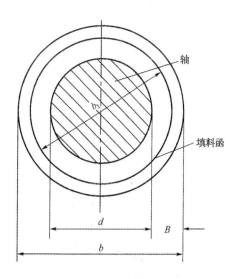

图 4 - 2 - 1　填料函的尺寸

2. 手工切制

首先选用一只与轴或阀杆直径相同的管子或木棒，将待切的盘根并列缠绕在管子或木棒上，应注意清洁，不能扭曲。然后用薄刀子或微型锯条按 30°或 45°的角度切开盘根。禁止用一般錾子和锯条加工。

3. 工具切制

切制盘根是在工具上进行的，切盘根工具如图 4 - 2 - 2 所示。

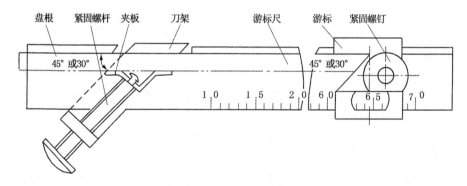

图 4 - 2 - 2　切盘根工具

游标尺上有刻度，每格为 π 值，游标尺截面呈 L 型，可校直盘根，游标可在尺上滑动，凹角与刀架凹角相应相等，为 30°或 45°角度。

切制时，按上述公式中 $d + B$ 或 $D - B$ 的值来确定游标位置（对于硬盘根应适当放大在 1~2 格的数值），把盘根夹持在工具上，就可用薄片刀子或微型锯条将它切开。

近年来，有人对图 4 - 2 - 2 作了重要改进，克服了盘根在选用、切制、装拆中的低质、混乱、不配套的现象，将选用、测量、计算、切割、安装、拆卸等技术工作融为一体，使用十分方便。改进后的新式盘根组合工具有如下特点。

（1）小巧、轻便，只有几十克重。

（2）结构简单，制作容易，成本低，可注塑、冲压和手工成形。

（3）携带方便，不受环境条件的限制，操作容易掌握，适于制造和维修人员用。

（4）切制盘根长度、角度准确，优质、快速、不毛头。

（5）多功能、多用途，不但有测量轴（阀杆）直径、选用盘根、安装和拆卸盘根等功能，

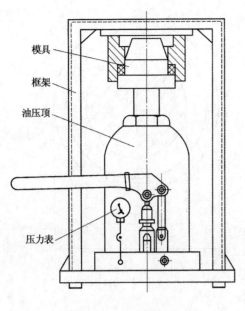

图 4 - 2 - 3 填料压制方法

模具
框架
油压顶
压力表

而且可作直尺、锯条、刀子、起子、高度尺用。

4. 机械切制

用电动机带动切盘根机工作，效率高，适于成批生产，产品质量不如切盘根工具切制的好。

5. 模具压制

图 4 - 2 - 3 为填料压制方法。

填料压制需按尺寸自行设计压模。

压制填料有盘根预压成形和散料压制成形二种。把切制好的盘根放入模具中，施加 20 ~ 50MPa 压力，对其进行定形处理，使切口搭接吻合，这种方法叫预压成形。

填料压制成形是把不同的原料配比置于模具中，压制成新的填料。施加比压为 20 ~ 70MPa。可以压制各种不同配比的石棉填料、柔性石墨填料和其他填料。

6. 车制填料

用塑料或软金属车制各种成形填料，如 V 形填料等。

7. 铸制填料

铅填料的制作是用坩埚将铅熔化后，倒入铸模中，铸成条、筒等形状，加工成铅填料。

4.2.2 填料的安装

1. 安装前的准备工作

安装填料的准备工作主要有填料的选择，轴、阀杆与填料的配合件精度的选择，间隙的检查和填料装置的清理和修理等。

填料尺寸应正确，质量必须符合要求。不允许有齐口、张口、松头以及老化、毛边、划痕、裂纹等缺陷。

轴、阀杆与压盖、填料函之间应配合正确，间隙适当，轴、阀杆粗糙度、圆度、直度等技术指标应符合要求，不允许表面有划痕、凹坑、裂纹等缺陷。

2. 安装工具

填料函窄而深，使用各种工具进行安装是必要的，它有利于提高安装质量。安装工具应用质软而强度高的材料，刃口应钝，硬度不宜超过轴和阀杆的硬度。

图 4 - 2 - 4 为压填料工具架。图 4 - 2 - 5 为利用阀杆压填料工具，压具由两半圆的硬木或软金属组成。也可选用一根管子，上面套上一个压具，然后从轴或阀杆上端套入作压填料工具。

3. 装配形式

填料装配形式较多，它是根据填料函的形式，介质的温度、压力、腐蚀状态，填料自身的性质等因素来确定的。

填料常见装配形式有：填装同一种型号和材质的填料；两种或三种不同材料的填料交错安放；填料之间夹有密封胶或其他材料；两头安放石棉等填料，中间填装多圈柔性石墨填料；填料函内全部由散装材料压成；先装填料，后装分流环，再装填料；装 1 ~ 2 圈 O 形圈；V 形填料装配顺序为下填料、多圈中填料、上填料；波纹管填料；波纹管填料加压缩填料；内填料装置和外填料装置等。

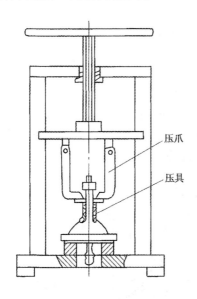

图 4-2-4　压填料工具架

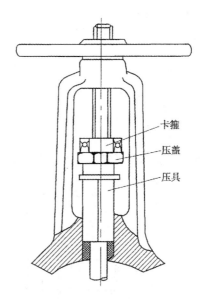

图 4-2-5　利用阀杆压填料工具

4. 填料的安装

填料应尽量从轴或阀杆端套入，不能套入的填料应切成搭接形式，这种形式对 O 形圈要避免，对 V 形填料要禁止，对柔性石墨填料可采用。搭接应上下错开，斜着套入轴或阀杆上，然后上下复原，切口吻合，嵌入填料函内。

压好第一圈填料。压前检查填料垫是否上好，然后用压具轻轻地把填料压入底层，抽出压具，再检查填料，直到填料摆放平整，搭接吻合为止。

填料应一圈一圈地安放在填料函内，并一圈一圈地用压具压紧，不允许填料边连续缠绕或多圈一起安放后再压紧。填料每压紧一圈应转动一下轴或阀杆，以免咬死。圈与圈之间的搭接应相互错开，一般相错 120°的角度。无石墨的石棉填料，应在放入前涂上一层石墨粉。为了保持清洁，石墨粉和填料应盒装和袋装。

填料严禁以小代大，以低代高。分流环安装时应对准分流管口，允许偏上，不宜偏下。

填料函基本填满后，压盖应均匀压紧，压盖压套压入填料函的深度为其高度的 1/4~1/3。轴和阀杆与压盖、填料函三者间隙四点检查一致，轴、阀杆应转动灵活，用力正常，无卡阻现象为好。

用于填料的橡胶 O 形圈，安装时可参考垫片的安装。O 形圈和轴上涂一层润滑剂，把 O 形圈滑入槽中，不允许滚动或用手拉伸的方法安装 O 形圈。安装时间不宜过长，要减少安装次数。O 形圈压缩率为 16%~30%。

对橡胶、聚四氟乙烯、柔性石墨填料，压紧力应比石棉填料小些。

5. 安装中容易出现的问题

（1）清洁不彻底，影响填料密封，滥用工具，划伤密封面。

（2）填料使用不当，以窄代宽、以低代高、以一般代高温、高压、耐强蚀填料。

（3）填料在填料函中，不平整、不严密、长短不一、搭角不对；多层连绕、多层填放、一次压紧、外紧内松。

（4）填料安装太多，压盖位移；填料安装太少，压盖无预紧间隙；填料压得过紧，卡住阀杆和轴，产生磨损。

（5）压盖歪斜，松紧不匀；压盖与轴、阀杆间隙过大或过小，压坏填料或擦伤轴、阀杆。

（6）O形圈有划痕、扭曲、拉变形。

4.2.3　填料的拆卸

拆卸填料时，首先应松掉压盖螺栓或压套螺母，取出压盖或压套。有条件时最好把轴和阀杆抽出填料函，这样掏出填料最为方便。如果轴和阀杆不能抽出填料函的话，可按图4-2-6的方法拆卸填料。拆卸工具应避免碰撞轴和阀杆。

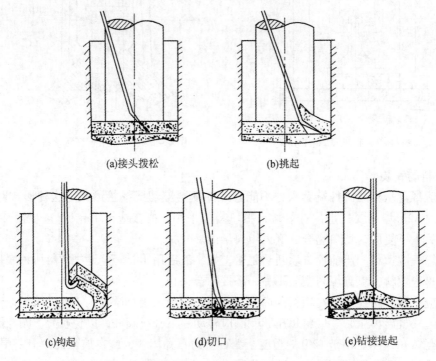

(a)接头拨松　　　　　　　(b)挑起

(c)钩起　　　　　(d)切口　　　　　(e)钻接提起

图4-2-6　填料拆卸的方法

4.3　胶层施工与拆卸

4.3.1　胶层的施工工艺

（1）表面处理　胶层施工的表面处理可分为预处理、机械处理、化学处理。预处理是清除密封面上的油污、铁锈、灰尘等；机械处理是清除密封面上的金属氧化皮表层，并进行适当加工，以保证密封面平整，使之间隙均匀，但应注意密封面既不宜太粗糙，也不宜光洁度过高；化学处理是提高粘附力，以获得致密、均匀，并有利于涂胶浸润的新氧化膜，该法往往用于重要的密封处。

（2）配胶涂胶　配胶是将自制胶或多组分胶按需要量、按配比调和均匀。涂胶应在密封面表面处理之后立即进行。必须按规定温度、胶层厚度均匀涂布。涂胶有手涂、喷涂、滚涂、强注、浸胶等多种方法可供选用。

（3）干燥　干燥工序用在含溶剂的非粘接型密封胶上，涂胶后使溶剂挥发到不粘手之后，进行紧固连接。

（4）组装紧固　将涂过胶的密封面合在一起的过程叫组装。组装后再施加一定的预紧力，称之为紧固。在组装时应注意排除胶中的空气，避免产生气泡。对于非粘接型密封胶需要在其上施加一定的预紧力，对于其他胶主要是组装，使之在一定的条件下固化，可省去组装紧固工序。

（5）硫化　硫化工序分为加温硫化和室温硫化两种。其作用是使线型结构交叉连接成体型结构，从而使分子链变得牢固，具有优良的弹性，以获得很好的密封效果。硫化工序适用于弹性胶。

（6）固化　固化工序是使胶层由液态变为固态的过程，在此过程中需要一定的温度，同时还需要对胶层施加一定的紧固力。厌氧胶交联反应与弹性胶的硫化交联反应一样。

（7）整修检验　最后一道工序是整修检验，其目的是清除胶渍，发现缺陷，进行修补，以确保质量。

使用的胶种类不同，其施工工艺有所不同，参见表4－3－1。

表4－3－1　胶层施工工艺

胶　　名		施　工　工　艺							胶层厚度/mm
		表面处理	配胶涂胶	干燥	组装紧固	硫化	固化	最后干燥	整修检验	
非粘接型密封胶		√	√	√	√			√	√	≤0.1，最大不超过0.2
粘接型密封胶	厌氧胶	√	√						√	≤0.1，最大不超过0.25
	弹性胶	√	√		√	√			√	胶层不太敏感
	热塑胶	√	√		√				√	厚度可比密封胶厚些
胶黏剂		√	√				√		√	0.05～0.2，最大不超过0.5

4.3.2　胶层的拆除

密封胶和胶黏剂涂敷的胶层容易拆除，但其他胶层都不同程度地存在着难拆的问题。下面简要介绍几种拆除胶层的方法。

（1）水浸法　有些胶层遇水就溶解，将其在水中浸透就可将之拆除。这类胶有501、502、硅酸盐无机胶、JQ－1等。

（2）水煮法或水蒸气吹扫法　低分子量的环氧树脂，例如101、628、637、634及其他类型的胶，用乙二胺、多乙烯多胺作固化剂进行冷固化的胶层，使用水煮法或蒸汽吹扫法使胶层软化，趁热时拆除。

（3）火烤法　对于热固性胶、加热塑性胶，可采用火烤法使其软化，然后趁热用工具撬开胶层，但温度不宜太高，以免损坏零件。

（4）化学法　利用某些胶的化学性质，如怕酸、怕碱、怕溶剂等特点，将胶层置于某些化学物质下进行拆除。如聚氨酯用丙酮、冰醋酸；环氧胶用丙酮、冰醋酸、双氧水；改性有机硅胶用浓碱、冰醋酸；酚醛－缩醛胶用10%硫酸；热塑性胶用相应溶剂；磷酸盐无机胶用氨水等。

（5）机械法　用工具打磨、刮削、锉削、车剥、钻剥等加工方法也可将胶层拆除。

5 油泵堵漏

5.1 油泵轴填料密封结构和泄漏原因

油泵是油库的主要设备，也是关键设备之一。油库的各种业务作业，几乎都离不开油泵。油泵的种类繁多，品种规格多样，但绝大多数属于转子泵，其中使用最广、最普遍的是离心泵。转子泵密封出问题，发生泄漏的部位往往是轴封处。轴封泄漏是油库工作中最易发生，同时也是最感头疼的问题之一。

油泵的轴封为一种安装于旋转的泵轴和静止的泵体间的密封，作用是阻止输送油料从泵轴与泵壳之间漏出泵外，或阻止外部空气进入泵体内，保证离心泵的正常运行。轴封一般采用的是接触式密封，有填料密封（如软填料密封、膨胀石墨填料密封、碗式填料密封）和端面密封（如机械密封）等类型。

5.1.1 油泵轴填料密封结构

填料密封是一种接触式密封，即在轴与壳体之间充填弹性密封材料，当填料受到轴向力压紧后能紧贴于轴表面，利用密封材料的弹性变形补偿密封面的磨损，使被密封的空间与外界隔绝，堵塞泄漏间隙，阻止介质外泄。

由于填料密封的结构和特点不同，其适用的场合也不同。

（1）软填料密封　软填料密封结构简单，但消耗的功率较大，沿轴向分布的压紧力不均匀，靠近压盖处的填料磨损最快。密封腔的油压小于 3.5MPa，其线速度最大为 20m/s。适用于一般油料的密封和油料温度为常温至 250℃ 的油泵。

（2）膨胀石墨填料密封　膨胀石墨填料密封具有良好的耐热、耐腐蚀性，其弹性、柔韧性、自润滑性和不渗透性均好于其他结构的填料密封，消耗的功率比软填料密封低 5% 左右。适用于密封压力小于 3.5MPa，工作温度为常温至 380℃ 的油泵。

（3）碗式填料密封　碗式填料密封结构简单，制作方便，密封效果较好，对泵轴的磨损比软填料密封小。适用于旋转密封压强为 5MPa，线速度为 3m/s 的场合。

填料密封的基本功能是，通过填料与转动轴（轴套）之间的紧密结合，形成一层很薄的环形油膜来达到密封的目的，这种油膜来自所输送的油料。在油泵填料密封中设有填料套、填料环（封油环）、填料、填料压盖、长扣双头螺栓和螺母等。在正常运行时，必须压紧填料，液体才不至于从泵轴处泄漏，但又不能压得过紧，否则轴和填料的磨擦增加，严重时会发热，降低泵的效率。填料密封所用的材料一般是石墨、浸过黄油的棉织物品、石棉、金属箔、石棉芯、聚四氟乙烯等。填料密封的油料渗漏量应控制在 6 滴/min 左右。填料密封的缺点是使用寿命短，需随时维护，密封效果不理想。

5.1.2 填料密封失效原因

1. 密封结构不合理

离心油泵密封结构本身设计上存在的缺陷和隐患，主要表现在油泵的轴向密封不合理。原因是油封的工作介质来源于泵的高压区，油压比从其他各处渗入填料函的油压高，而填料函上部的油封孔离填料压盖较近，仅间隔 4～5 圈填料。由于圈数少，高压密封油很容易发生外泄。在补充添加填料时，可能会把封油环压入填料函的内部，导致封油环与泵盖上的油封孔错位而失去密封作用。此时，密封的油不能完全扩散，导致处于油封孔外侧的填料压力升高，密封较困难。同时，填料环安装在填料函的中央，填料环上的孔应与冲洗油孔相吻合，这就增大了更换填料的难度和工作量。

2. 侧向压力分布不均匀

侧向压力分布不均匀导致填料磨损严重，密封性变差。对填料压盖施加压力时，密封填料与轴套之间的侧向压力和密封间隙内的压力就会沿轴向分布，从而产生相反的弯曲、扭转、剪切现象，易造成侧向压力小于被密封的油料压力，使密封失效。如果填料靠近填料压盖，当填料的侧向压力大于被密封油料的压力时，就会导致该处的填料和轴套之间的阻力增大，产生的热量使填料变硬、变脆，失去弹性，增大填料的磨损，使泵轴机械性能下降。在这种情况下，填料密封的密封效果变差，填料压盖的压力被进一步加大，导致压盖处的工作状况恶化，如此恶性循环，使得密封的稳定性完全丧失。

3. 填料压盖压力失衡

填料函中的盘根数量通常为6~10圈，中间有填料环。使用过程中，必须通过拧紧压盖两侧的螺栓产生预压力来压实填料。在大多数情况下，螺栓的松紧程度依靠人工控制，在没有压力显示的扳手的情况下，压力难以控制，导致填料的侧向压力沿轴向的分布不均匀，达不到密封要求。特别是油环内侧的填料，如果手工用力过大，容易引起密封填料严重磨损，影响密封的稳定性及可靠性，如果用力过小，又达不到密封的目的。

4. 密封的适应性差

泵轴受到的应力主要为变应力，发生的破坏主要是疲劳损坏。一般而言，普通填料密封结构不允许旋转轴有较大的径向偏心量，径向偏心量一般要求小于0.05mm。在设计中，由于考虑诸多外部条件的变化，在非理想状态下，旋转轴的偏心量有一定的允许误差范围。当外界干扰因素较大时，旋转轴在密封处的偏心量就会超过允许值，导致填料与轴套产生较大间隙，使泄漏量大大增加。

5.2 用油封作油泵轴封

为解决油泵轴封泄漏，可以用汽车油封中的耐油橡胶油封圈代替原有泵轴密封的石棉盘根填料。经过多个油库多年的实际使用，证明使用油封密封装置，性能优良，装填简便，价格便宜，使用寿命长(可使用几年不需更换)。

5.2.1 油封密封装置结构及改装方法

油封密封装置如图5-2-1所示。其改装方法为：

(1)根据泵轴直径选用不同规格的油封圈，油封圈内径应稍小于泵轴直径，差值不宜超过1mm。油封圈外径应和填料函内径一致。若选择不到合适的内外径的油封圈时，可选择一种最接近的，再根据其内外径，对泵轴或填料函稍作加工，使之符合要求。

(2)对于旧泵的泵轴和填料函应进行加工，使表面光洁。有的可以另加轴套。所加轴套与轴必须配合紧密。在轴套与泵轴台肩接触处应加密封垫，以防漏油。

(3)由于油封圈与泵轴接合紧密，易热。为降温起见，在油封圈中间加一散热圈，引进冷却液。实践证明，仅用滑脂杯，引以润滑油，达不到冷却目的。应在散热圈所对应的填料函上方相应部位钻两个与垂面成45°角的孔，安装冷却管，其内径为7~8mm，见图5-2-1。

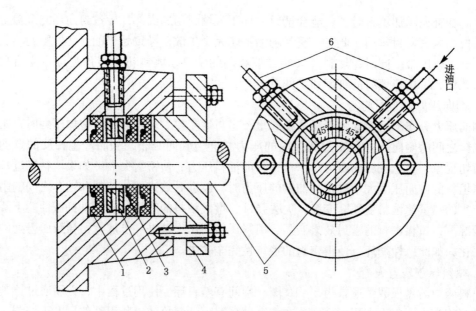

图5－2－1　油封密封装置
1—油封圈；2—散热圈；3—锁口弹簧；4—压盖；5—泵轴；6—冷却管

图5－2－2　散热圈

冷却管的进油管与泵的出口相通，出油管与泵的进口相通，利用该泵所输送的常温油品来冷却油封装置。

冷却液的进出油管是根据泵轴旋转方向而定的。图5－2－1中的冷却液的进出管位置是从填料压盖方向看，泵轴作顺时针旋转决定的。这样，冷油可以随泵轴旋转一周，从而达到冷却的目的。若泵轴为反时针旋转，则冷却油进出口位置应互换。

（4）散热圈的制作要求是：内径应大于泵轴直径4～5mm，外径应小于填料函内径，厚度为8～10mm。在其圆周边界上加工一圈凹槽，并开有4个长椭圆形孔，如图5－2－2所示。

5.2.2　安装时应注意的问题

（1）散热圈应放在油封圈的中间位置，凹槽对准冷却油管进出口的中心。

（2）安装的油封圈数目由填料函的长度决定。如有间隙或散热圈不能对准冷却油管的中心时，可以装填尼龙垫圈或金属垫圈，加以调正。

（3）位于叶轮的高压侧的填料函，油封圈的凹口都应朝叶轮方向放置；而在叶轮的负压侧（泵的吸入侧）油封圈的凹口都应背向叶轮的方向放置。这样放置，可使渗漏进凹口内的高压油品将油封圈相互紧密地挤压在一起，更好地起到密封作用。反之，就会增大油封圈之间的间隙，影响密封效果。

（4）安装散热圈及油封圈时，两面要涂一层滑脂，以减少摩擦。为防止油封圈受热膨胀，造成泵轴运转阻力过大，可在两油封间加一铅丝圈，其直径小于油封圈外径而大于油封圈凹口外径。这样，可使其保持一定的膨胀间隙。

（5）为使油封圈受压均匀，填料压盖要车平，安装时亦应注意其受力平衡。

5.3 用骨架橡胶油封作油泵轴封

5.3.1 骨架橡胶油封的结构和密封机理

骨架橡胶油封是油封的一种，属圆周唇环密封，为旋转轴径向密封形式之一，图5-3-1所示的是单唇形骨架橡胶油封的结构，其密封机理为：处于自由状态下其密封刃口内径小于轴径，油封刃口因为盈量和自紧螺旋弹簧的收缩力对轴产生一定的径向压力；正常运转时，泵内介质压力和径向力共同作用，在刃口和轴面之间形成一层流体动力学油膜，由于油膜的表面张力，在密封跨距内形成一新月面，可防止工作介质的泄漏。刃口过盈量和弹簧收缩力所产生的径向压力和泵内介质压力对密封轴产生的接触压力控制着接触面上油膜的润滑状态，当处于边界润滑状态时，其密封性能最佳。

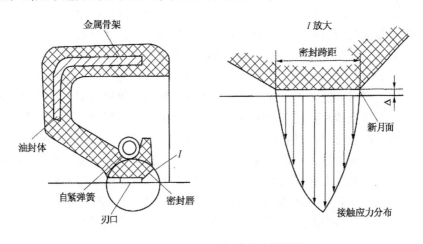

图5-3-1 单唇型骨架橡胶油封结构图

5.3.2 骨架橡胶油封的特点

骨架橡胶密封实质是金属骨架加强型油封，具有价格便宜，运转性能良好，结构简单，易于更换，使用寿命长，可靠性高等特点。主要用于工程机械、汽车变速箱及机械润滑系统低压旋转轴油封中，是一种很有前途的新型油封。

骨架橡胶油封的缺点是，强度和承压能力较低，密封刃口的抗高温和耐腐蚀的能力较差，不适于输送压力较大、温度较高且有腐蚀性介质的泵轴密封。但对于中小型油库，其油泵的工作压力一般都不高，且油品的腐蚀性很小。因此，骨架橡胶油封在输送低压、中等流量及常温油品的油泵轴封上应用还是具有广阔前景的。

5.3.3 改装时的注意事项

1. 油封选型要适当

改装时，根据实际使用条件恰当选择油封类型非常重要。根据油库的实际条件，宜选用耐压型，并按泵轴工作线速度 v 选用低速型 $(v<6\text{m/s})$ 或高速型 $(v\geqslant6\text{m/s})$。输送汽油、煤油、柴油等轻油泵，可选择高丁腈橡胶或氟橡胶；输送机油、变压器油等的润滑油泵，可选择中高丁腈橡胶或聚丙烯酸酯橡胶。

2. 密封面加工要光滑、装配要精细

选定油封类型后，密封段应磨削加工到粗糙度 R_a 不大于 $0.2\sim0.1\mu\text{m}$。装配时不能擦伤油封刃口。选用油封的数目一般为 2~4 个。因为影响密封性能的主要因素为径向压力、唇口温度、介质清洁度、轴的偏心度、转速及表面光洁度和硬度。过小的径向压力会使边界润滑状态改变，即密封面油膜厚度增大，新月形油面被破坏而发生泄漏。某库 100Y-60 泵换装这种密封，使用一段时间后出现泄漏，经检查为自紧螺旋弹簧损坏使径向压力变小，更换弹簧后便解决了问题。转速过高和径向压力过大会使摩擦增大、油膜厚度减小而形成干摩擦，引起密封部位温度升高，导致橡胶老化、龟裂损坏。工作温度和介质清洁度在输送油品时都是影响密封性能的重要因素。轴的偏心度应控制在允许范围内。提高泵轴密封段表面光洁度可明显减小油封磨损，当轴旋转线速度小于 4m/s 时，光洁度应不低于 0.8μm，当轴旋转线速度大于或等于 4m/s 时，光洁度应不低于 0.1μm，表面硬度取 H_R30~40 最为合适。

5.3.4 对骨架橡胶油封的改进

从上述可知，骨架橡胶密封虽有许多优点，但它存在着密封唇容易翻边，抗水击耐压性差，对泵轴轴套的光洁度、同心度要求高等缺点。针对其缺点，可做以下改进：在骨架油封背后加设挡圈就能解决密封唇翻边冲油封的现象。挡圈斜面长度不能超出骨架油封背面斜面长度，以免密封面失去密封作用。整个挡圈必须在车床上一次加工而成，以保证挡圈的同心度和平行度（平面油槽另行加工）。有时生产厂家的骨架油封产品模子不同，产生密封圈斜角角度不等，车挡圈时角度必须与骨架油封反面角度相吻，使用角度不同的产品必须更换不同的挡圈。通过泵盖上的小孔将室内压力介质引至挡圈槽起到润滑、冷却、密封作用。如泵盖上的小孔与挡圈槽错位只需将泵盖小孔处沿轴方向开一过渡槽与挡圈槽沟通即可。

经改进后的密封装置静止状态试以 4MPa 高压，水压填料腔无漏水现象，运转时抗水击无渗漏。在泵体端盖被水击震裂三个压盖孔的情况下，油封部位安然无恙。加设挡圈后骨架油封能承受突然水击 3~4MPa 的冲击力不漏油（压力越大，骨架油封斜面与挡圈贴得越紧），解决了以前油罐车装油有时候一台泵一天要冲二次油封的问题（密封唇翻边）。

5.4 用膨胀石墨作油泵轴封

5.4.1 膨胀石墨密封材料的特性和密封机理

1. 膨胀石墨的特性

密封材料（填料）的作用是通过填料受力时产生塑性变形，以填补由于泵轴、阀杆面凹凸不平所造成的微小间隙，阻止流体泄漏，达到密封的目的。据试验数据表明，膨胀石墨密封填料具有优良的自润滑性（干摩擦系数只有 0.10）、导热性[沿表面方向达 190/（m·h·℃）]、耐热性（氧化性介质 400~500℃，非氧化性介质 1600~2000℃仍保持其良好的密封性能）、耐蚀性（除强氧化性介质外），并且还具有回弹性好、耐压性高等特点。这些都是石棉质填料远不能及的。

2. 膨胀石墨的密封机理

膨胀石墨的密封机理，如图 5-4-1 所示。

5.4.2 安装的技术要求和注意事项

（1）膨胀石墨密封环，一般为圆形截面的成型件，只要密封环的内、外径尺寸与机件的轴、填料函尺寸相配，就可直接安装。压装前，应把填料函内旧杂物清洗干净，然后将密封环逐个地压入填料函。也可采用膨胀石墨密封材料和石棉垫圈组合使用的方法，即在膨胀石墨密封环两侧间隔两圈安装石棉垫圈的组合安装形式。

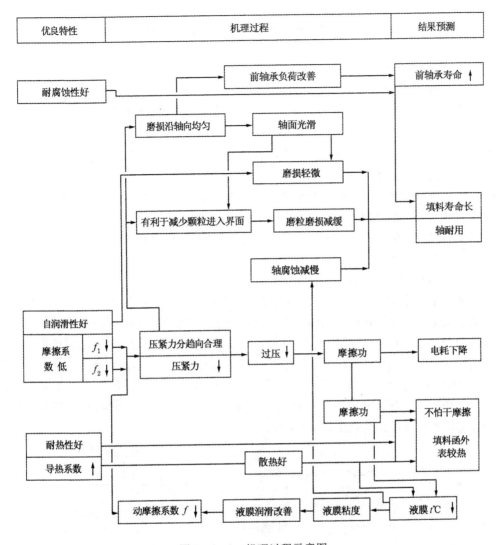

图 5-4-1 机理过程示意图

（2）安装机件中的泵轴与填料函的不同心度应符合或接近机件中的原有设计标准。泵轴应平直、光洁，不得有腐蚀或机械损伤（如沟槽、弯曲）等现象。

（3）安装时，填料函底与压盖端面应车平，不应带缺口，并且注意不要损伤膨胀石墨密封环的密封面。

（4）填料的轴向总长度，以轴或轴套直径的 1.2~1.5 倍为宜。

（5）填料装入后盘车时，若手感填料周向压紧不均匀时，可以再压紧至均匀，尔后退松压盖螺栓。启动后，视其泄漏程度，再行调整压盖的松紧。

（6）填料如需切口，只要用保安刀片在环围的侧面按 45° 方向轻轻切口即可。安装的方法是第一、第二圈切口相错 180°，第三圈和第二圈相错 90°，如此交替相错直至安装完毕。

（7）检修时，如旧的膨胀石墨密封环尚完整需复用时，应用干净水充分冲洗后再进行装配。

5.5 用螺旋密封作油泵轴封

5.5.1 螺旋密封的设计

1. 设计原理

螺旋密封(螺纹密封),又称为粘滞密封,是依靠被密封液体的粘滞力产生的压力来封住油料,利用螺杆泵的工作原理进行密封的。当油料渗漏时,利用泵轴在旋转时的摩擦力给轴套上螺旋槽内的液体供给能量,使槽内的液体压力增大,以平衡泵内被密封油料的压力,从而消除油料的渗漏。螺旋密封主要由光滑衬套与螺杆组成。当螺杆(轴)旋转时,液体摩擦力作用在螺槽内的液体上。使之产生轴向反应力,其值与密封腔内的压力相等,以此消除液体外泄,达到密封的目的,所以螺旋密封又属于不完全非接触式动力密封。此种密封已在空间装置及一般技术领域中广泛应用。将油泵的填料密封改为螺旋密封是必要的,也是可行的,实践也证明是有效的。

2. 螺旋密封的结构

螺旋密封结构见图 5-5-1 所示,轴(套)与固定套之间有狭长间隙,轴上有螺旋槽间隙,其间充满液体。主轴转动时其螺旋槽内液体产生压头与被密封介质压力相平衡,从而阻止了液体的泄漏。密封的机理是由以下三种流动状态相平衡:一是高压端的液体沿着轴上的螺旋槽向外端泄漏;二是高压端的液体沿转动套与固定套间的环形间隙向外泄漏;三是外端(低压端)的液体由于螺旋槽的转动带动向高压端反输运动。在密封装置中,当螺旋槽的反输能力在克服介质沿螺旋槽的外泄流动之后,还足够把沿环形间隙泄漏的液体泵送回高压端,使介质不产生外泄而达到密封的目的。

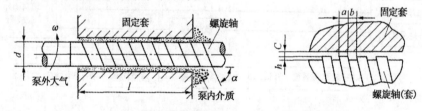

图 5-5-1 螺旋密封结构示意图

d—螺旋轴外径;h—螺旋槽深度;α—螺旋角;ω—螺旋头数;

a、b—螺旋槽宽度;l—螺旋充液长度;C—螺旋轴(套)与固定套之径向间隙

3. 密封介质与参数的选取

(1)介质的影响 螺旋装置的密封能力与介质的黏度有密切关系,黏度越高密封效果越好。如分别取水和40℃原油核算装置的密封能力则分别为0.06MPa和0.406MPa,投入使用过程中也发现输送40℃清水时有微渗,投入输油后由于黏度发生变化,密封良好无泄漏并且转动灵活。

(2)各主要几何参数选取 螺旋角 α 一般取 13°~15°合适。如过小其反输能力降低;如过大则反输流量减少。螺旋槽深度 h 取 35~0.45mm(小型泵)。间隙 C 取 0.15~0.20mm,其值过大泄漏量增大;过小则发生摩擦,损坏部件。在结构允许的情况下螺旋槽的充液长度尽量长些为佳。

4. 密封能力的核算

从流量平衡的观点，可用下式进行密封能力的核算。

即

$$(v_1 - v_2)ibh = v_3\pi dC \qquad\qquad (5-5-1)$$

$$v_1 = 0.5\pi dn\cos\alpha(\nu_x/\nu_1) \qquad\qquad (5-5-2)$$

$$v_2 = R^2 \cdot \Delta P/2\mu l' \qquad\qquad (5-5-3)$$

$$v_3 = C^2 \cdot \Delta P'/12\mu l - (v_1 - v_2)\sin\alpha \qquad\qquad (5-5-4)$$

式中　v_1——螺旋转动时引起介质沿螺旋槽向内端的反输流速；

　　　v_2——被密封介质沿螺旋槽向外端的泄漏流速，m/s；

　　　v_3——被密封介质沿环形间隙外端泄漏流速，m/s；

　　　n——主轴转数，r/s；

　ν_x、ν_1——水、介质运动黏度，m^2/s；

　　　R——水力半径，矩形槽 $R = bh/2(b+h)$，m；

　　　l'——螺旋槽展开长度，m；

　　　μ——介质动力黏度，Pa·s；

　　　d——螺旋轴外径，m；

　　　C——螺旋轴（套）与固定套之间径向间隙，m。

上述公式中出现的 ΔP 和 $\Delta P'$ 最终结果应一致，因环形间隙两端的压差与螺旋槽两端的压差是相同的。

5.5.2　现场安装和效果分析

1. 现场安装

去掉泵上的油封管、油封环及底套，将压盖上的油封管接头、螺纹孔用纤维封死，将轴套处填料拆除 3~4 圈，使轴套外径尺寸略小于填料箱的内径。在螺旋段的外侧加工一段锯齿形螺纹（可采用相应的工程塑料），轴套上安装石墨和碳纤维填料，压上填料压盖。安装填料压盖时，先拧紧压盖螺栓，再松开，反复多次。当填料泄漏时，适当扭紧填料压盖的螺母，直到不漏为止。必须注意的是，工程塑料制成的螺旋段螺纹没有左右旋向之分，叶轮两侧轴套的螺纹旋向相反。

2. 效果分析

密封结构改进后，螺旋密封所产生的沿泵轴上的压力曲线上移，填料函内密封介质沿轴向的压力曲线下移，油料泄漏压力小于密封压力，轴向密封位置缩短，收到了密封效果。改进后的密封结构通过三个方面的作用防止油料泄漏，一是通过螺旋段的阻流作用使大部分的外泄油被压向泵体内；二是少量经过阻流后的油经过填料与螺旋段时，再次被阻流；三是在实际应用中，螺旋密封不仅能防止滴漏，而且可以减少填料的更换工作量，节省检修费用。

5.5.3　螺旋密封的适应性

襄樊输油公司将螺旋密封应用于 D 型输油泵，研制成功了"D 型输油泵螺旋密封装置"，获得实用新型国家专利（CN91.2.26522.1），先后在 8 条输油管线上推广应用，取得了很好效果。但在实际应用中发现，在输送不同原油及在不同运行工况下，螺旋密封装置的密封效果差异较大，存在着适应性的问题。

目前输油泵使用的 D 型螺旋密封装置，均由填料密封、机械密封改造而来，其加工安装均以"200D65 输油泵"及"南阳原油"两个条件下的螺旋密封装置为基础。因此，对于不同原油、不同工况、不同规格泵组，螺旋密封装置的密封效果也不尽相同，出现了不同程度的适应性问题(见表 5 - 5 - 1)。

现根据图 5 - 5 - 2，对螺旋密封的泄漏量进行理论分析。克瑞斯理论密封条件为：

$$Q_1 + Q_2 = Q \qquad (5 - 5 - 5)$$

$$Q_1 = \frac{1}{12\mu} \frac{iC^3 \alpha \cos\beta}{l/\sin\beta} \qquad (5 - 5 - 6)$$

$$Q_2 = \frac{1}{12\mu} \frac{iS^3(a + b)\operatorname{ctg}\beta\cos\beta}{l/\cos\beta(1 - K_1)} \qquad (5 - 5 - 7)$$

$$= 1/2\pi dK_1 hN\sin\beta\cos\beta$$

$$K_1 = \alpha/(a + b) \qquad (5 - 5 - 8)$$

$$K_2 = 1 + h/S \qquad (5 - 5 - 9)$$

$$C = S + h \qquad (5 - 5 - 10)$$

$$N = \pi dn \qquad (5 - 5 - 11)$$

式中　Q_1——沿螺旋槽的泄漏量，m^3/s；

　　　Q_2——跨越螺旋槽的泄漏量，m^3/s；

　　　Q——泵送流量，m^3/s；

　　　i——螺旋套螺旋头数；

　　　l——螺旋导程，m；

　　　n——螺旋套转速，r/s；

　　　μ——介质的动力黏度，$Pa \cdot s$；

　　　α——螺旋角，度；

　　　β——螺旋与轴两截面间的夹角，度；

　a, b——螺旋槽宽度，m；

　　　h——螺旋齿高，m；

　　　S——螺旋套与静套的间隙，m。

由式(5 - 5 - 9)可导出螺旋密封两端单位压差(1.0MPa)实现零泄漏的最小螺旋长度 L，即

$$L = \frac{S^2}{KN\mu} \qquad (5 - 5 - 12)$$

$$K = \frac{6(K_2 - 1)\operatorname{tg}\beta}{K_2^3 \operatorname{tg}^2\beta(K_1^2 - K_1)} \qquad (5 - 5 - 13)$$

式中　K——密封系数。

从式(5 - 5 - 12)可知，螺旋套与静套的间隙(S)越小，单位压力下所需的螺旋套长度越短，即在长度已定的条件下，S 值越小，密封效果越好；螺旋套周速(N)越大，密封效果越好；输送介质黏度(μ)越大，密封效果越好。

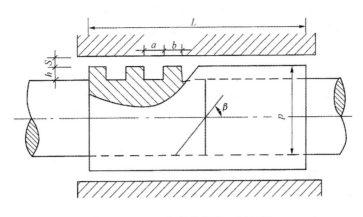

图 5-5-2　螺旋密封装置原理图

表 5-5-1　螺旋密封装置应用的情况

油 品	40℃，17s⁻¹下的黏度/(mPa·s)	泵 型	转速/(r/s)	密 封 效 果
南阳原油	78	200D65	1480	无渗透
		200D43	1480	吐出端10滴/h微渗
		155D67	2980	密封腔温度高，无渗漏
胜利原油	128	250D65	1480	无渗漏
		200D65	1480	无渗漏
长庆原油	8.29	155D30	2980	运行一月后15滴/h微渗
中原原油	32.2	450D65	1480	无渗漏
		250D65	1480	无渗漏
		200D65	1480	吐出端18滴/h微渗
大庆原油	80.2	250D65	1480	运行3个月后微渗
		200D65	1480	运行3个月后微渗

　　目前常用的设计理论为，输送介质的黏度为常数，在泵机组选定的情况下，决定密封效果的关键因素只是螺旋套的几何尺寸。但是这一设计思路不完善，因为在实际运行中，由于密封腔的实际运行温度的变化，导致了输送介质黏度发生变化，因而黏度不是常数，黏度的变化势必会影响密封效果。

5.5.4　改进措施

1. 螺旋套参数的取值

　　螺旋密封装置设计的关键是螺旋套自身参数的取值，应根据输送介质和实际运行工况综合考虑，以决定螺旋形状、导程、螺旋头数、螺旋槽深度等。根据实际经验列出5种D型输油泵排出端螺旋套经验参数值，见表5-5-2。

表 5-5-2　D型输油泵吐出端螺旋套经验参数值

泵型参数	头数/个	槽宽/mm	齿宽/mm	直径/mm	导程/mm	齿高/mm	旋程/mm	间隙/mm
155D67	8	4	4	80	60	1.3	120	0.2
200D43	6	6.5	6.5	90	78	1.5	120	0.2
200D65	6	8	8	120	96	1.5	130	0.25
250D65	6	8	8	120	96	0.8	130	0.25
450D65	6	8	8	120	96	1.0	130	0.25

注：表中数据理论计算值有一定误差，主要是为解决适应性问题而加入了调整量。

2. 介质动力黏度对密封效果的影响

　　当泵机组选定后，若泵转速已定，设密封系数(K)为常数，则在单位压差下，螺旋套单位长度的密封能力，取决于输送介质实际动力黏度和螺旋套与静套的运动间隙。

介质动力黏度在泵机组运行时不是常量，随着泵机组的运行，泵密封腔温度会有不同程度的增加，通常温升可达20℃，被密封介质（原油）温度随之增加，其动力黏度将大幅度下降。温升越大，动力黏度下降越快。有时实际动力黏度仅为设计取值黏度的1/2或更低。这一点往往被设计者忽略而选取了较大的黏度值，导致计算单位压差下的螺旋长度过小，密封能力不够而渗漏，这是许多设计失败的问题所在。欲解决这一问题，可以采用如下方法。

（1）留出动力黏度裕量，具体量值应根据介质黏度及实际运行工况确定。应通过提高密封部位设计运行温度的方法来确定动力黏度，即密封部位的设计温度等于运行温度加上25℃。在此温度下，介质的动力黏度基本能满足要求。

（2）在泵结构允许的情况下，应尽可能加长螺旋套的长度，以进一步适应介质黏度的变化和弥补设计裕量的不足。

3. 密封套与静套间间隙 S 的设计选值

密封套与静套间间隙 S 是控制密封腔温度的关键，设计选值不可太小。从理论上讲，S 越小，密封效果越好。但根据 D 型泵泵轴细长、易弯曲的结构特点，在其高速旋转时，由于离心力的作用可能导致螺旋套与静套间运动间隙过小而发生磨擦，使密封腔温度升高。磨擦面积越大，温度升高越快，严重时会造成介质汽化，密封失效，甚至设备损坏。根据理论计算和实践经验，S 取值范围为 $0.2 \sim 0.3\text{mm}$。

4. 静密封骨架油封的选择及匹配

静密封骨架油封的选择与匹配是另一个重要问题，其张紧度、耐温性能是引起密封腔温度升高的重要因素。根据骨架油封的设计功能和实际运行工况，应选择单唇、氟橡胶油封，尽可能减少油封与螺旋套的摩擦面积，使其既能满足静态要求，又能满足动态下补偿密封的要求。

5.6 用双螺旋密封作油泵轴封

5.6.1 双螺旋密封的结构原理

双螺旋密封装置是在原螺旋密封装置的基础上改进发展而来的，其结构如图 5-6-1 所示，主要特点是在原件密封腔内和原件转动轴上，分别装设有相反螺旋槽沟的固定螺旋套和旋转螺旋套，在泵轴高速旋转时，泵内输送的介质会被压向反泄漏方向，回到机体内，使之达到无泄漏的目的。

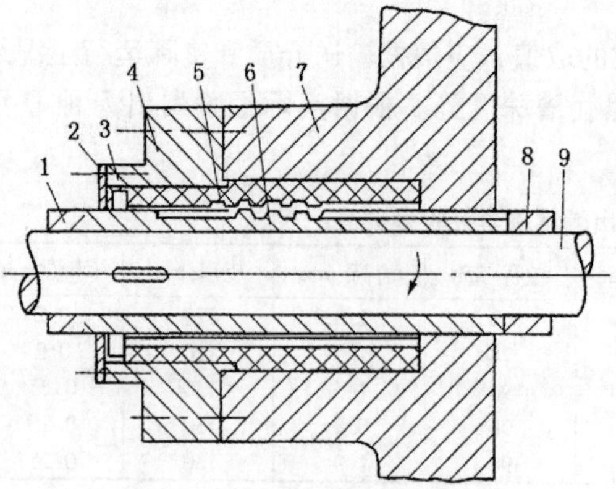

双螺旋密封装置的结构参见图 5-6-1，在原件密封腔 7 的前端通过螺栓，连接着一个压盖 4，压盖 4 的出口端设有油封 3，该油封经压板 2 固定在压盖 4 内；原件转动轴 9 的两端设有原件前轴套 1 和原件后轴套 8，原件转动轴 9 上用平键连接一个与原件转动轴 9 旋向相反的螺旋槽沟的旋转螺旋套 6；原件密封腔 7 内，安装一个旋向与旋转螺旋套 6 旋向相反的并有螺旋槽沟的、用非金属材料制成的固定螺旋套 5，固定螺旋套 5 通过压盖 4 固定于

图 5-6-1 双螺旋密封装置

1—轴套；2—压板；3—油封；4—压盖；5—固定螺旋套；
6—旋转螺旋套；7—密封腔体；8—后轴套；9—泵轴

74

原件密封腔 7 内，旋转螺旋套 6 与固定螺旋套 5 之间为间隙配合。

5.6.2 双螺旋密封装置的安装与维修保养

1. 安装

该装置的安装投运应按启动泵的正常程序投入运行，运行半小时后温度正常，不持续上升，无渗漏现象，即认定合格，可投入运行。

安装螺旋轴套时，要特别注意与泵轴旋向相反。安装时先将低压端泵轴用千斤顶顶起，与密封腔的同心度相一致，然后把石墨环平稳且轻轻地逐个放入密封腔内。

石墨环的个数与厚度可按下式计算：

$$（密封腔深度）-3\text{mm} = （石墨环 \, nB）+ \binom{端盖进入密封}{腔部位的尺寸}$$

式中 n——密封环个数；

B——密封环厚度，mm。

保证石墨环长期运行的膨胀间隙为 3mm。

例如，250D60×8 型泵的石墨环尺寸为（mm）：120×160×20，$n=6$；而 250Ys150×2 型泵的石墨尺寸为（mm）：90×120×20，$n=4$。

安装高压端石墨套时，用端盖沿轴向推进即可。

2. 维修保养

将输油泵端盖拆下，更换油封；大修时，更换石墨套和油封。

5.6.3 双螺旋密封与其他密封装置的比较

1. 机械密封与该密封比较存在以下缺点

① 机械密封制造、安装精度高、成本高。

② 机械密封维护保养周期短。运行 2000h 后必须强制保养，因而费工、费时、费料、维修量大。

③ 事故隐患大，特别是在多级泵上安装机械密封，会因弹簧卡死和端面瞬间缺油烧坏密封面，造成大量渗油，甚至泵轴扭曲变形。

④ 油内含有固体颗粒杂质较多时，摩擦副易受损而漏油。

2. 填料密封与该密封比较存在以下缺点

① 填料密封是一种接触式轴密封，靠端盖压紧螺丝调节泄漏量，其密封效果较差，压得过紧，盘根易发热；过松，泄漏量会增大。

② 由于是接触密封，增加了附加载荷，使耗电增加，轴套易损。

3. "D 型输油泵螺旋密封装置"与该密封比较

"D 型输油泵螺旋密封装置"是用来解决 D 型泵密封问题的，它的不足之处是在出口压力高于 4.2MPa，黏度低于 $40\text{mm}^2/\text{s}$ 的工况下会发生泄漏现象。

4. 螺旋密封装置的优点

该装置是一种非接触式轴密封，无摩擦，结构简单，一次性投资小。

该装置不易漏油，不发热，运行平稳，可靠持久，大大减轻了维修工作量和维修费用，不污染环境。应用于 Y 型泵时可以省去冷却水，这对一些缺水地区更具有现实意义。

5.7 油泵机械密封概述

5.7.1 机械密封的密封原理

机械密封又称端面密封，现已广泛应用于水泵、油泵、压缩机等多种机械的轴封上。它是靠在轴上垂直安装的两个密封元件，使光洁而平直的表面相互贴合转动来保持密封的，其构造如图5-7-1所示。

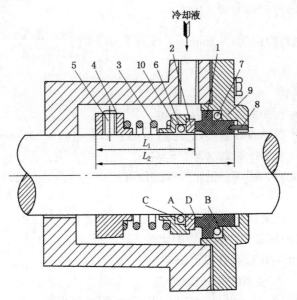

图5-7-1 机械密封结构原理图

1—静环；2—动环；3—弹簧；4—弹簧座；5—固定螺钉；6—轴封圈；7—缓冲圈；8—防转销；9—压盖；10—动环座

机械密封通常由静环、动环、弹簧加荷装置(包括动环座、弹簧、弹簧座、固定螺钉)、辅助密封圈(轴封圈、缓冲圈)等组成。

动、静环采用的材料种类较多，根据泵输送介质不同，选用不同材料的动、静环。输送冷油的泵，动环一般采用硬质合金精密加工而成。静环选用石墨浸渍酚醛树脂精密加工而成。辅助密封圈一般选用丁腈40耐油橡胶制成。

动环和轴封圈装在动环座内，弹簧座由三个固定螺钉固定在轴上。弹簧一端压在弹簧座上，另一端压在动环座上，使动环始终贴紧静环保持严密。静环和缓冲圈装在压盖内，压盖上装有防转销，不使静环转动。压盖固定在泵壳上。

由于动环与静环摩擦会发热，所以在泵壳的机械密封室壁上设有冷却液流道，高压液体从泵出口流入机械密封室，起到冷却和润滑的作用。

机械密封，一般有四个密封点(图5-7-1)A、B、C、D。

A点为相对旋转密封：是靠弹簧和冷却液体压力在相对运动的动环和静环的接触面(端面)上产生适当的压紧力(比压)，使这两个光洁、平直的端面紧密贴合，端面间维持一层极薄的油膜，起平衡压力和润滑端面的作用。为了使端面贴合紧密、比压均匀以达到密封之目的，两端面必须平直，粗糙度 R_a 不大于0.2μm。

B点为静环与压盖之间的密封：这是静密封，通常用有弹性的各种形状的辅助密封圈

(缓冲圈)来防止液体从静环与压盖之间泄漏。

C 点为动环与轴(或轴套)之间的密封:这也是一个静止密封,但在端面磨损时,允许其作补偿磨损的轴向移动。常用轴封圈防止液体从动环与泵轴之间泄漏。

D 点一般是指压盖上的垫圈,这种静密封比较容易处理,很少发生泄漏。

5.7.2 泵用机械密封

1. 基本型式

JB/T 1472—2011 将泵用机械密封分为七种基本型式:

(1)103 型:内装单端面单弹簧非平衡型并圈弹簧传动机械密封,见图 5-7-2;

(2)B103 型:内装单端面单弹簧平衡型并圈弹簧传动机械密封,见图 5-7-3;

(3)104 型:内装单端面单弹簧非平衡型套传动,见图 5-7-4;其派生型 104a 型见图 5-7-5;

(4)B104 型:内装单端面单弹簧平衡型套传动,见图 5-7-6;其派生型 B104a 型见图 5-7-7;

(5)105 型:内装单端面多弹簧非平衡型螺钉传动,见图 5-7-8;

(6)B105 型:内装单端面多弹簧平衡型螺钉传动,见图 5-7-9;

(7)114 型:外装单端面单弹簧过平衡型拨叉传动,见图 5-7-10;其派生型 114a 型见图 5-7-11。

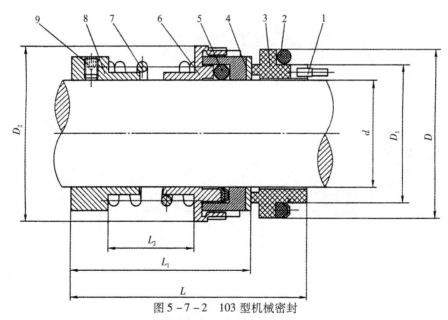

图 5-7-2　103 型机械密封

1—防转销;2—辅助密封圈;3—静止环;4—旋转环;5—辅助密封圈;

6—推环;7—弹簧;8—弹簧座;9—紧定螺钉

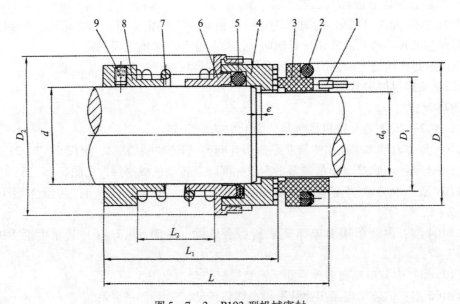

图 5 – 7 – 3　B103 型机械密封

1—防转销；2—辅助密封圈；3—静止环；4—旋转环；5—辅助密封圈；
6—推环；7—弹簧；8—弹簧座；9—紧定螺钉

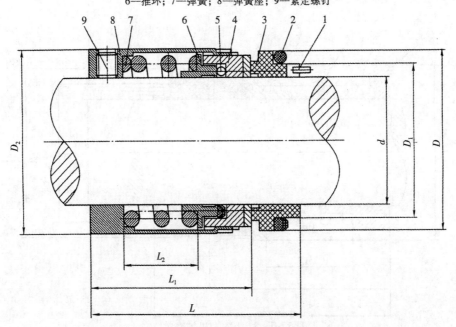

图 5 – 7 – 4　104 型机械密封

1—防转销；2—辅助密封圈；3—静止环；4—旋转环；5—辅助密封圈；
6—推环；7—弹簧；8—弹簧座；9—紧定螺钉

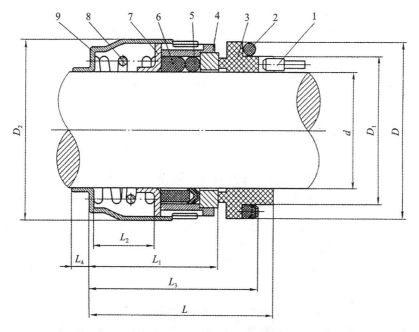

图 5 - 7 - 5　104a 型机械密封

1—防转销；2—辅助密封圈；3—静止环；4—旋转环；5—辅助密封圈；
6—密封垫圈；7—推环；8—弹簧；9—传动座

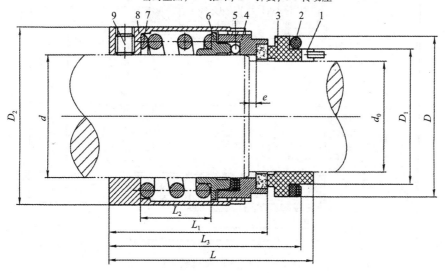

图 5 - 7 - 6　B104 型机械密封

1—防转销；2—辅助密封圈；3—静止环；4—旋转环；5—辅助密封圈；
6—推环；7—弹簧；8—弹簧座；9—紧定螺钉

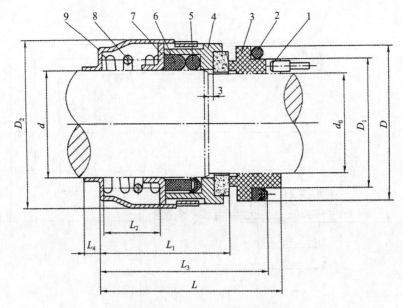

图 5 - 7 - 7 B104a 型机械密封

1—防转销；2—辅助密封圈；3—静止环；4—旋转环；5—辅助密封圈；

6—密封垫圈；7—推环；8—弹簧；9—传动座

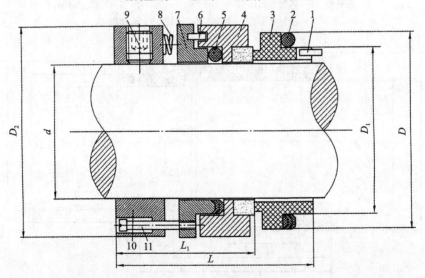

图 5 - 7 - 8 105 型机械密封

1—防转销；2—辅助密封圈；3—静止环；4—旋转环；5—辅助密封圈；

6—传动销；7—推环；8—弹簧；9—紧定螺钉；10—弹簧座；11—传动螺钉

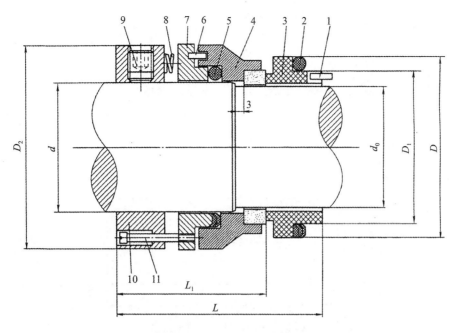

图5-7-9　B105型机械密封

1—防转销；2—辅助密封圈；3—静止环；4—旋转环；5—辅助密封圈；

6—传动销；7—推环；8—弹簧；9—紧定螺钉；10—弹簧座；11—传动螺钉

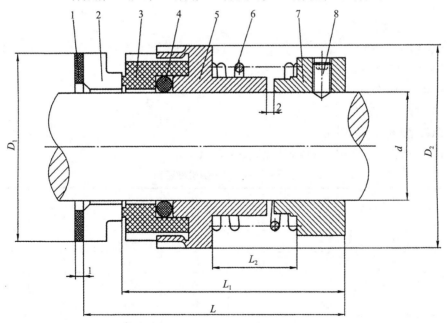

图5-7-10　114型机械密封

1—密封垫；2—静止环；3—旋转环；4—辅助密封圈；

5—推环；6—弹簧；7—弹簧座；8—紧定螺钉

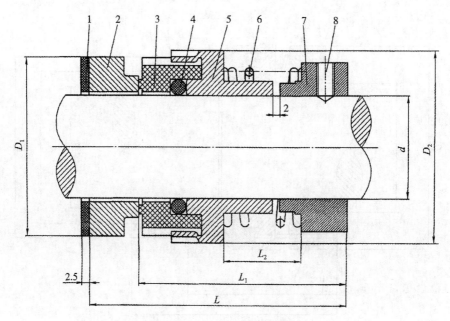

图 5 - 7 - 11　114a 型机械密封
1—密封垫；2—静止环；3—旋转环；4—辅助密封圈；
5—推环；6—弹簧；7—弹簧座；8—紧定螺钉

2. 主要尺寸

(1) 103 型见表 5 - 7 - 1；

(2) B103 型见表 5 - 7 - 2；

(3) 104 型见表 5 - 7 - 3，104a 型见表 5 - 7 - 4；

(4) B104 型见表 5 - 7 - 5，B104a 型见表 5 - 7 - 6；

(5) 105 型见表 5 - 7 - 7；

(6) B105 型见表 5 - 7 - 8

(7) 114 型见表 5 - 7 - 9，114a 型见表 5 - 7 - 10。

表 5 - 7 - 1　103 型机械密封　　　　　　　　　　　　　mm

规格	d	D_2	D_1	D	L	L_1	L_2
16	16	33	25	33	56	40	12
18	18	35	28	36	60	44	16
20	20	37	30	40	63	44	16
22	22	39	32	42	67	48	20
25	25	42	35	45	67	48	20
28	28	45	38	48	69	50	22
30	30	52	40	50	75	56	22
35	35	57	45	55	79	60	26
40	40	62	50	60	83	64	30
45	45	67	55	65	90	71	36
50	50	72	60	70	94	75	40

规格	d	D_2	D_1	D	L	L_1	L_2
55	55	77	65	75	96	77	42
60	60	82	70	80	96	77	42
65	65	92	80	90	111	89	50
70	70	97	85	97	116	91	52
75	75	102	90	102	116	91	52
80	80	107	95	107	123	98	59
85	85	112	100	112	125	100	59
90	90	117	105	117	126	101	60
95	95	122	110	122	126	101	60
100	100	127	115	127	126	101	60
110	110	141	130	142	153	126	80
120	120	151	140	152	153	126	80

表 5 – 7 – 2　B103 型机械密封　　　mm

规格	d	d_0	D_2	D_1	D	L	L_1	L_2	e
16	16	11	33	25	33	64	48	12	
18	18	13	35	28	36	68	52	16	
20	20	15	37	30	40	71	52	16	2
22	22	17	39	32	42	75	56	20	
25	25	20	42	35	45	75	56	20	
28	28	22	45	38	48	77	58	22	
30	30	25	52	40	50	84	65	22	
35	35	28	57	45	55	89	70	26	
40	40	34	62	50	60	93	74	30	
45	45	38	67	55	65	100	81	36	3
50	50	44	72	60	70	104	85	40	
55	55	48	77	65	75	106	87	42	
60	60	52	82	70	80	106	87	42	
65	65	58	92	80	90	118	96	50	
70	70	62	97	85	97	126	101	52	
75	75	66	102	90	102	126	101	52	
80	80	72	107	95	107	133	108	59	
85	85	76	112	100	112	135	110	59	3
90	90	82	117	105	117	136	111	60	
95	95	85	122	110	122	136	111	60	
100	100	90	127	115	127	136	111	60	
110	110	100	141	130	142	165	138	80	
120	120	110	151	140	152	165	138	80	

表 5 - 7 - 3   104 型机械密封   mm

规格	d	D	D_1	D_2	L	L_1	L_2
16	16	33	25	33	53	37	8
18	18	36	28	35	56	40	11
20	20	40	30	37	59	40	11
22	22	42	32	39	62	43	14
25	25	45	35	42	62	43	14
28	28	48	38	45	63	44	15
30	30	50	40	52	68	49	15
35	35	55	45	57	70	51	17
40	40	60	50	62	73	54	20
45	45	65	55	67	79	60	25
50	50	70	60	72	82	63	28
55	55	75	65	77	84	65	30
60	60	80	70	82	84	65	30
65	65	90	80	92	96	74	35
70	70	97	85	97	101	76	37
75	75	102	90	102	101	76	37
80	80	107	95	107	106	81	42
85	85	112	100	112	107	82	42
90	90	117	105	117	108	83	43
95	95	122	110	122	108	83	43
100	100	127	115	127	108	83	43
110	110	142	130	141	132	105	60
120	120	152	140	151	132	105	60

表 5 - 7 - 4   104a 型机械密封   mm

规格	d	D	D_1	D_2	L	L_1	L_2	L_3	L_4
16	16	34	26	33	39.5	24.5	8	36	3.5
18	18	36	28	35	40.5	25.5	9	37	3.5
20	20	38	30	37	41.5	26.5	10	38	3.5
22	22	40	32	39	43.5	28.5	12	40	3.5
25	25	43	35	42	43.5	28.5	12	40	3.5
28	28	46	38	45	46.5	31.5	15	43	3.5
30	30	50	40	52	53	35	15	48	6
35	35	55	45	57	55	37	17	50	6
40	40	60	50	62	53	40	20	53	6
45	45	65	55	67	63	45	25	58	6
50	50	70	60	72	68	48	28	63	6

规格	d	D	D_1	D_2	L	L_1	L_2	L_3	L_4
55	55	75	65	77	70	50	30	65	6
60	60	80	70	82	70	50	30	65	6
65	65	90	78	92	78	55	35	72	8
70	70	95	83	97	80	57	37	74	8
75	75	100	88	102	80	57	37	74	8
80	80	105	93	107	87	62	42	81	8
85	85	110	98	112	87	62	42	81	8
90	90	115	103	117	88	63	43	82	8
95	95	120	108	122	88	63	43	82	8
100	100	125	113	127	88	63	43	82	8

注：104a 型机械密封即原 GX 型机械密封。

表 5-7-5　B104 型机械密封　　　　　　　　　　mm

规格	d	d_0	D	D_1	D_2	L	L_1	L_2	L_3	e
16	16	11	33	25	33	61	45	8	57	
18	18	13	36	28	35	64	48	11	60	
20	20	15	40	30	37	67	48	11	62	2
22	22	17	42	32	39	70	51	14	65	
25	25	20	45	35	42	70	51	14	65	
28	28	22	48	38	45	71	52	15	66	
30	30	25	50	40	52	77	58	15	72	
35	35	28	55	45	57	80	61	17	75	
40	40	34	60	50	62	83	64	20	78	
45	45	38	65	55	67	89	70	25	84	
50	50	44	70	60	72	92	73	28	87	
55	55	48	75	65	77	94	75	30	89	
60	60	52	80	70	82	94	75	30	89	
65	65	58	90	80	92	103	81	35	98	
70	70	62	97	82	97	111	86	37	105	3
75	75	66	102	90	102	111	86	37	105	
80	80	72	107	95	107	116	91	42	110	
85	85	76	112	100	112	117	92	42	111	
90	90	82	117	105	117	118	93	43	112	
95	95	85	122	110	122	118	93	43	112	
100	100	90	127	115	127	118	93	43	112	
110	110	100	142	130	141	144	117	60	138	
120	120	110	152	140	151	144	117	60	138	

表 5 - 7 - 6 B104a 型机械密封   mm

规格	d	d_0	D	D_1	D_2	L	L_1	L_2	L_3	L_4
16	16	10	28	20	33	48.5	33.5	8	44.5	3.5
18	18	12	30	22	35	49.5	34.5	9	45.5	3.5
20	20	14	32	24	37	50.5	35.5	10	46.5	3.5
22	22	16	34	26	39	52.5	37.5	12	48.5	3.5
25	25	19	38	30	42	52.5	37.5	12	48.5	3.5
28	28	22	40	32	45	55.5	40.5	15	51.5	3.5
30	30	23	46	38	52	60	45	15	56	6
35	35	28	50	40	57	65	47	17	60	6
40	40	32	55	45	62	68	50	20	63	6
45	45	37	60	50	67	73	55	25	68	6
50	50	42	65	55	72	76	58	28	71	6
55	55	46	70	60	77	80	60	30	75	6
60	60	51	75	65	82	80	60	30	75	6
65	65	56	85	75	92	87	67	35	82	8
70	70	60	90	78	97	92	69	37	86	8
75	75	65	95	83	102	92	69	37	86	8
80	80	70	100	88	107	97	74	42	91	8
85	85	75	105	93	112	99	74	42	93	8
90	90	80	110	98	117	100	75	43	94	8
95	95	85	115	103	122	100	75	43	94	8
100	100	89	120	108	127	100	75	43	94	8

注：B104a 型机械密封即原 GY 型机械密封。

表 5 - 7 - 7 105 型机械密封   mm

规格	d	D	D_1	D_2	L_1	L
35	35	55	45	57	38	57
40	40	60	50	62	38	57
45	45	65	55	67	39	58
50	50	70	60	72	39	58
55	55	75	65	77	39	58
60	60	80	70	82	39	58
65	65	90	80	91	44	66
70	70	97	85	96	44	69
75	75	102	90	101	44	69
80	80	107	95	106	44	69
85	85	112	100	111	46	71
90	90	117	105	116	46	71
95	95	122	110	121	46	71
100	100	127	115	126	46	71
110	110	142	130	140	51	78
120	120	152	140	150	51	78

表 5 - 7 - 8　B105 型机械密封 mm

规格	d	d_0	D	D_1	D_2	L_1	L
35	35	28	55	45	57	48	67
40	40	34	60	50	62	48	67
45	45	38	65	55	67	49	68
50	50	44	70	60	72	49	68
55	55	48	75	65	77	49	68
60	60	52	80	70	82	49	68
65	65	58	90	80	91	51	73
70	70	62	97	85	96	54	79
75	75	66	102	90	101	54	79
80	80	72	107	95	106	54	79
85	85	76	112	100	111	56	81
90	90	82	117	105	116	56	81
95	95	85	122	110	121	56	81
100	100	90	127	115	126	56	81
110	110	100	142	130	140	73	100
120	120	110	152	140	150	73	100

表 5 - 7 - 9　114 型机械密封 mm

规格	d	D_1	D_2	L	L_1	L_2
16	16	34	40	55	44	11
18	18	36	42	55	44	11
20	20	38	44	58	47	14
22	22	40	46	60	49	16
25	25	43	49	64	53	20
28	28	46	52	64	53	20
30	30	53	64	73	62	22
35	35	58	69	76	65	25
40	40	63	74	81	70	30
45	45	68	79	89	75	34
50	50	73	84	89	75	34
55	55	78	89	89	75	34
60	60	83	94	97	83	42
65	65	92	103	100	86	42
70	70	97	110	100	86	42

表 5 - 7 - 10　114a 型机械密封　　　　　　　　　　　　　mm

规格	d	D_1	D_2	L	L_1	L_2
35	35	55	62	83	65	20
40	40	60	67	90	72	25
45	45	65	72	93	75	28
50	50	70	77	95	77	30
55	55	75	82	95	77	30
60	60	80	87	104	82	35
65	65	89	96	108	86	37
70	70	98	101	108	86	37

3. 基本参数

七种基本型式的基本参数见表 5 - 7 - 11。

表 5 - 7 - 11　基本参数

型号	压力/MPa	温度/℃	转速/(r/min)	轴径/mm	介质
103	0 ~ 0.8				汽油、煤油、柴油、蜡油、原油、重油、润滑油、丙酮、苯、酚、吡啶、醚、稀硝酸、浓硝酸、酯酸、尿素、碱液、海水、水等
B103	0.6 ~ 3，0.3 ~ 3[a]			16 ~ 120	
104、104a	0 ~ 0.8	- 20 ~ 80	≤3000		
B104、B104a	0.6 ~ 3，0.3 ~ 3[a]				
105	0 ~ 0.8			35 ~ 120	
B105	0.6 ~ 3，0.3 ~ 3[a]				
114、114a	0 ~ 0.2	0 ~ 60	≤3000	16 ~ 70	腐蚀性介质，如浓及稀硫酸、40%以下硝酸、30%以下盐酸、磷酸、碱等

a. 对黏度较大、润滑性好的介质取 0.6 ~ 3；对黏度较小、润滑性差的介质取 0.3 ~ 3。

4. 型号

1）型号表示方法

型号表示方法除应符合 GB/T 10444 的规定外，还应符合下列要求：

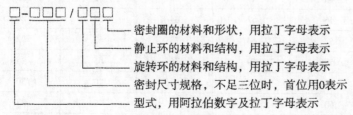

密封圈的材料和形状，用拉丁字母表示
静止环的材料和结构，用拉丁字母表示
旋转环的材料和结构，用拉丁字母表示
密封尺寸规格，不足三位时，首位用0表示
型式，用阿拉伯数字及拉丁字母表示

2）型号示例

（1）103 - 010/U₁B₁P　内装单端面单弹簧非平衡型并圈弹簧传动的泵用机械密封，轴（或轴套）外径 40mm，旋转环为钴基硬质合金，静止环为浸渍酚醛碳石墨，密封圈为丁腈橡胶圈。

（2）B105 - 50/VB₃T　内装单端面多弹簧平衡型螺钉传动的泵用机械密封，轴（或轴套）外径 50mm，旋转环为氧化铝陶瓷，静止环为浸渍呋喃碳石墨，密封圈为聚四氟乙烯 V 形圈。

88

5. 材料代号

（1）摩擦副常用材料代号见表 5 - 7 - 12。

（2）辅助密封圈材料代号见表 5 - 7 - 13。

表 5 - 7 - 12　摩擦副常用材料

材　料	代　号	材　料	代　号
浸渍酚醛碳石墨	B_1	钴基硬质合金	U_1
热压酚醛碳石墨	B_2	镍基硬质合金	U_2
浸渍呋喃碳石墨	B_3	钢结硬质合金	L
浸渍环氧碳石墨	B_4	不锈钢喷涂非金属粉末	J_1
浸渍铜碳石墨	A_1	不锈钢喷焊金属粉末	J_2
浸渍巴氏合金碳石墨	A_2	填充聚四氟乙烯	Y
浸渍锑碳石墨	A_3		
氧化铝陶瓷	V	锡磷或锡锌青铜	N
金属陶瓷	X	硅铁	R_1
氮化硅	Q	耐磨铸铁	R_2
反应烧结碳化硅	O_1	整体不锈钢	F
无压烧结碳化硅	O_2	不锈钢堆焊硬质合金	I
热压烧结碳化硅	O_3		

表 5 - 7 - 13　辅助密封圈材料

材　料	形　状	代　号
丁腈橡胶	O 形	P
氟橡胶	O 形	V
硅橡胶	O 形	S
乙丙橡胶	O 形	E
聚四氟乙烯	V 形	T

6. 技术要求

1）主要零件的技术要求

①密封端面的要求如下：

a. 端面平面度不大于 0.0009mm；

b. 硬质材料表面粗糙度值 Ra 不大于 0.2μm，软质材料表面粗糙度值 Ra 不大于 0.4μm；

c. 表面不应有裂纹、划伤、疏松等影响使用性能的缺陷。

②静止环和旋转环的密封端面对与辅助密封圈接触的端面的平行度按 GB/T 1184—1996 的 7 级精度的规定。

③静止环和旋转环与辅助密封圈接触部位的表面粗糙度值 Ra 不大于 3.2μm，外圆或内孔尺寸公差为 h8 或 H8。

④静止环密封端面对与静止环辅助密封圈接触的外圆的垂直度、旋转环密封端面对与旋转环辅助密封圈接触的内孔的垂直度，均按 GB/T 1184—1996 的 7 级精度的规定。

⑤石墨密封环应符合 JB/T 8872 的规定。

⑥氮化硅密封环应符合 JB/T 8724 的规定。

⑦氧化铝陶瓷密封环应符合 JB/T 10874 的规定。

⑧硬质合金密封环应符合 JB/T 8871 的规定。

⑨填充聚四氟乙烯密封环应符合 JB/T 8873 的规定。

⑩碳化硅密封环应符合 JB/T 6374 的规定。

⑪弹簧应符合 JB/T 7757.1 的规定。选用弹簧旋向时，应注意轴的旋向，应使弹簧愈旋愈紧。

⑫O 形橡胶圈应符合 JB/T 7757.2 的规定。

⑬聚四氟乙烯辅助密封圈应符合有关技术文件要求。

⑭弹簧座的内孔尺寸公差为 F8，表面粗糙度值 Ra 不大于 3.2μm。

⑮石墨环镶嵌密封环应进行水压试验。试验压力为最高工作压力的 1.25 倍，持续 10 min 不得有渗漏现象。

2）性能要求

①泄漏量 按表 5-7-14 的规定。

表 5-7-14　泄漏量要求

轴（或轴套）外径/mm	泄漏量/（mL/h）
≤50	≤3
>50	≤5

②磨损量 以清水为介质进行试验，运转 100h，密封环磨损量均不大于 0.02mm。

③使用期 在合理选型、正确安装使用的情况下，使用期一般为一年。

3）安装与使用要求 安装机械密封部位的轴的轴向窜动量不大于 0.3mm，其他安装使用要求按 JB/T 4127.1 的规定。

7. 试验方法

试验方法按 GB/T 14211 的规定执行。

（1）静压试验 用常温清水进行试压。内装非平衡型密封，试验压力为 0.98MPa；平衡型为 3.53MPa。外装式密封试验压力为 0.39MPa，试压时间 5min 以上，平均泄漏量不超过 3~4mL/h。

（2）运转试验 在静压试验合格的基础上，按规定转速持续 5h，平均泄漏量 ≤3~4mL/h。

（3）弹簧比压 标准型式泵用机械密封的弹簧比压见表 5-7-15。

表 5-7-15　泵用机械密封弹簧比压数值

型号	弹簧比压 P_s/MPa	型号	弹簧比压 P_s/MPa
103 型	0.11~0.13	110 型	0.14~0.27
104 型	0.11~0.13	111 型	0.11~0.15
105 型	0.078~0.13	114 型	0.19~0.24
109 型	0.14~0.27		

8. 包装与标志

（1）产品上应有制造厂的标志。

（2）产品包装前应进行清洗和防锈处理。

（3）包装盒上应标明产品的名称、型号、规格、数量、制造厂名称、生产许可证编号及QS标志。

（4）产品包装盒内应附有合格证，合格证内容包括密封型号、规格、制造厂名称、质量检查的印记及日期。

（5）包装箱上应标明产品的名称、重量、收货单位、制造厂名称及"防潮"、"轻放"等字样。

（6）包装应能防止在运输和贮存过程中的损伤、变形和锈蚀。

（7）有关技术文件及使用说明书应装在防潮的袋内，并与产品一起放入包装箱内。

5.7.3 机械密封的选型、订货与验收

1. 选型

机械密封按工作条件和介质性质的不同，有耐高温、耐低温机械密封；耐高压、耐腐蚀机械密封；耐颗粒介质机械密封和适应易气化的轻质烃介质的机械密封等。应根据不同的用处选取不同的结构型式和材料。

欲使机械密封性能得到充分发挥，必须按照使用条件正确选型。每一种密封只有用于规定的使用范围内，才能有效地发挥作用。若选型和选材不当或超越了该密封所规定的使用条件，则会使机械密封的性能显著降低，寿命缩短，甚至很快损坏。

选型的主要参数有：p—密封腔体压力，MPa；t—流体温度，℃；v—工作速度，m/s。流体的特性以及安装密封的有效空间（D 与 L）等。

选型参数与项目之间的关系可归纳为：

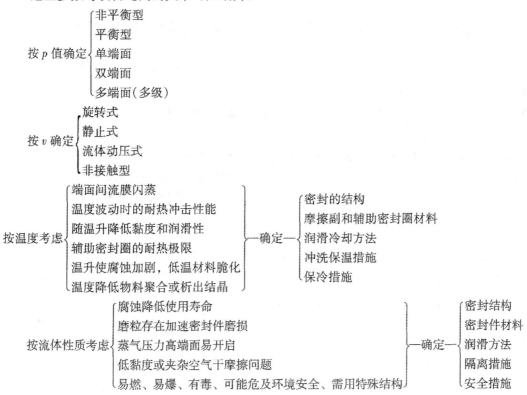

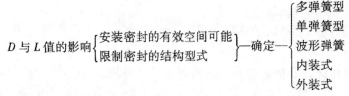

具体选型时，可参照本书表 5 - 7 - 11 的要求确定。

2. 订货须知

订货时，首先要弄清使用条件，并充分利用各生产厂家的产品样本、技术文件来选择合适的机械密封。近年来，我国的机械密封发展较快，新产品迅速增多，选型者应了解最新信息，选用更好的产品。订货时要向生产厂家提供使用条件，以利正确选型。

对于特殊使用条件，必须事先与密封件厂或有关研究单位洽商，采用特殊设计或特殊结构以满足使用要求。例如：

(1)温度高于 120℃，低于 -30℃ 的场合；

(2)$p > 3MPa$ 的场合；

(3)$v > 30m/s$ 的场合；

(4)物料是浆液或介质中含有泥砂、纤维等的场合；

(5)流体为低沸点易汽化、易燃易爆、剧毒等介质的场合。

3. 验收检查

对机械密封的验收与检测是不容忽视的重要工作。进行检验要充分利用产品说明书和有关技术文件。如果是批量定货或是长期供求关系，应与供方共同制定验收准则。

1)验收项目及规则

①验收项目　包括标志与包装、技术文件、外观质量、安装配合尺寸与精度、静压密封性能抽检。

②验收规则　批量订货产品，抽检数量为该批总数量的 2%，但不少于 2 套。在抽检中如果有 1 套不合格，可加倍复验。复验中若仍有 1 套不合格，则该批产品不予验收付款。不予验收的该批产品，可由制造厂重新分选或返修后再次提交验收。

2)包装、标志和技术文件

①产品名称、型号、规格、合格证、装箱清单、安装使用说明书等。

②包装盒上的标记为：产品名称、型号、规格、出厂日期、制造厂名、批号等。

③产品或备件应装在具有防潮层的包装盒内，应防止在运输和储存中产品损伤、变形锈蚀等。

3)外观质量检查

①密封端面不应有裂纹、划伤、气孔等缺陷。

②密封件洁净，不得有毛刺、污物。

③辅助密封圈应光滑平整，不得有变形及缺陷。

④将弹簧压缩五次到刚性接触时，单弹簧自由高度变化不应大于 1mm。多弹簧的自由高度差不应大于 0.5mm。

4)关键零件的主要精度

①密封端面的平面度不大于 0.0009mm，硬环密封端面粗糙度 R_a 不应大于 0.2μm，软环 R_a 不应大于 0.4μm。

②密封环与辅助密封圈接触的定位端面和密封端面的平行度按 GB 1184《形状和位置、未注公差的规定》的 7 级公差。

③密封环与辅助密封圈接触部位的表面粗糙度 R_a 不大于 3.2μm。

④密封环密封端面对辅助密封圈接触的圆柱面的垂直度，均按 GB 1184 的 7 级公差。

5)静压密封性能抽检 如果用户认为有必要，且又具有检查手段，可从每批产品中抽取一套进行静压密封性能检查。检查方法为以 1.25 倍最高工作压力进行水压试验，持续 10min，泄漏不得超过规定值。

6)使用保证 当工作条件符合产品使用参数的规定时，在正确安装的前提下，耐腐机械密封使用寿命为半年，中型机械密封为一年，泄漏量允许值为：轴径 $d \leqslant 50$mm，平均泄漏量 $Q \leqslant 3$mL/h，$d > 50$mm，$Q \leqslant 5$mL/h。

用于苛刻条件，如高温、低温、高速、高压、高黏度、低黏度流体、特殊强腐蚀流体、颗粒介质以及开停车频繁的情况下，产品的使用寿命与平均泄漏量应由供需双方商定。

5.7.4 机械密封的保管

1. 仓库保管的环境

机械密封是精密的制品，因而要妥善保管。仓库的环境必须注意如下几点：

(1)要避开高温或潮湿的场所；

(2)要尽可能选择温度变化小的地方；

(3)选择粉尘少的地方；

(4)在海岸附近，不要直接受海风吹拂，如有可能需加以密闭；

(5)选择没有阳光直射的地方。

2. 保管注意事项

(1)在备品、备件的入库和出库中，用先入库者先出库的方法进行保管；

(2)尽可能不要用手去触摸摩擦副的工作端面，汗渍能造成硬质合金腐蚀；

(3)橡胶件长期存放会老化，应储存在温度为 −15 ～ +40℃、相对湿度不大于 80% 的环境中，储存期为一年。并在每件产品的标记 A 处用油漆色点表示橡胶种类，表示方法见表5 − 7 − 16。

表 5 −7 −16 橡胶种类表示方法

种 类	识别色	位 置
丁腈橡胶	兰	
乙丙橡胶	黄	
氟 橡 胶	红	
硅 橡 胶	绿	
氯醇橡胶	白	

5.8 泵用机械密封的安装使用

5.8.1 安装使用的注意事项

机械密封即使是在制造厂推行全面质量管理的情况下制造出来的优等品，若安装使用不当，也会达不到预期效果，因此，安装使用时应注意以下几个问题：

1. 密封件的确认

（1）确认所安装的密封是否与要求的型号一致。

（2）安装前要仔细地与总装配图相对照，零件数量是否齐全；摩擦副、密封圈、垫片等有无伤痕、缺陷；若发现异常现象要经修理合格后方可使用，不符合要求的零件不得安装。

（3）采用并圈弹簧传动的机械密封，如103型，其弹簧有左、右旋之分，须按转轴的旋向来选择。若旋向选错，会丧失传动功能，导致密封失效。判别旋向的方法是：从安装静环的背端面向动环组件方向看，轴顺时针旋转时应采用右旋弹簧；反之，则采用左旋弹簧。

2. 安装

安装方法随机械密封型式、机器的种类不同而有所不同，但其安装要领几乎都相同。安装步骤和注意事项如下：

（1）位置的确定　安装机械密封的工作长度根据总装图要求，弹簧的压缩量取决于弹簧座在轴上的定位尺寸。在确定其安装位置之前，须固定转轴与密封腔壳体的相对位置，以壳体垂直于轴的端面为基准在轴上作记号，再通过计算求出弹簧座的定位尺寸位置。

（2）安装　装入前，轴（或轴套）、压盖应达到无毛刺、轴承状况良好；密封件、轴、密封腔、压盖都应清洗干净。为减小摩擦阻力，轴上安装机械密封的区域要薄薄地涂上一层油，以进行润滑。考虑到橡胶O形圈的相容性，若不宜用油，可涂肥皂水。浮装式非补偿环不带防转销的结构，不宜涂油，干式装入压盖，以防止环旋转。

先装非补偿环与压盖一起装在轴上，注意不要与轴相碰，以免密封环受损伤；然后将补偿环组件装入。弹簧座或传动座的紧固螺钉应分几次均匀拧紧。

在未固定压盖之前，应检查是否有异物粘附在摩擦副的接触端面上，用手推补偿环作轴向压缩，松开后补偿环能自动弹回无卡滞现象，然后将压盖螺钉均匀地锁紧。

3. 运转前的注意事项

（1）用手盘车，注意转矩是否过大，有无擦碰，有无不正常的声音。

（2）注意轴的旋向，联轴器是否对中，轴承部位的润滑油加量是否适当（过多运转时要发热），配管是否正确。

（3）密封腔内的气体是否全排出，防止静压引起泄漏。

（4）确认上述三点正确无误后，进行试运转。运转前应首先将介质、冷却水、阀门打开，然后开机运行。

4. 开车后的注意事项

（1）仪表工作是否正常稳定，有无因轴转动引起的异常转矩，以及异常音响和过热现象。

（2）注意密封初期的泄漏，有时开车后稍有泄漏，但经过一段时间的跑合，泄漏会减小或消失。

（3）试运转中，应注意振动及声音的变化。由于轴和机壳的热膨胀差异，机器可能出现振动，在这种情况下会诱发密封故障。这时应停机，并对管线、联轴器、地脚螺钉等部分再次加以调整。

5.8.2 机械密封对油泵的精度要求

1. 对油泵静止状态下的精度要求

机械密封具有一定的追随性和缓冲性能。为了使密封性能稳定并获得理想的效果，使安装密封的机器保持一定的精度是非常必要的。下面是普通机械密封对一般机泵的精度要求。

（1）轴径向跳动按图5-8-1(a)所示方法检测，允许的跳动量见图5-8-1(b)。

（2）轴与密封腔内圆周和止口外圆的同轴度检测方法及同轴度允许偏差见图5-8-2。

（3）轴与密封腔端面的垂直度检测方法及垂直度允许偏差见图5-8-3。

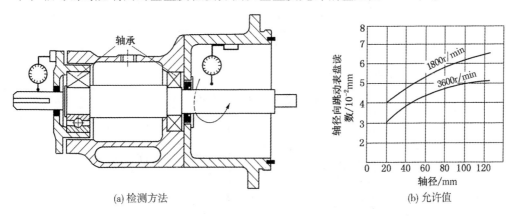

(a) 检测方法　　　　　　　　　　(b) 允许值

图5-8-1　轴径向跳动检测

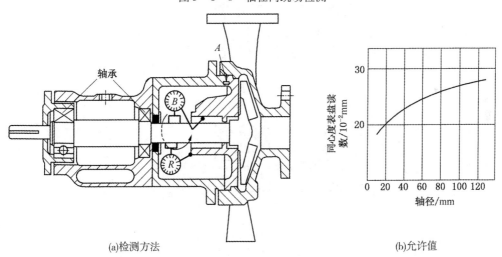

(a)检测方法　　　　　　　　　　(b)允许值

图5-8-2　同轴度检测

（4）轴的轴向窜动量检测方法见图5-8-4，允许的窜动量 $\delta \leqslant 0.10\text{mm}$。

（5）对轴与压盖的要求　安装机械密封部位轴（或轴套）的外径尺寸公差、表面粗糙度及倒角尺寸，按 JB 4127—1985 中的 5.1.2~5.1.4 规定。

密封压盖（或壳体）与浮装式非补偿环辅助密封圈接触部位的表面粗糙度及倒角，按 JB 4172-1985中的 5.4.1 规定。

图5-8-5 给出托装式与夹固式非补偿环压盖的允许尺寸偏差和表面粗糙度。

95

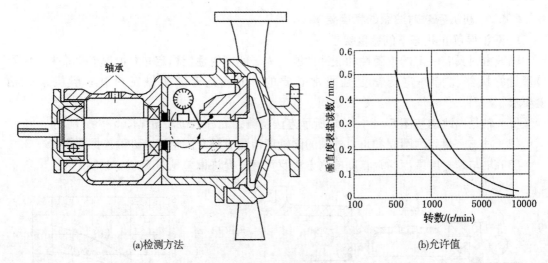

(a)检测方法　　　　　　　　　　　　(b)允许值

图 5-8-3　垂直度检测

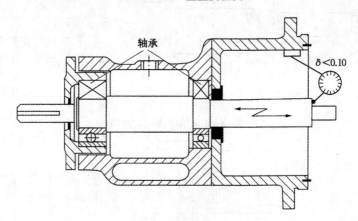

图 5-8-4　窜动量检测

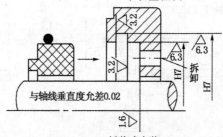

(a) 托装式安装

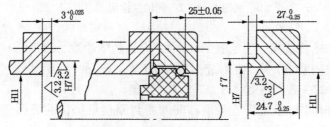

(b) 夹固式安装（聚四氟乙烯O形圈为 $\phi 3 \pm 0.05$）

图 5-8-5　压盖的尺寸偏差及粗糙度示例

2. 对机器运行中的精度要求

仅注意机器静止时的精度是不够的，因为机器在运行中，有时不能保持其原有精度。产生这种情况的原因是：

（1）由流体或机器运行中造成机壳与轴的热膨胀差引起轴的相对位移；

（2）由配管的伸缩引起机器本身的变形；

（3）由压力引起机壳的变形；

（4）由于机器效率降低或液体的蒸气压力提高发生汽蚀现象，由此又引起机器各部分的振动等；

（5）由液体流动的不平衡造成压力波动而引起轴的移动及振动等。

鉴于上述情况，机器在运转时，还应检查并进行必要的再调整。在图 5-8-6 中给出了轴的径向跳动允许值作为参考。

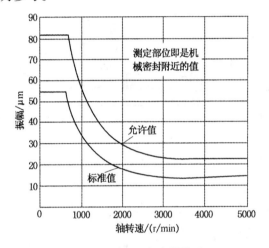

图 5-8-6 运行中轴跳动

5.9 机械密封的泄漏原因与处理方法

一般说来，轴封是流体机械的薄弱环节，它的失效是造成设备维修的主要原因。

根据几家炼油厂、化工厂泵用机械密封的统计资料表明，大约有 47% 的泵维修归因于机械密封；泵在运行半年后，就有 40% ~ 50% 的机械密封失效。虽然这仅是几个厂的使用情况，但可以说明密封是易损件的这一特点。

机械密封在机、泵中是精密的部件，由于其工作条件恶劣与随机失效性，工作寿命较低。因此，工厂在工艺流程中主循环泵通常要设置双管线，以切换阀门和备用泵，并且应有库存机械密封备件。

泄漏是机械密封失效的主要表现形式。在实际工作中，重要的是从泄漏现象分析机械密封产生泄漏的原因。外装式机械密封易于查明，而内装式机械密封，只能见到泄漏是来自非补偿静止环的外周或内周，这就给分析工作带来一定的困难。

5.9.1 内装式机械密封的泄漏部位

普通内装式机械密封的典型泄漏通道如图 5-9-1 所示有 7 处，分别为：

（1）摩擦副端面之间（泄漏点 1）；

（2）补偿环辅助密封圈处（泄漏点2）；

（3）非补偿环辅助密封圈处（泄漏点3）；

（4）机体与压盖结合端面间（泄漏点4）；

（5）轴套与转轴之间（泄漏点5）；

（6）碳石墨环有渗漏孔隙以及从镶嵌件配合面处都可能成为泄漏通道（6、7）。

5.9.2 摩擦副端面之间泄漏

1. 端面不平

端面平面度、粗糙度未达到要求，或在使用前受到了损伤，因而产生泄漏。这时应重新研磨抛光或更换密封环。

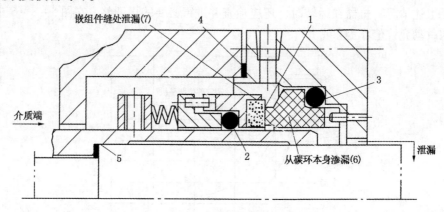

图5-9-1 机械密封的泄漏通道

2. 端面间存在异物

污物未被消除，装配时未清洗。此时需消除端面污物重新装配。

3. 安装不正确

（1）安装尺寸未达到图纸工作尺寸的要求，必须仔细阅读安装说明书及附图，重新调整安装尺寸。

（2）非补偿环安装倾斜，若为压盖安装偏斜应重新安装。同时检查密封环端面与压盖端面各点的距离是否一致，防转销是否进入密封环的凹槽中，防转销是否顶到凹槽底部。总装时压盖螺钉要均匀锁紧。

（3）端面变形，碳石墨环弹性模量低，易变形。一般说来，碳石墨环端面变形原因是：

① 合成橡胶O形圈在介质中溶胀，体积增大，碳环受力而使端面变形。对此，应更换O形圈材料。

② 压盖内夹杂金属碎片或污垢，局部受载。对此，须清除碎片，清洗压盖。

③ 端面分离，弹簧阻塞，如因温度变化引起介质结晶、积垢，造成端面不能很好地贴合。弹簧被腐蚀而丧失强度也将产生同样的结果。对于因腐蚀而产生的泄漏，一般需要改用合适的材料；避免阻塞应改变密封的结构或采用弹簧外置式机械密封，从而可避免弹簧被阻塞与腐蚀。造成端面分离的情况还有：端面接触压力不足，这是因为轴（或轴套，下同）与密封圈之间摩擦阻力过大使闭合力减小。阻力增加是因为橡胶O形圈溶胀大引起密封环卡滞；轴可能因点腐蚀或电偶腐蚀而失去光滑的表面，从而增加摩擦力或密封圈的压缩量过大，当轴窜动时，补偿环随轴窜动致使密封端面不闭合；补偿环组件与轴的间隙过小（高温

98

工况下，用线膨胀系数不同的材料组合在一起使用时，补偿环组件容易产生卡滞故障）。对此，必须校核因温升引起的间隙的减小量；轴必须具有合适的粗糙度。

5.9.3 补偿环辅助密封圈处的泄漏

（1）辅助密封圈质量问题，如橡胶密封圈断面尺寸超差，压缩率不符合要求；表面质量问题：错位、开模缩裂、修边过量、流痕、凹凸缺陷、飞边过大等。对此，需用合格品替换。

（2）密封圈安装时受到损伤，如聚四氟乙烯 V 形圈安装时唇口被割伤，橡胶制件表面有划痕，都是密封失效的常见原因。出现这种情况，多半是轴端未倒角或残留毛刺不清洁所致。因此，要注意清除毛刺和保持清洁。轴上的键槽也会损伤密封圈，为此，安装时应使用专用工具，避免密封圈受到损伤。

（3）轴表面有缺陷或有腐蚀、麻点、凹坑。对此，应更换新轴或轴材料，推荐在密封圈接触部位的轴表面喷涂陶瓷。

（4）密封圈的材质与介质不相容，对此，应重新选用适宜的密封圈材料。

（5）轴的尺寸公差、粗糙度未达到要求，对此，应修整尺寸公差及粗糙度或用合格品替换。

5.9.4 非补偿环密封圈处的泄漏

（1）压盖尺寸公差不符合设计要求，对此，应更换合格品。

（2）安装错误，如聚四氟乙烯 V 形圈方向装反，安装时，其凹面应面向介质端，否则会出现泄漏。

（3）密封圈的质量不良，应用合格品替换。

（4）密封圈的材质与介质不相容，应选用适宜材料的密封圈。

5.9.5 机体与压盖结合面之间的泄漏

（1）机体与压盖配合端面有缺陷，如凹坑、刻痕等，需整修；作为应急措施，可涂液态密封胶。

（2）螺栓力小，压缩垫片时不能把接触面不平的凹坑填满，需加大螺栓力，或用较软的垫片。螺栓力必须大于内部介质压力，因为内压总是使得密封压盖与机壳端面趋于分离。用聚四氟乙烯平垫片时，以厚度小于 1mm 为宜。

（3）垫片或密封圈受到损伤，应更换垫片或密封圈。

（4）安装时不清洁，异物进入其间，应清除异物。受损伤的密封垫片、密封圈应更换。

（5）压盖变形，这是因为压盖刚度不够而产生的变形，应更换有足够刚度的压盖。

（6）螺栓受力不均匀，压盖单边锁紧，应重新调整螺栓力。

5.9.6 轴套与轴之间的泄漏

Y 型泵、F 型泵、IH、IS 泵等一般都设计有保护性轴套。许多轴套不伸出密封腔，所以轴套与轴之间的泄漏通道常被人们所忽略，且往往误认为是机械密封泄漏，从而延误了采取措施的时间，或造成频繁的拆装而找不出毛病所在。一般可以用泄漏量的变化加以鉴别。轴套处的泄漏量通常是稳定的，而从其他通道泄漏出的泄漏量往往是不恒定的（从端面泄漏，有时经过磨合泄漏量会逐渐减小）。

轴套与轴之间的泄漏，一般是由于安装不当，密封圈或垫片不符合要求或损伤而造成的。

5.9.7 密封件本身具有渗透性

碳制品易于渗漏。这种渗漏不外乎是浸渍与固化未达到要求，或者是碳材料浸渍处理后加工切削余量过大，使微孔重新疏通而形成泄漏通道。为确保密封件不渗漏，经机械加工后的成品应再进行一次浸渍处理。如果从密封件处产生大量泄漏，这表明密封件可能已破裂。在这种情况下，应查询操作条件以判明是过载引起的破坏，还是安装不当所致。

在高压工况下，烧结制品，如陶瓷、填充聚四氟乙烯密封件也有可能渗漏，在使用前必须确认是否符合使用要求。

高温、高压或气相介质，对热镶装的密封环来说，介质易于从镶装配合面泄漏。在这种情况下，推荐用整体结构。

以上六、七两项是人们在分析泄漏时最易忽视的，须引起注意。

5.10 机械密封失效原因分析及对策

通过对失效原因的分析，可以提高应用机械密封的技术水平。结构设计上的改进，在很大程度上是源于故障分析。对分析故障要做到尽可能确切，有时需要花费大量时间，甚至需要使用专门的测试技术。

5.10.1 密封失效分析的原则和方法

对每一套密封，无论以何种原因失效，都应进行详细的分析研究，并记录有关数据。密封件损坏后，不能局限于从被损件上查找失效原因。还应将拆卸下来的机械密封妥善地收集，清洗干净；按静止和转动两部分分别放置，贴上标签，以备检查和记录。

检查程序是：首先弄清受损伤的密封件对密封性能的影响，然后依次对密封环、传动件、加载弹性元件、辅助密封圈、防转机构、紧固螺钉等仔细检查磨损痕迹。对附属件，如压盖、轴套、密封腔体，以及密封系统等，也应进行全面的检查。此外，还要了解设备的操作条件，以及以往密封失效的情况。在此基础上，进行综合分析，就会找出产生失效的根本原因。

5.10.2 根据磨损痕迹分析故障原因

磨损痕迹可以反映运动件的运动情况和磨损情况。每一个磨损痕迹都可以为故障分析提供有用线索。例如，摩擦副磨损痕迹均匀正常，各零件的配合良好，这就说明机器具有良好的同轴度。如果密封端面仍发生泄漏，就可能不是由密封本身问题引起的。例如，金属波纹管机械密封的端面磨损痕迹均匀正常，泄漏量为常数，这就意味着泄漏不是发生在两端面之间，有可能发生在其他部位上，如固定波纹管的静密封处。

当端面出现过宽的磨损，表明机器的同轴度很差。机器每转一次密封件都要作轴向位移和径向摆动，显然在每一次转动中，密封端面都趋向于产生轻微的分离和泄漏。以离心泵为例，造成过宽面磨损的原因大致有：联轴器不对中、泵轴弯曲、泵轴偏斜、轴承精度低、管线张力过大、振动等。

造成联轴器错位的原因是：安装对中调整不良，基础薄弱或地基下沉使中心变动；或由于温度影响使泵与电动机错位，管线的张力使中心偏移；或由于联轴器螺钉孔加工不良引起轴线偏差等。

引起振动的原因还有气穴、喘振、水击、介质流动不平衡等。但以联轴器对中不良，轴承运转精度差引起振动的情况居多。

安装联轴器时，应测量两轴中心线位置精度，通常是用百分表和塞尺进行测量，两联轴器外圆的偏差和端面间间隙的偏差测量数值需控制在表5-10-1所示的范围内。

表5-10-1　联轴器安装允差　　　　　　　　　　　　mm

项　次	两联轴器外圆的偏差	端面间隙的偏差
高速泵	<2/100	<5/100
低速泵	<2/100	<8/100

对于水力特性所引起的振动，其有效的补救措施是控制泵的排量在设计值以下，减轻泵的气穴现象。

当出现的磨损痕迹宽度小于窄环环面宽度时，这就意味着密封受到过大的压力，使密封面呈现弓形。对此，应从密封结构设计上加以解决，采用能承受高压的密封结构。

机械密封运转一段时间后，若摩擦端面没有磨损痕迹，表明密封开始使用时就泄漏，泄漏介质被氧化并沉积在补偿环密封圈附近，阻碍补偿环作补偿位移。这种情况是产生泄漏的原因。黏度较高的高温流体，若不断地泄漏，易于出现这种情况。

对橡胶波纹管式密封件，若摩擦副端面没有磨损痕迹，这表明密封端面可能已经压合在一起，摩擦副间无相对转动，而是橡胶波纹管相对于轴旋转。如果出现这种情况，弹簧就会磨损，还会磨损固定部件和转动部件。

有时，旋转环相对于静止环不旋转，而相对于压盖旋转，这种情况下摩擦副端面也不会产生磨损痕迹。其原因可能是防转销折断，或是压盖的孔径小于密封件的外径而安装不到位所致。

在密封端面上有光点而没有磨痕，这表明端面已产生较大的翘曲变形。这是由于流体压力过大，密封环刚度差，以及安装不良等原因所至。外装式机械密封，若夹固式非补偿环仅用两个螺栓固定而压盖没有足够的厚度，或定位端面不平整，也会出现这种现象。

硬质环端面出现较深的沟槽（环状纹路，尤如唱片）。其原因主要是泵的联轴器对中不良，或密封的追随性不好。当振动引起密封端面分离时，两者之间有较大颗粒物质入侵，假如颗粒嵌入较软的碳质端面内，软质环就象砂轮一样磨削硬质端面，造成硬质端的过度磨损。若是由振动引起端面分离，那么传动销钉之类的传动件必然也会出现不正常的磨损痕迹。

在颗粒介质中工作的机械密封，组对材料均采用硬质端面，这是解决密封端面出现深沟槽的一种有效办法。例如，硬质合金与硬质合金或与碳化硅组对为最佳。因为颗粒无法嵌入任何一个端面，而是被磨碎后从两端面之间通过。

金属轴套外圆表面的磨痕，可能是从密封侧线进入套内的固体微粒造成的，它干扰密封的追随能力；也可能是轴偏斜，轴与密封腔的同轴度偏差大造成的。

5.10.3　热负荷对端面材料的损伤

在一个或两个端面上出现缺口，这种现象说明两个端面分开的距离太大，而当两个端面用力合紧时，就会产生缺口。造成端面分离的常见原因是介质急骤蒸发。例如，水，特别是在热水系统或是含凝结水的液体中，水蒸发时膨胀，因而将两端面分开。泵的气穴现象加上密封件的阻塞也可能是使密封端面产生缺口的原因。在这种情况下，不是由于振动和联轴器不对中引起的，因为这不足以使端面产生缺口。

降低端面温度是防止介质急剧蒸发造成端面损坏的常用方法。同时，采用导热性好的材料组对也是有利的，如用镍基硬质合金与浸铜石墨组对。此外，采用平衡型机械密封，或利用特种压盖从外部注液冷却，或直接冷却腔内的密封，等等，对降低密封端面的温度都十分有效。

失效的机械密封，摩擦副端面常会留下很细的径向裂纹，或者是径向裂纹兼有水泡痕，甚至龟裂。这是出于密封过热引起的，特别是陶瓷、硬质合金密封面容易产生这类损伤。介质润滑性差、过载、操作温度高、线速度高、配对材料组合不当等，其中任何一种因素，或者是几种因素的叠加，都可以产生过大的摩擦热，若摩擦热不能及时散发，就会产生热裂纹。这些细裂纹犹如切削刃一样，切削碳石墨或其他对偶件材料，从而出现过度磨损和高泄漏。解决密封过热问题，除改变端面面积比，减少载荷外，还可采用静止型密封并加导流套强制将冷却循环流体导向密封面，或在密封端面上开流体动力槽来加以解决。

摩擦端面上有许多细小的热斑点和孤立的变色区，这说明密封件在高压和热影响下变形扭曲。对于端面的热变形，一般的计算方法是不充分的，应采用有限元法计算，以便改进密封环的设计。

表面喷涂硬质材料的密封环，无论是喷涂陶瓷还是硬质合金，在热负荷下其面层都有可能在基材上起鳞片或剥落。出现这种现象，说明密封出现过干摩擦。为消除这一现象，首先应检查密封的润滑、冷却是否充分、冷却系统有无堵塞现象、操作是否得当，根据实际情况采取相应的对策。

5.10.4　腐蚀对密封件的危害

化学腐蚀和电化学腐蚀对于机械密封的使用寿命是一个严重威胁。构成腐蚀的原因错综复杂，这里仅就机械密封件最常见的腐蚀形态以及影响最大的因素进行分析。

1. 全面腐蚀与局部腐蚀

全面腐蚀，即零件接触介质的表面产生均匀腐蚀，其特征是零件的重量减轻，甚至会全部被腐蚀，从而失去强度、降低硬度。如用 1Cr18Ni9Ti 不锈钢制作的多弹簧，用于稀硫酸时就会出现这种情况。局部腐蚀，可以简单地用零件上的蚀斑、蚀孔来判明。局部腐蚀是零件表面层变得松软多孔，易于脱落，失去耐磨强度。局部腐蚀是多相合金中的某一相或单相固溶体的某一元素，被介质选择性溶解的腐蚀形态。例如，钴基硬质合金用于高温强碱中时，黏接相金属钴易被腐蚀，硬质相碳化钨骨架失去强度，在机械力的作用下产生晶粒剥落。又如，反应烧结碳化硅，因游离硅被腐蚀而表面呈现麻点($pH > 10$ 时)。

腐蚀对密封件的性能影响很大。由于密封件比主机的零件小，而且更精密，通常要选用比主机更耐腐蚀的材料。对于直接与介质接触的密封件，虽然可参阅有关腐蚀手册中的数据选择适宜的材料。但这些数据未必与机械密封系统中的使用条件相符，因为它们大多是静态条件下的腐蚀数据，而工艺流程中的介质存在杂质或呈二次化合物。经验表明，压力、温度和滑动速度都能使腐蚀加速。密封件的腐蚀率随温升呈指数规律增加。

处理强腐蚀流体时，采用外装式或双端面密封，可以最大限度减轻腐蚀对密封件的影响，因为它与工艺流体相接触的零件数量最少。这也是在强腐蚀条件下，选择密封结构的一条最重要的原则。

2. 应力腐蚀

应力腐蚀是金属材料在承受应力状态下处于腐蚀环境中所产生的腐蚀现象。不论是外部载荷或残余应力，腐蚀都会加剧。容易产生应力腐蚀的材料是奥氏体不锈钢、铜合金等。应力腐蚀的过程一般是在金属表面上形成选择性的腐蚀沟槽，再继续产生局部腐蚀，最后在应力的作用下，从沟槽底部产生裂纹。典型的实例是 104 型机械密封的传动套，它的材料为 1Cr18Ni9Ti，当用于氨水泵上时，传动套的传动耳环最容易出现应力腐蚀裂纹，使耳环损坏。为此，将其凹形耳环改为实心凸耳，即可防止产生这种应力腐蚀。

3. 磨蚀

密封件与流体间的高速运动，致使接触面上发生微观凹凸不平。当流体为腐蚀性介质时，将加快密封接触表面的化学反应，这种反应有时是有利的，有时是有害的。如果所形成的氧化层被破坏，即出现腐蚀。由于磨损与磨蚀的交替作用而造成材料的破坏称为磨蚀。通常磨蚀对机械密封的非主要元件如弹簧座、推环、环座等所带来的危害还不致迅速地反映出密封性能的变化，但却是摩擦副失效的主要形态之一。为此，在强腐蚀性介质中，摩擦副应采用耐腐蚀性能好的材料，如采用 99.5% 的高纯氧化铝陶瓷，或不含游离硅的热压烧结碳化硅等。

4. 间隙腐蚀

当介质处于金属与金属或金属与非金属元件之间，存在很小的缝隙时，由于介质呈滞流状态，会引起缝隙内金属的腐蚀加速，这种腐蚀形态称为间隙腐蚀。例如机械密封弹簧座与轴之间，补偿环辅助密封圈与轴之间（当然此处还存在微动磨损）出现的沟槽或蚀点即是典型的例子。究其原因，是由于缝内介质处于滞流状态，使得参加腐蚀反应的物质难以向缝内补充，而缝内的腐蚀产物又难以向外扩散，于是造成缝内介质随着腐蚀的进行，在组成的浓度、pH 值等方面愈来愈和整体介质产生很大差异，结果便导致缝内金属表面的腐蚀加剧。间隙腐蚀对密封性能的危害很大，密封圈与对偶轴处产生沟槽，将导致补偿环不能作轴向位移，失去追随性，使端面分离而泄漏。对于间隙腐蚀，通常可以通过正确选材和合理的结构设计予以减轻。如选用具有良好的抗间隙腐蚀性能的材料；在结构设计上应尽可能避免形成缝隙和积液死区；采用自冲洗方式进行循环，使密封腔内的介质处于不断更换和流动状态，防止介质组分的浓度变化；长期停用的机泵，应将积液及时排空等等。在结构上要完全消除间隙是不可能的，因此，一般采用保护性的轴套，在其密封圈安装部位可喷涂耐腐蚀材料加以防止。

5. 电化学腐蚀

实际上，机械密封的各种腐蚀形态，或多或少都同电化学腐蚀有关。就机械密封摩擦副而言，常常会受到电化学腐蚀的危害，因为摩擦副组对常用不同种材料，当它们处于电解质溶液中，由于材料固有的腐蚀电位不同，接触时就会出现不同材料之间的电偶效应，即一种材料的腐蚀会受到促进，另一种材料的腐蚀会受到抑制。例如铜与镍铬钢组对，用于氧化性介质中时，镍铬钢发生电离分解。盐水、海水、稀盐酸、稀硫酸等都是典型电解质溶液，密封件易于产生电化学腐蚀，因而最好是选择电位相近的材料或陶瓷与填充玻璃纤维聚四氟乙烯组对。

5.10.5　橡胶密封圈的失效

机械密封用辅助密封圈，采用合成橡胶 O 形圈较多。机械密封失效中约有 30% 是因为 O 形圈失效而引起的。其失效表现如下：

1. 老化

高温及化学腐蚀通常是造成橡胶制品硬化、产生裂纹的主要原因。橡胶老化，表现为橡胶变硬、强度和弹性降低，严重时还会出现开裂，致使密封性能丧失。

橡胶在储存保管中，长期曝露在日照下，或接触了臭氧，或储存时间太长，都会发生老化；过热会使橡胶组分分解，甚至炭化。在高温流体中，橡胶圈有继续硫化的危险，最终失去弹性而泄漏。所以有必要了解每一种合成橡胶的安全使用温度。

2. 永久变形

橡胶密封件的永久性变形通常比其他材料更严重。例如，橡胶 O 形圈使用中变成方形。密封圈长时间处于高温之中，会变成与沟槽一样的形状，当温度保持不变，还可起密封作用；但温度降低后，密封圈便很快收缩，形成泄漏通道而产生泄漏。因此，应注意各种橡胶的使用温度极限，应避免长时期在极限温度下使用。如果不能改变密封运转条件，则要从结构上加以改进，以减轻温度对橡胶材料的不良影响。例如，尽可能地选用截面较大的橡胶 O 形圈；O 形圈要远离摩擦副端面；适当提高 O 形圈的硬度；采用沟槽式的装配结构（不用推环挤压式结构，勿使弹簧力作用于 O 形圈上）等。

3. 溶胀变形

合成橡胶在某些介质中会发生膨胀、发粘或溶解等现象。因此，应根据工作介质的性质，利用有关资料的图表选择合适的材料。如果对所输送的工作介质的组分不十分清楚，就应进行沉浸试验，以指导合理选材。有些混合溶液可能会侵蚀各种合成橡胶，这时就需要选用聚四氟乙烯作密封圈。

4. 扭曲及挤出损伤

补偿环矩形槽中的橡胶 O 形圈，在装配或使用中产生扭转扭曲。其原因有：O 形圈的硬度低且断面直径太小，或者是圆断面直径不均，工作压力波动、冲击振动，以及内压小且润滑不良等都能使 O 形圈产生扭曲。发生扭曲的部位大多数在 O 形圈的中部。扭曲严重时，该处截面会变细，同时会出现泄漏量和摩擦力增大。防止 O 形圈扭曲的方法如下：

（1）O 形圈在安装前，应在槽内涂以润滑脂，转轴应光洁，保证 O 形圈滚动自如。

（2）压缩量应尽量取适宜值，适当放宽槽的宽度使 O 形圈能在槽内滚动。

（3）在可选用几种截面的情况下，应优先选用较大截面的 O 形圈。

（4）改用其他不发生扭曲的密封圈，如 X 形断面的密封圈。

橡胶 O 形圈在静态和位移运动情况下，总是处于压缩状态，所以在高压工况下存在挤入间隙的倾向。O 形圈挤出，即受高压作用的 O 形圈在间隙处会产生应力集中，当其应力达到一定程度时，O 形圈就会形成一道飞边嵌入间隙之中，导致 O 形圈的磨损或啃伤，使密封件过早失效，酿成介质从密封圈处泄漏，显然，造成挤出的原因主要与压力及密封部位的间隙有关，与 O 形圈材料的硬度也有关。减小间隙虽然能防止挤出，但是会降低密封环的浮动追随特性。所以，在高压工况下，防止橡胶 O 形圈的挤出措施是在 O 形圈沟槽中安装聚四氟乙烯或聚酰亚胺挡圈。对于小截面的 O 形圈一定要增设聚四氟乙烯或聚酰亚胺材质的挡圈。

5.10.6 弹簧或波纹管的失效

在使用中，机械密封的弹簧或金属波纹管的失效形式有：永久变形、断裂、腐蚀、蠕变或松弛等。其中，以金属波纹管产生永久变形和断裂失效的影响因素最为复杂。所以，这里主要是对圆柱压缩螺旋弹簧的失效进行分析，原则上也适用于其他弹簧或金属波纹管。

1. 永久变形

弹簧永久变形是弹簧失效的主要原因之一。弹簧产生永久变形，超过允许范围便将影响密封的正常工作。

弹簧的永久变形，即弹簧自由高度减小，在工作高度一定的情况下，工作载荷就会减小。永久变形的原因是弹簧的设计不合理和制造工艺不完善而出现的失效现象。它与下列因素有关：

（1）在给定的条件下，影响弹簧永久变形的主要因素是扭转力。在不同的工作载荷条件下，弹簧的永久变形也不同。国外资料认为，弹簧的工作应力不应超过其材料的 $0.3\sigma_b$（抗拉强度）。

（2）弹簧的永久变形与其直径有关。密封设计者往往注意调整弹簧直径，以满足负荷要求，很少注意弹簧直径对永久变形的影响，其结果很可能顾此失彼。减小弹簧直径，可以减小永久变形。

（3）设计弹簧的自由高度越小，相对的永久变形越大。试验表明，通过增加弹簧的自由高度，可减小弹簧的永久变形。但也应注意，过大的自由高度，也可能产生弯曲而失稳（小直径弹簧）。

（4）弹簧的永久变形与节距有关。当弹簧的自由高度不变，增加弹簧的节距，减少工作圈数，则可以减小弹簧的永久变形。

（5）弹簧的永久变形与弹簧的材料性能、制造工艺（卷簧或磨簧）、选择热处理方法等因素有关。对弹簧厂（或生产弹簧的密封件厂）来说，必须加强对材料性能及加工质量的管理。首先是加强进厂材料的质量检测和妥善管理，严禁不合格的材料进入生产现场。选择弹簧的加工及热处理工艺时，不仅要遵循一般的原则，还要考虑永久变形的影响，以提高机械密封弹簧的质量。

弹簧及金属波纹管的永久变形除上述因素外，还与使用温度有关，使用温度必须在材料规定的温度以内。

2. 断裂

弹簧断裂也是弹簧失效的主要形式之一。根据弹簧的载荷性质、工作环境，其断裂形式有：疲劳断裂、应力腐蚀断裂及过载断裂等。

弹簧或金属波纹管疲劳断裂的原因，多数属于设计不当、材料缺陷、制造不良及工作条件恶劣等因素导致疲劳裂纹的扩展而造成的。疲劳裂纹往往起源于高应力区。如压缩弹簧的内表面出现了断口，常与弹簧材料轴线成45°角方向扩展到外表面而断裂；金属波纹管的断裂常出现在波纹管的波谷处。

焊接金属波纹管，如果由于制造上的缺陷，如波片间距不等，因而会在某些波片中产生较大的应力，从而使这些波片产生早期破裂。所谓制造上的缺陷，是指波片间距不匀，波的深度不等以及片厚不一等等。安装静止型金属波纹管机械密封时，有可能由于压盖与支承点连接时呈倾斜状态而产生缺陷。这种缺陷亦会在波片内产生应力，从而出现断裂。

在许多情况下，焊接金属波纹管周期伸缩运动的频率和密封装置的固有频率相等时则可能发生共振，产生较大的应力而导致早期疲劳断裂。在焊接金属波纹管密封装置内可能产生两种形式的振动：轴向振动和扭转振动。轴向振动是由轴的轴向窜动产生的；扭转振动通常是由摩擦副之间的摩擦力产生的。摩擦力趋向于绕紧波纹管，直至摩擦力小于波纹管内的绕紧力为止。此后，该力自身释放，如此重复自行循环。这种扭转振动自行转变成轴向振动，当两邻近的波片焊球相互碰撞时，振动减弱，振幅减小，如此重复自行循环。

为了防止产生共振，密封的固有频率应设计得比主振动频率大一些（通过改变材料、片厚、片数、间距、安装长度），或利用不对称型波形以及采用拨叉来传递转矩。此外，采用各种阻尼方法可消除振动，如使用一阻尼片装在波纹管的周围，产生轻微的弹性载荷，从而保证与波纹管相接触，在振幅形成前就减弱振动，减振片就把波纹管的动能导出。

在介质侵蚀和材料应力的作用下，弹簧和金属波纹管会发生断裂现象，称为应力腐蚀断裂。奥氏体钢弹簧在交变应力作用下易受氧化物的应力腐蚀，对此，推荐使用哈氏合金。

在腐蚀性介质中工作的弹簧和波纹管，在其截面的应力区域，由于腐蚀与应力共同作用在元件的某些薄弱处，首先被腐蚀，形成裂纹核心。随着承载时间的延长，裂纹缓慢地向亚临界扩展。当裂纹达到临界尺寸时，其弹性元件便突然断裂。应力腐蚀断裂与工作介质有着密切的关系，如介质中含有氯、溴或氟时，金属弹性元件易发生应力腐蚀断裂。应力腐蚀断裂，从机理上来讲是阳极反应，而氢脆断裂则主要是阴极反应。在多数情况下，弹簧的氢脆断裂，即氢原子渗入弹簧材料的晶界，并结合成氢分子，从而产生很大的应力，结果导致弹簧在低应力截荷下发生脆性断裂。氢脆断裂通常发生在 45°～90° 的弯曲角度的范围内。如将已变脆的弹簧圈夹在虎钳上，用钳子夹紧外伸部分并用力弯曲，即可轻易地将弹簧折断成二或三段。若是其他原因引起的断裂，则会发现，弹簧材料仍保持足够的韧性。在海水、硫化物、硫酸、硫酸盐、苛性碱、液氨以及含氢气的介质中，由于化学反应所产生的氢气为弹簧材料所吸收，从而造成脆性断裂。

弹簧或波纹管的断裂破坏除上述因素外，还有以下原因：

（1）热处理缺陷　由于热处理工艺不当而使材料隐含内部缺陷。如热处理造成弹簧材质的晶粒粗大，尽管得到了需要的硬度，但在使用中很快发生变形而最终断裂。

（2）工具造成的伤痕　弹簧制造过程中，特别是带钩弹簧的弯钩，往往由于制造工艺不当造成伤痕而出现应力集中区，致使弯钩断裂。

由此可见，防止断裂破坏的措施，除了在设计时根据弹簧的工作条件，选择适宜的材料，确定恰当的应力值外，在制造过程中采取合适的加工工艺方法，也是十分必要的。

5.10.7　密封驱动件的磨损、断裂或腐蚀

传动销、传动螺钉、凸缘、拨叉甚至单只的大弹簧都能用来传递转矩，驱动密封件旋转。振动或安装位置偏斜，不同心等，都会使传动件磨损、弯曲甚至损坏。机械密封使用的固定螺钉不能用硬化后的材料制作。检查磨损时，首先要检查传动连接点，可以在销子、槽口、凸缘、拨叉上寻找磨损痕迹。传动销或传动槽的磨损是由于粘合-滑动作用而引起的。如果两个端面在瞬间粘合在一起，这时由于旋转环不平滑旋转，旋转时会产生跳动，传动销将承受很大的应力。开停车频繁或受力过大时，传动销也容易折断，使密封突然失效。润滑不良也会产生粘合-滑动作用。

产生传动销折断的其他原因还有：弹簧力过大；介质压力高而采用了非平衡型密封或密封流体的润滑性能很差，而使转矩大；传动销装配倾斜，单只受力；选择时只考虑了摩擦副材料的耐腐蚀性，而没有考虑组对性能；泵的气穴现象等。

5.10.8　摩擦热损伤

非正常摩擦热损伤也是机械密封失效的原因之一。轴（或轴套）、压盖、密封腔和密封件都会因非正常的过热而损伤。摩擦热损伤可以从摩擦痕迹和颜色来判断。随着温升金属要改变颜色，例如不锈钢的颜色：淡黄色约 370℃、兰色约 590℃、墨色约 648℃。在一些泵中，出现非正常的过热原因有：轴的偏斜过大使泵的喉口与轴产生摩擦；无定位导向的压盖与泵轴（或轴套）相摩擦；固定螺钉松脱与密封腔摩擦；压盖垫片滑移接触旋转环等。

非正常的摩擦所产生大量热完全能熔融聚四氟乙烯 V 形圈或使橡胶 O 形圈焦化。

106

造成非正常的摩擦发热的原因还有：无定位导向的压盖与泵轴（或轴套）相碰；静止环发生旋转；密封腔内聚结污垢；密封腔与轴不同心等。

5.11　机械密封失效的典型形态

机械密封的失效实例中，因摩擦副、辅助密封圈引起的失效所占比例最高，最典型的失效形态如图 5 – 11 – 1 ~ 图 5 – 11 – 21 所示。

5.11.1　端面不平

在钠光灯下用平晶检测密封面，平面度误差为 2.7μm。密封面这种局部平面度误差是由于研磨抛光不良所引起的。在这种情况下，密封的泄漏较严重，如图 5 – 11 – 1 所示。

5.11.2　粘着磨损

由于密封过热过载，从而使软质材料碎片移附到硬质材料表面，成团的微粒十分频繁地形成，然后又崩落，因而产生强烈的磨损，如图 5 – 11 – 2 所示。

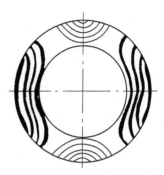

图 5 – 11 – 1　端面不平

5.11.3　热变形

密封面上有对称不连续的亮带，这是由于热变形引起

粘附面

(a)硬质合金环　　　　　　　　　(b)铜合金环

Pb层

图 5 – 11 – 2　粘着磨损

的。有时，这种状况观察不出来，只有在端面上涂以红丹粉，通过与平板轻轻对研才能发现。出现这种情况，主要是由于不规则的冷却，引起密封面的热应力变形，如图 5 – 11 – 3 所示。

5.11.4　热裂纹

密封面上产生的细裂纹有三种：径向裂纹、径向裂纹带有水泡或疤痕、表面龟裂。陶瓷或硬质合金环密封面尤其容易产生这种损伤。这些裂纹象切削刃刮削碳石墨环或其他材料的密封面一样，会很快使对磨的软环凸台消失殆尽。产生热裂最普遍的原因是：缺乏适当的润滑和冷却措施，密封面液膜气化蒸发，pv 值高等，如图 5 – 11 – 4 所示。

5.11.5　端面偏斜

表征为密封面磨损不均匀，造成密封面中凸或中凹，在介质变压力工况下，表现为密封性能不稳定；能使密封面摩擦转矩增大，并产生大量的摩擦热。产生端面偏斜的原因有：工作

图 5 – 11 – 3　端面热应力变形

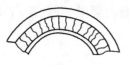 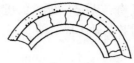 

(a)径向裂纹   (b)径向裂纹带有水泡或疤痕   (c)表面龟裂

图 5 - 11 - 4　热裂纹

压力超过许用值，或液力平衡选取不当等，如图 5 - 11 - 5 所示。

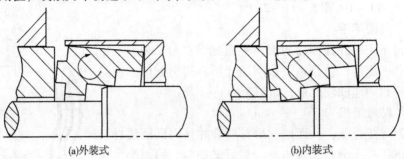

(a)外装式   (b)内装式

图 5 - 11 - 5　端面倾斜

5.11.6　冲刷磨损

在碳石墨环上，最容易产生冲刷磨损。苛刻条件下，其他材料也可能产生冲刷磨损。冲洗液过高的冲洗速度或冲洗孔的位置不当，以及含有磨料颗粒的介质都可能使密封件受到冲刷磨损，如图 5 - 11 - 6 所示。

5.11.7　磨粒磨损

磨粒磨损通常是由于嵌入软环内或附夹在端面间的颗粒所引起的。后者比前者引起的磨损小。前者磨损往往出现在硬环端面上，呈圆周沟槽且同心分布。图 5 - 11 - 7 中的碳化钨硬质合金环的磨损痕迹即为一例。

5.11.8　流体的浸蚀和气蚀

密封件的内外圆表面、背端面出现凹坑麻点，这是因高速流体长期冲击的结果。就流体浸蚀来说，破坏是由于小滴液强烈的压缩脉冲传到材料表面引起周围面积强大的剪切变形，这种变形反复进行，就能引起疲劳破坏性麻点。气蚀是由于流体流动连续性被破坏，在高速运动或振动的表面接触中形成的蒸气泡或气泡的破灭所引起的冲击而产生的，如图5 - 11 - 8所示。

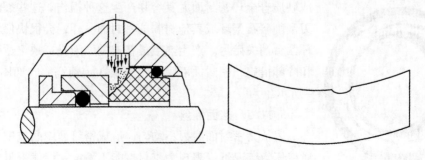

图 5 - 11 - 6　冲刷磨损

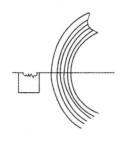

图 5 - 11 - 7　磨粒磨损

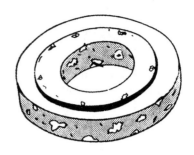

图 5 - 11 - 8　浸蚀与气蚀

5.11.9　闪蒸引起的端面破坏

在液化石油气密封中容易出现这种情况。所谓闪蒸，即端面间的液膜气化，变成气流混合相，瞬时逸出大量蒸气，同时产生大量泄漏并损坏密封面。出现这种情况是密封面过热，密封的工作压力低于介质的饱和蒸气压造成的，如图 5 - 11 - 9 所示。

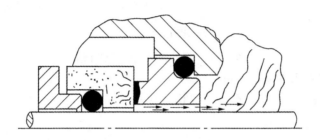

图 5 - 11 - 9　液膜闪蒸引起损坏

5.11.10　微动磨损与电偶腐蚀

微动磨损与电偶腐蚀是机械密封中常见的现象，多出现在补偿环密封圈与之对隅的轴（或轴套）表面。其表面呈现麻点或沟槽，成为泄漏通道，或者使密封端面不能很好贴合，因而产生泄漏，如图 5 - 11 - 10 所示。

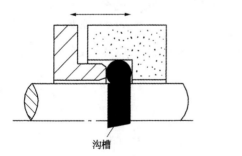

沟槽

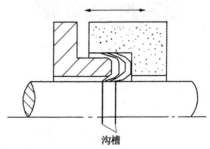

沟槽

图 5 - 11 - 10　微动磨损与电偶腐蚀

5.11.11　密封环的机械变形与热变形

其变形形态如图 5 - 11 - 11 所示。

5.11.12　橡胶 O 形圈的挤出损坏

由于压力作用及介质的浸蚀，使 O 形橡胶圈变软，而挤入小间隙中，又由于应力集中使密封圈出现断裂或剥落，如图 5 - 11 - 12 所示。

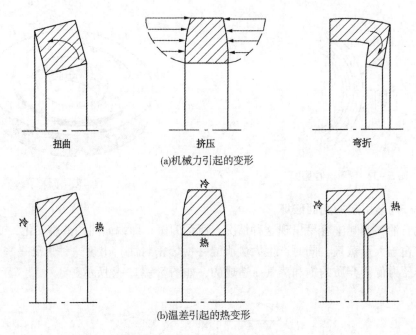

扭曲　　　　挤压　　　　弯折

(a)机械力引起的变形

冷　热　　冷　热　　冷　热

(b)温差引起的热变形

图 5 - 11 - 11　机械变形与热变形

5.11.13　橡胶 O 形圈永久变形

由于高温、压缩率过大或过载等使橡胶 O 形圈变成方形，如图 5 - 11 - 13 所示。

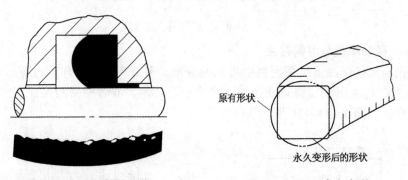

图 5 - 11 - 12　挤出损伤　　　　图 5 - 11 - 13　永久变形

原有形状

永久变形后的形状

5.11.14　橡胶 O 形圈溶涨

由于橡胶与介质的不相容性，O 形圈发生溶胀而变软、发黏、起皮、破裂，如图 5 - 11 - 14所示。

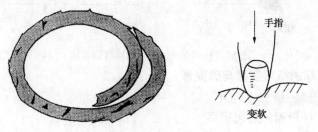

手指

变软

图 5 - 11 - 14　溶涨破裂

5.11.15　橡胶 O 形圈老化

橡胶老化表现为变硬，通常是由于储存期过长，接触阳光、臭氧或是受热老化变硬，因而失去弹性，如图 5 - 11 - 15 所示。

5.11.16　橡胶 O 形圈表面产生裂纹

橡胶 O 形圈长期处于拉伸状态下，在空气中放置时间过长，表面接触油污，或受臭氧影响，都可产生表面龟裂，如图 5 - 11 - 16 所示。

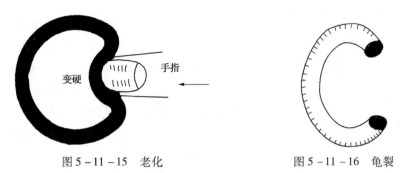

图 5 - 11 - 15　老化　　　　　　　　图 5 - 11 - 16　龟裂

5.11.17　橡胶 O 形圈挤裂啃伤

由于座孔和轴端未倒角，或残留毛刺，O 形圈装入时被啃伤划破，如图 5 - 11 - 17 所示。

5.11.18　橡胶 O 形圈内周被磨损

当轴表面粗糙，轴窜动，轴与密封件不垂直而偏斜、振动，支座偏歪时，补偿环 O 形圈与轴间产生微量的相对运动而使橡胶 O 形圈磨损，如图 5 - 11 - 18 所示。

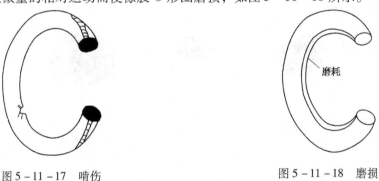

图 5 - 11 - 17　啃伤　　　　　　　　图 5 - 11 - 18　磨损

5.11.19　橡胶 O 形圈处被阻塞

在密封介质的一侧，由于固体物料比率高或含纤维物料多，补偿环作浮动调整时，固体物或杂质进入其间，产生阻塞，补偿环不能作轴向滑移和浮动调整；在大气一侧，由于液膜蒸发、冷凝沉积、分离蒸馏，引起浓缩物的堆积，也能阻塞 O 形圈正常滑移和调整，从而使密封端面不能接触而产生泄漏，如图 5 - 11 - 19 所示。

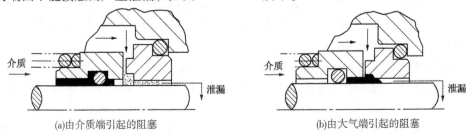

(a)由介质端引起的阻塞　　　　　　　(b)由大气端引起的阻塞

图 5 - 11 - 19　O 形圈被阻塞

5.11.20 橡胶 O 形圈扭曲

橡胶 O 形圈的扭曲现象大多发生在密封矩形安装槽的结构上，当 O 形圈的断面粗细不匀，或组合轴孔表面不光洁以及压缩率过大时，都会引起 O 形圈扭曲，如图 5 - 11 - 20 所示。

5.11.21 焊接波纹管破裂

这种现象大部分发生在波纹管两端的内焊缝处。这是由于内焊缝承受较大的拉力，并且两端焊缝因振动波的传播使其工作条件更加恶劣；应力集中对接头疲劳强度影响很大。从焊缝横断面来看，大多数裂纹产生在熔合线附近，这主要是由于焊缝根部的应力集中。如焊接热对片材冷作硬化的消除，使接缝区母材软化而产生应变。波纹管与前后端焊接的环座壁厚不等，其薄弱环节就在外径边缘上。使用中应力主要作用在该处而产生裂纹。

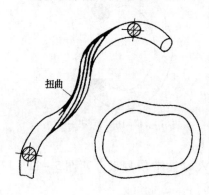

图 5 - 11 - 20　O 形圈的扭曲

不同的焊头造成不同应力集中和不同的破裂特征。图 5 - 11 - 21 为波纹管焊头的情况。（a）、（b）、（c）焊头可以形成光滑的焊接，图中（a）为不对称焊头，这种焊头往往沿焊缝较小一侧破裂；（b）焊头太小强度不足，在交变应力下常常沿焊头中间开裂。（c）焊头是过分加强的焊头，也容易造成较大的应力集中。合适的焊头应 3 倍于波片的厚度。

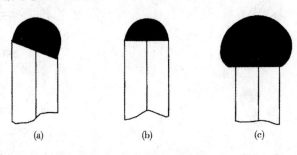

(a)　　　　　(b)　　　　　(c)

图 5 - 11 - 21　波纹管焊头

5.12　油泵其他渗漏的处理

5.12.1 油泵润滑油泄漏的处理措施

油泵的滚珠轴承一般用稀油润滑，当泵运转时润滑油的渗漏不但影响外观和泵座清洁，而且当机油量逐渐减少到极限时，若不及时增添还会使轴承很快发热损坏。对泵悬架箱体润滑油泄漏有以下几种办法解决：

（1）将轴承压盖 V 形槽内的羊毛毡填条剪成 O 形整体圈，改变以前搭接嵌条接口处容易与轴一起跟转产生脱开断接现象，须注意压盖回油槽与箱体回油孔间的沟通，发现不通现象将其钻通。

（2）将泵轴承压盖内车制成用一道 50mm × 25mm × 12mm 骨架油封进行密封的轴承压盖。装配时用 2mm 厚的硬板纸剪成 ϕ25mm 的圆筒套在骨架油封内圈中，过渡装配到泵轴上，以克服骨架油封在泵轴外圆台阶处密封层易翻边的毛病。

（3）用于输送煤油、柴油的小功率离心泵可在悬架箱体轴承部位安装一只黄油杯，改用润滑脂润滑，但润滑脂的散热性较润滑油差，不宜用于汽油泵。改装步骤是：将轴承压盖旋转90°，在箱体上轴承压盖回油孔部位钻两个直角孔相交，装上黄油杯；黄油杯通道与轴承压盖回油孔槽相沟通。轴承内侧各加一块铁皮挡油圈，并相应从轴承压盖凸槽中减去挡油圈厚度。

（4）箱体观油孔的改装：老式箱体观油孔是靠嵌压形式装配的。观油孔外圈有一道O形橡胶圈，有些厂家水泵出厂时也有用聚四氟乙烯密封带进行密封的，时间一长润滑油很容易渗出来。目前有一种新式箱体观油孔是带螺纹的，但在老泵体上改装因攻丝后螺纹长度不够，需加工一段内外螺纹接头，一端跟观油孔螺纹相配，另一端加长螺纹长度与泵体螺纹孔相配，中间各装一只O形密封圈，经改进后的观油孔，由于有螺纹压紧O形密封圈，就能有效地避免润滑油渗油现象。

5.12.2　消除油泵停转后泄漏的措施

油泵停转后，泵房内的油蒸气浓度仍然处于超标准状态，其原因是：管线放空后，泵房内油泵出入口仍存有部分油料，在重力作用下从闸阀和油泵机械密封处漏出。最为突出的是残留在泵轴到出入口的油通过泵轴端盖处向外泄漏，可持续1~2天，造成了泵房内油蒸气浓度增大，给泵房安全留下了很大的隐患。36342部队的工程技术人员通过长期的工作实践，研究出在不要求改进原泵机械密封的情况下，可及时将泵腔内的残余油料回收走，解决了油泵停泵后的泄漏问题，减少了泵房的油蒸气。现介绍如下。

1. 结构

油泵停泵后的泄漏改进如图5-12-1所示。

2. 原理

利用抽真空系统将泵腔内的残余油料抽出。

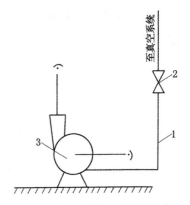

图5-12-1　油泵停泵后的泄漏改进
1—钢管；2—闸阀；3—油泵

3. 安装

（1）在泵吸入腔的底部打孔，攻内丝。

（2）选适当直径和长度的无缝钢管，在适当部位安装闸阀一个。

（3）将钢管的一端与泵吸入腔底部相连接，另一端与抽真空系统连接即可。

4. 注意事项

（1）孔必须打在泵的吸入腔最底部，不可打在排出腔或其他位置。

（2）各安装部位必须严密，不可漏气。

（3）闸阀应选用性能、质量好的，关闭要严，以防漏气。

（4）泵在正常运转时，应将闸阀关死，作业完毕停泵后，方可打开闸阀，利用抽真空系统将泵腔内的油料抽走。

5.12.3　改造油泵软填料密封的轴套解决渗漏问题

有些油泵在软填料腔部位装有轴套，轴套与轴之间有O形密封圈，轴套与叶轮共用一个平键与轴相配。轴套的键槽考虑加工方便都是把键槽开通，这样油料就很容易从平键顶部沿键槽透过O形密封圈引起泄漏。如果把轴套加工成二道O形圈槽，将通槽改成不通槽，在轴套销键顶部车一道退刀槽，退刀槽也可铣成月牙形。这样，轴头的台阶平面中就没有键槽贯通，轴套与轴的配合平面就有两个完整的平面相贴。平面之间加一片薄薄的填料圈就能有效地防止轴套与轴之间的泄漏。如图 5 - 12 - 2 所示是改进前的轴套，图 5 - 12 - 3 所示是改进后的轴套。

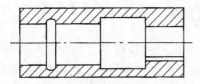 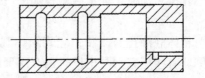

图 5 - 12 - 2　改进前的轴套　　　　　　　图 5 - 12 - 3　改进后的轴套

5.12.4　软填料密封维修后轴套与轴的同心度校试

软填料密封在维修后，往往由于忽视了轴套与轴的同心度的校正，使其误差偏大，结果是填料受热被烧焦，发生泄漏。因此，保证轴套与轴的同心非常重要。

校试步骤：先将改进后的轴套按装配顺序与键和叶轮同时装在泵轴上，用通孔螺帽拧紧叶轮，留出轴头中心孔，然后在车床上用二顶针顶住泵轴，用桃子轧头带动轴一起转动，用千分表检查轴套、叶轮和轴的同心度和垂直度。用车刀光去较大偏差量，再进行磨光达到光洁度要求后就可进行装配。第一次装配先用黄油填满油封空间。

6 阀门堵漏

在油库主要储输油设备中，阀门占的数量可算最大；种类、规格最多；少者数百个，多者数千个。阀门分别置于油库泵房、管沟、检查井、洞库、油罐间、收发油作业区、储存区等爆炸危险场所，对油库收发管理、人民生命财产安全关系极大。由于使用数量大，再加上目前一些油库阀门的管理比较混乱，每年造成10%以上的大小阀门损坏报废，而且渗漏现象在石油库普遍存在，尤其占油库阀门总量90%以上的闸阀，渗漏现象更为突出。有人认为阀门的渗漏是防不胜防的事情，花费的精力很大，总感到收效甚微，久而久之，人们便放松了对阀门渗漏的警惕性，这对于预防和处理阀门渗漏、确保油库安全是极为不利的。前车覆，后车诫，从国内外历年来发生的许多事故中，有人得出结论：石油库散装油品的管理中出现的漏洞，发生事故的情况30%出现在阀门上，所以散装油品的管理从某种意义上讲是对阀门的管理。这个来自实践中的结论虽然缺乏全面性，但能使我们认识到阀门管理在石油库管理工作中的重要地位。下面从工艺设计、安装、使用及管理诸方面介绍阀门产生渗漏的原因和预防，以及对阀门渗漏的处理。

6.1 阀门发生泄漏的原因

为寻找到正确有效的防止阀门发生渗漏的措施，以及选择适当的阀门泄漏的处理技术，我们首先应认真细致地对油库内阀门产生渗漏的原因作些深入分析。无论从理论上还是从实际经验上讲，阀门的渗漏主要有两种：一是阀体、盘根、中开面、法兰等外漏；二是阀门的内漏。出现上述两种渗漏的原因是多方面的，具体有以下几种。

6.1.1 工艺设计方面的问题

（1）阀门选用不当　闸阀、球阀、截止阀其功能是起关闭截流作用，使用说明书中一般都明确要求严禁作节流使用。但在油库目前的工艺设计中，在油泵的吸入、排出口管道上以及支管上普遍采用闸阀，由于有时工作中需要对管内油品流量进行调节，往往就将闸阀作节流使用，使油品中的杂质冲刷闸板，损伤密封面，极易造成闸阀关闭不严，发生管内泄漏（称之为内漏）。

（2）管道工艺设计不合理　管道工艺安装时，该安装过滤器的未安装或安装不合理，使油罐、油槽车内杂质由管道直接进入阀门内，造成密封面损伤，或者杂质沉积于阀腔的底部，引起关闭不严，产生泄漏。

（3）阀门安装位置不合适　设计中阀门相互间距离以及阀门与管线、地面建（构）筑物等距离过小，周围空间狭窄，有的阀门长期处于排水沟污水中，阀门易受腐蚀、损坏，有的阀门安装角度不正确，如斜倾安的，倒着安的，不仅给操作、检修、保养带来困难不便，而且使阀杆受力不平衡，阀杆填料极易受损发生渗漏。

6.1.2 阀门制造方面的缺陷

阀门制造方面的缺陷包括表面缺陷和内在缺陷。表面缺陷在新阀门的验收中比较容易发现，如密封面有伤痕、掉线、盘根压盖不合格、阀体破裂、锈坏、法兰变形等，而内在缺陷不易发现。阀门在使用中所反应出的质量问题，主要是内在缺陷引起的，如铸造体内的砂眼、夹渣、气泡、组织不均、焊接缺陷、材质选择不当、设计不合理、热处理不当、连接不牢等问题。这些缺陷在阀门使用的过程中，在介质冲刷、压力冲击、介质腐蚀、高温影响等各种因素的综合作用下，会引起阀门过早地损坏和渗漏。常见的质量问题有下列 5 种。

（1）砂眼渗漏，主要出现在内在缺陷的铸件和焊缝处，当缺陷表面金属和人工涂层（油漆、胶层）被腐蚀和冲击后，开始以砂眼渗漏慢慢扩大成孔洞的渗漏。

（2）铸铁阀破损，铸件强度较低，如果本身存在夹渣、气孔、组织不均等缺陷，在压力腐蚀和操作力的综合作用下，经常发生支架断裂，阀体破裂等现象。

（3）密封面损伤，密封面的压痕、擦伤、掉线等，引起阀门的内漏。造成内漏的原因很多，而选材不当或硬度过低，闸板预留量过小等也是造成阀门内漏的原因之一。

（4）调节量不足，阀门在使用过程中，需要调节的部位有闸板密封副、旋塞密封副、法兰间隙、螺纹预紧量、压盖与填料函间预留量以及自动阀调节部位等，由于制造不精，设计不合理等原因，使调节量过小或没有。在阀门使用一段时间后，阀体磨损、腐蚀、老化以及温度变化，使本来调节量很小的部位完全丧失了调节能力，导致阀门性能变坏，产生渗漏；

（5）自动阀门失效，有相当一部分自动阀门因质量不过关，经受不起动态环境的考验，在介质腐蚀、压力冲击、温度变化等因素的影响下造成各项性能变化。单向阀有相当一部分止回动作后渗漏（尤其是输油泵出口单向阀渗漏危害更大，对泵轴瓦造成损坏）。弹簧式安全阀有时回座后渗漏，自动阀的弹性元件弹力减小，时有折断现象等。

6.1.3　安装施工方面的问题

1. 阀门安装不当

在油库工艺安装过程中，用于阀门联接的法兰与管线焊接的垂直度、平行度偏差过大，若强行安装，不仅管件及焊缝出现应力集中易产生破裂，而且法兰与阀门联接处密封不严；阀门安装方向弄错，位置不符合要求也易造成渗漏。例如截止阀安装时，若阀的介质流动方向与实际的油品流向相反，造成阀门在关闭状态下，阀芯上部长期处于油品压力作用，阀杆密封处极易渗漏。有的选用阀门和法兰公称压力不一致，出现结合面不匹配，如 P_N 为 2.5MPa 以下对焊钢法兰的密封面是光滑式密封面，而 P_N 为 4.0MPa 以上对焊钢法兰的密封面则为凸凹式密封面，二者强行联接，很难密封严密。

2. 未经试验或把关不严

阀门安装之前单体试验、安装完毕后的试验有的未做，或虽做过试验，但把关不严，造成阀门与管道法兰联接处渗漏不易被发现和处理，对于新安装的管线系统，如管线内杂质未及时清理，管线系统试验之前未吹扫管内杂质也易造成阀门渗漏。

6.1.4　操作管理方面的问题

1. 管理松懈，制度不健全

管理方法不科学，制度不健全，维修保养差可加速阀门的老化，导致阀门性能变坏，产生渗漏：具体表现为不按规程定期对阀门进行检查、维护保养、润滑清洁、更换填料、垫片，可导致阀门丝杠生锈，打不开关不严，甚至发生卡死现象，也可造成填料、垫片的老化、渗漏。操作方法不当危害更大，因为这样极易损坏阀门。具体表现为开关阀门时用力过猛，可造成"水击"现象，损坏阀门和管道。两端压差较大的阀门直接开关，在高压冲击力和操作力的作用下，阀杆和阀瓣的连接易出现松动或脱落造成阀门的损坏、内漏，液压球阀和平板闸阀开关时，完全在介质冲击力作用下容易损坏阀门产生内漏。电动阀开关过量可顶坏阀瓣、阀体、支架甚至造成重大事故。

2. 北方地区保温不符合技术要求可导致阀门的渗漏

多年来，阀门的保温一直未受到足够的重视，阀门不保温或保温不符合技术要求，不仅会造成大量的热损失，而且也可导致阀门的损坏、渗漏，影响输油生产的正常运行。如果阀门不保温或保温不符合技术要求，在多次开启或关闭过程中、由于热胀冷缩的不均匀可引起渗漏。裸露或保温不良的阀门，由于受到较多热交变应力的影响，加剧了阀门零部件的疲劳老化，缩短其使用寿命。裸露阀门还容易受到水蒸气、二氧化硫及空气中其他有害气体的腐蚀作用。对于裸露或保温不良的阀门，由于受到热胀量差别的影响，再加上阀门各零部件间的配合间隙设计不够精确，可能会发生擦伤和卡死现象。对于裸露的长期处于高温状态下工作的法兰连接的阀门，螺栓容易产生蠕变和屈服，使法兰连接产生松动，也易于发生渗漏。

3. 密封不严是阀门渗漏的主要原因

阀门的密封部位很多，主要有阀内密封、盘根密封、法兰密封、中开面密封。由于密封不严所造成的渗漏占阀门总渗漏的90%（实际统计）以上，造成密封渗漏的原因也很多。

（1）阀内密封面不严是阀门内漏的主要原因，造成密封面不严的原因，除前面所提到的阀门质量缺陷、管理方法不当、保温不良等因素外，还有介质的冲击腐蚀对密封面的损伤、颗粒杂质的堵卡等。

（2）中开面密封、法兰密封渗漏原因除安装不合理外还有两个原因：第一，中开面法兰发生变形，螺栓发生蠕变和屈服，使它们的连接发生松动；第二，垫片老化、腐蚀、损伤、蠕变松驰等造成垫片渗漏。

（3）盘根是阀门不可缺少的动密封元件，盘根的渗漏一般占阀门渗漏的60%以上。盘根产生渗漏的原因很多，除盘根的选用、安装、拆卸不当外，填料的渗漏占绝大部分。目前，阀门盘根填料一般为石棉填料，当石棉填料装入填料函后，靠填料压盖的挤压力使填料与阀杆和填料函紧密接触来实现密封。石棉填料一般为绳线编织，表面粗糙，摩擦系数大、长时间使用浸入石棉填料的润滑剂逐渐消失、继而发生磨损、腐蚀，使之密封不严产生渗漏。

6.2 阀门泄漏的一般对策

6.2.1 改进工艺设计，合理选用阀门

尽量简化工艺流程，减少阀门数量，力求避免油库设计中以"一泵多用，互为备用"为指导思想造成的工艺流程的杂乱。对于长期不用的泵与泵、泵与管线及管线间连接的阀门采用盲板封死，减少误操作等引起漏跑油的可能性。设计中应考虑到阀门与油泵、油罐及管线连接及固定设备基础下沉、地震等意外情况所产生的应力，采取适当应力补偿措施。如：油罐进出口处设置一段柔性管。不保温，不放空的管线，必须有泄压措施。

闸阀、弹性闸板阀、平板阀具有密封性能较好，工作可靠、流动阻力小、启闭轻便等优点，适用于油罐、鹤管、集油管、输油管路等处。蝶阀具有很好的密封性能和调节性能，启闭轻便、迅速，结构尺寸小，造价低等优点，是新型阀门的发展方向。国外已广泛使用，国内一些地方单位已引进生产技术并开始推广使用，效果理想，适用于油泵前后、分支管路、收发油管路等工作中需频繁调节流量的位置及其他用于启闭的管线。球阀密封性能可靠，但造价高，可在作业区鹤管等处仅有启闭要求的管路上安装使用。截止阀密封性能不太理想，

在主输油管路上不宜选用。其他用于特殊要求的阀门，例如：止回阀、安全阀、减压阀等。目前，国内使用的新型恒流阀，随压力的变化，自动调节开启度，达到稳定流量之目的，能提高计量精度，延长流量计使用寿命，效果很好。

6.2.2　把好产品选购关

优先选用最近生产的密封材料启闭性能较好，尤其阀杆上增设倒密封装置的新型产品，且尽量选用产品质量信得过的厂家或具有相同结构尺寸的其他厂家产品，便于安装、检修和更换。一般选购阀门时，首先应该检查型号、公称压力、公称直径是否符合要求；其次是检查阀体表面，要求平滑、洁净，没有砂眼、夹渣、空隙、气孔、缩孔、裂纹、粘沙、非金属杂质和疏松等缺陷；阀杆转动要灵活等。

6.2.3　严把施工安装关

（1）阀门安装之前应解体清洗，并作单体试压试漏。闸阀、球阀、蝶阀等必须两面试验，不合格者应重新修理、研磨，直至合格方可安装使用。

（2）阀门安装时还应考虑到操作、维修的方便性和处理事故的可能性，尽量避开排污沟、罐间、支引洞的死角处，要求阀门与墙壁、油罐等设备相距应大于200mm。安装应呈关闭状态，截止阀、止回阀不得反向安装，手轮不得向下安装，立式止回阀要安装于垂直管路上，升降式、旋启式止回阀须安装于水平管路。对法兰连接的阀门要求阀门的公称压力不允许以小代大。

（3）严把系统试验关。按要求对管线进行分段和整体试压、试漏之前，先对管线内部杂质进行清理，然后用空压机将管线内杂质进行吹扫，用泵加压水洗后开始进行试验。在试验过程中，应责任分工明确，对仪表、设备、管线分段定人定位观察、监视，认真记录、发现问题及时报告处理。对发现的渗漏，严禁在管道不卸压放水的情况下补焊管道、紧固法兰等工作。试验完后，还应再对管线进行空压机吹扫和水冲洗，并对泵组等吹不到的死角在全线吹扫完毕后，再拆开进行擦洗，阀门、过滤器等清洗干净后方可注入清洗管线的煤油或柴油，最后投入油品输送。

6.2.4　健全定期检查、保养制度，抓好使用管理

（1）对安装于管线上的阀门按顺序编号，对转动阀门的手轮、手柄、板手、自动阀门的上盖或杠杆必须按输送油品种类重新刷漆。建立阀门操作模型，进行程序操作；对主要部位的阀门，建立启闭复核制度，实行专人负责管理，防止误操作、漏操作。

（2）输送油品前应对管线，尤其阀门及管件进行重点检查，操作检查人员同时由两人以上参加。输油过程中必须有专人巡回检查线路，尤其阀门、管件、焊缝等部位，一旦发现跑、漏油，立即报告处理。输油完毕，及时放空管线，以防混油、输油设备损坏。

（3）坚持定期检查、保养制度。过滤器每半年至少清洗一次，经常操作的阀门每月至少检查保养一次，每年拆下解体检查、试验一次。对长期不用的阀门也要经常启闭、保养，防止锈死，每年抽查20%以上作解体检查、试验。对于发现渗漏的要及时拆下，正确维修、研磨，并经试验合格后方可安装使用，对于阀杆有磨损、弯曲、腐蚀严重的阀门要及时大修或报废。在保养、试验过程中，应注意管道、储油罐内等杂质清理，及时消除管道、阀门及罐体等固定设备间过大的应力状态。

（4）明确禁区界限，加强禁区警戒，坚持禁区出入登记，严禁无关人员出入禁区，对于室外露天场所的阀门坚持上锁制度，严防人为破坏和误操作阀门。

（5）要有科学的操作方法。阀门操作要做到开关准，操作速度适当，动作轻切忌用力过

猛，防止发生水击破坏储输油设备。严禁使用长板手开关手轮，以防阀门破坏。露天阀门的螺栓要定期加注少量润滑脂，加阀罩，以防阀杆生锈，阀杆丝扣进入沙石，影响阀门开关的灵活性。

（6）加强对阀门的保温工作。入冬前除了应放尽管线低凹处及阀门底部残留的油水混合液，以防管线、阀门被冻裂以外，还要对阀门采取良好的保温措施，以提高阀门的安全可靠性，减少渗漏，确保安全输油生产。因阀门及零部件需经常打开检修，其保温必须采用便于拆卸的结构，下面介绍几种典型的阀门保温方法及结构。

① 铁皮壳保温结构　此种结构较为常见，但室外阀门应采取防雨措施。基本保温方法是将阀门用铁皮整体包好，露出丝杆及盘根处，铁皮与阀门周边应留有一定间隙，将保温材料塞满其空间；注意铁皮在环包时要考滤防水问题。

② 包扎结构　此法较简单但不美观，其方法是将保温材料环向包扎于阀门周围，并用软防水材料在保温材料周围包好，用铁丝或绳索捆绑即可。

③ 新型阀门保温节能罩　这种方法目前已广泛应用，其方法是将事先按阀门周边尺寸制作好的分体保温壳，合二为一扣在阀门上，并采取一定的联结方法将其固定，便成为阀门保温体。

④ 保温涂料涂抹　目前某科研单位已开发生产出 FBT（稀土）系列复合保温涂料，可方便地使用在阀门、法兰等异型保温设备上，效果很好。该涂料容重量轻、导热系数低、防水隔热保温效果好、无毒无害对环境无污染，具有较强的黏接力，抗震性强，不开裂，施工方便，成型美观。

（7）平板闸阀应注意及时加注密封脂。平板闸阀闸板的密封，除靠闸板密封外，还要靠密封脂密封，密封脂借助自动加注机构注入密封副中。密封脂的自动加注原理见图 6-2-1。阀门体腔内的前后阀座密封副上，均有填充密封脂的环形沟槽，环形沟槽与储存密封脂的油缸相通，油缸上部为敞开的，直通阀门腔体，油缸上部设一活塞，起到将油缸内的密封脂挤压至环形槽内的作用，使密封副表面形成油膜，从而得到可靠的密封。

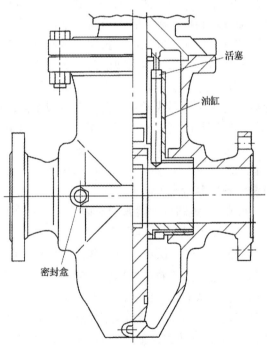

活塞

油缸

密封盒

图 6-2-1　平板闸阀结构图

当阀门密封副不渗漏时，腔体内的介质静压力与管道的介质压力相等，环形沟槽内的密封脂是充满的，密封脂注入机构便不再注入密封脂。每当阀门启闭时，沟槽内的密封脂有所损失，密封副形不成完整的油膜，密封副便渗漏，渗漏处的介质压力低于腔体内的压力。在腔体介质压力的作用下，活塞将密封脂压至密封副的沟槽中，以保证密封副的油膜始终是完整的，这就是密封脂自动注入的原理。

阀门每启闭一次，密封脂消耗量很少。当油缸内的密封脂损失到一定程度时，需从外部补充新的密封脂，补充新脂是靠外部密封盒来实现的。密封盒与腔体内的自动注入系统连通，通过密封盒加注密封脂，以相反方向将密封脂储存到油缸内，这样周而复始地连续使用。

根据一般经验，闸阀启闭30次左右应加注一次密封脂，加注时必须将阀门关闭。对于长期不启闭的阀门，应在4个月左右加注一次密封脂为宜。密封脂的选用应根据输送介质的性质和温度而定。对于原油，选用一般的润滑脂即可。

6.2.5 采用先进生产工艺，开发研制新产品

改进阀门结构，消除阀门渗漏通道，研制并采用先进的生产工艺生产出密封性能良好、操作方便、价格合理且能实现自动控制的新型阀门是今后发展的方向。

例如，近几年国内出现了诸如双密封导轨阀、双密封旋塞阀、新型平板闸阀等，都较好地解决了阀门的内漏和外漏问题。

6.3 阀门阀杆填料泄漏的处理

阀门阀杆填料密封处发生泄漏，是阀门泄漏中最突出最常见的，如牛皮癣一样是油库的一大顽症。

6.3.1 阀杆填料密封的现状

油库中阀门数量大，品种规格多，但阀杆填料密封函中的填料基本上都是浸油石棉盘根，属软填料的一种。这种填料几乎每年都要进行防漏处理，有约 $1/4 \sim 1/3$ 的还需要更换，一定程度上加大了阀门的维护保养工作量，特别是在更换盘根填料时，填料箱内很难清理干净，导致填料挤压不均出现泄漏，由此造成返工的现象时常发生。在长输管线上阀门无一例外地都要在停输检修时进行密封填料的更换、增补或紧固。有些输送油、水介质的阀门，一年内需要多次紧固或增补填料。就闸阀而言，在允许切换流程不影响生产的情况下，可关闭阀门进行填料的更换或增补，而对于截止阀而言，还要考虑出口端是否有压力介质，若有压力介质存在，将不能进行填料的更换、增补工作。处于工作状态有高压介质通过的阀门在紧固盘根时也有一定的危险，一旦填料受力不均，介质将会喷出。这种石棉类软质填料密封给日常维护保养带来了诸多不便。

6.3.2 填料密封泄漏的原因

1. 填料受力状态的原因

如图6-3-1所示，由于软质填料具有可塑性，在压力 P_1 作用下产生变形，从而在阀杆与填料之间、填料函与填料之间产生径向压力 P_r、P_R，使填料被紧紧压缩在阀杆和填料函内壁上，从而达到密封的目的。但是软质填料的特性使 P_1 沿填料轴向的分布(P_2)呈压力梯度变化，同理，P_3 沿填料轴向的分布亦呈压力梯度变化(P_4)，又由于 $P_r = K \cdot P_2$ 呈线性变化（K 为径向压力系数），所以 P_4、P_r 沿轴向变化（见图6-3-2）。

当 $P_r > P_4$ 时起到密封作用，此时填料的高度为 H_0，当 $H_0 = H$ 时，填料将起不到密封作用，介质就会渗出，即填料变形引起压紧力 P_1 衰减，从而 P_2、P_r 减小，P_r 曲线向零点移动。同时，由于介质压力不变，所以 P_4 增大，P_4 曲线背离零点移动，最终形成密封高度 H_0 逐步上升，造成泄漏。

2. 填料本身的原因

填料长期受应力作用，使用时间长以后，易发生老化；或阀门长期不用，密封填料干燥，引起泄漏，另外，阀门经常关闭和开启，阀杆与填料间产生相对运动，相互摩擦，填料和阀杆受到磨损，间隙增大，泄漏就不可避免。

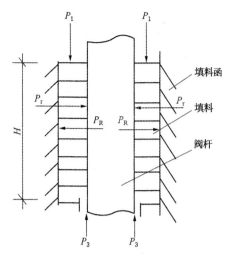

图 6-3-1　填料密封结构示意图

P_1—填料顶层所受的压紧力；P_3—阀体内
介质压力；H—填料高度

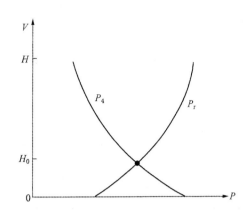

图 6-3-2　P_r、P_4 沿轴向变化示意图

P_4—P_3 沿填料的轴向分布的压力；H—填料高度；
P_r—填料与阀杆之间的径向压力

3. 填料选择和装填不正确

阀杆填料的材质选择不当，与所处介质不相适应；或选择的填料宽度和圈数与阀杆直径、填料函内径和其深度不匹配；或所选填料与介质压力不协调，都极易引起泄漏的发生。

填料装填的好坏对于密封填料的使用寿命和密封效果也非常重要。如填料的预紧力偏小或不均匀，或填料装填方向不正确，都会产生泄漏。

6.3.3　处理措施

1. 正确选择密封填料

1）阀门用密封填料简介

① 油浸石棉盘根　1980 年以前，阀门密封填料都使用油浸石棉盘根、石棉绳、皂化石棉绳等。油浸石棉盘根的极限使用压力为 4.5MPa，极限使用温度为 250℃。它具有柔性好、耐蚀优、强度大、结构简单、造价低等优点。缺点是在有机物及结晶水的作用下易产生分解、炭化、挥发，增加对阀杆的磨损，盘根变性，造成失重，产生间隙，缺乏弹性。

② 耐油橡胶　耐油橡胶（丁腈橡胶）的极限使用压力为 8MPa，工作温度 -35~100℃，老化系数为 75±2×96 不小于 0.8%，硬度邵尔 A 型度为 75±5。具有良好的耐油性、耐磨性、压缩性、造价低。缺点是适用温度范围小。

③ 柔性石墨填料　其结构形式如图 6-3-3 所示，尺寸按表 6-3-1 的规定。

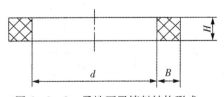

图 6-3-3　柔性石墨填料结构形式

表 6 - 3 - 1　柔性石墨填料的尺寸　　　　　　　　　　　mm

d	B	H	每1000个参考质量/kg	
			不夹铜丝	夹铜丝
8		3	0.28	0.35
10			0.33	0.41
12		4	0.73	0.90
14			0.82	1.00
16		5	1.49	1.82
18			1.64	2.01
20		6	2.66	3.25
22			2.85	3.48
24			3.08	3.76
26		8	5.82	7.11
28			6.57	8.03
32			7.26	8.87
36			8.01	9.79
40			8.70	10.63
42				18.70
44		10	15.30	20.79
48				22.55
50			17.01	24.20
55			18.45	25.96
60			19.80	48.52
65			21.24	51.49
70		13	39.70	54.47
75			42.13	93.77
80			44.57	10.63
90		16	76.72	18.70

④塑料填料。

其结构形式如图 6 - 3 - 4 所示,尺寸按表 6 - 3 - 2 和表 6 - 3 - 3 的规定。

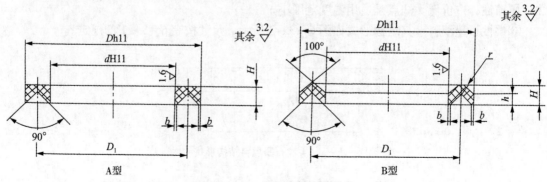

图 6 - 3 - 4　塑料填料结构形式

表 6 - 3 - 2　A 型塑料填料的尺寸　　　　　　　　　　　　　　　　　　mm

d	D	D_1	H	b	每1000个参考质量/kg
8	14	11	3.5		0.67
10	16	13	3.5		0.77
12	20	16	4		1.41
14	22	18	4	0.2	1.59
16	26	21	4.5		2.49
18	28	23	4.5		2.73
20	32	26	5		3.98
22	34	28	5	0.2	3.57
24	36	30	5		5.09
28	44	36			8.89
32	48	40	6	0.5	9.88
26	52	44			10.87
40	56	48			11.85

表 6 - 3 - 3　B 型塑料填料的尺寸　　　　　　　　　　　　　　　　　　mm

d	D	D_1	H	h	r	b	每1000个参考质量/kg
8	14	11	3.5	≈2.5			0.56
10	16	13	3.5	≈2.5			0.66
12	20	16	4	≈2.6	1	0.2	1.10
14	22	18	4	≈2.6			1.19
16	26	21	4.5	≈2.7			1.85
18	28	23	4.5	≈2.7			2.01
20	32	26	5	≈3.1	2		2.88
22	34	28	5	≈3.1	2	0.2	3.18
24	36	30	5	≈3.1			3.91
28	44	36					5.84
32	48	40	6	≈3.4	22.5	0.5	6.52
36	52	44					7.13
40	56	48					8.35

⑤用于柔性石墨填料函的填料垫。其结构形式如图6-3-5所示，尺寸按表6-3-4的规定。

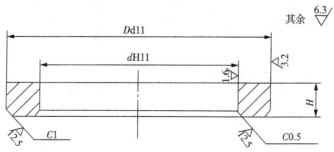

图 6 - 3 - 5　用于柔性石墨填料函的填料垫结构形式

表6-3-4 用于柔性石墨填料函的填料垫尺寸   mm

d	D	H	每1000个参考质量/kg
8	14	3	2.15
10	16		2.53
12	20	4	5.54
14	22		6.21
16	26	5	11.34
18	28		12.39
36	52	8	60.47
38	—		—
40	56		65.87
44	64		116.00
50	70	10	128.65
55	75		139.19
60	80		149.73
20	32	6	20.20
22	34		21.72
24	36		23.24
26	42	8	46.98
28	44		49.68
32	48		55.08
65	85	10	160.27
70	96		300.46
75	101	13	318.27
80	106		336.08
90	122	16	580.92

⑥用于塑料填料函的填料垫。其结构形式如图6-3-6所示，尺寸按表6-3-5的规定。

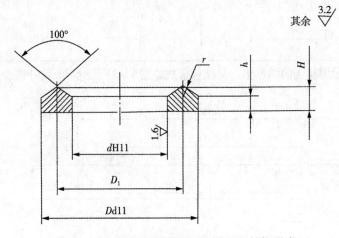

图6-3-6 用于塑料填料函的填料垫结构形式

124

表 6 – 3 – 5　用于塑料填料函的填料垫尺寸　　　　　　　　mm

d	D	D_1	H	h	r	每1000个参考质量/kg
8	14	11	3.5	≈2.5		2.63
10	16	13				2.85
12	20	16	4	≈2.6	1	4.00
14	22	18				5.70
16	26	21	4.5	≈2.7		9.05
18	28	23				9.93
20	32	26	5	≈3.1	2	15.16
22	34	28				16.35
24	36	30				17.55
28	44	36	6	≈3.4	2.5	32.34
32	48	40				36.08
36	52	44				40.00
40	56	48				43.50

⑦柔性石墨填料、塑料填料及填料垫的技术要求。

a. 其材料应符合表6 – 3 – 6的规定。

表6 – 3 – 6　材料

零件名称	材　料	标准号	热处理	温度/℃	说明
柔性石墨填料	柔性石墨	JB/T 6617	—	—	—
塑料填料	聚四氟乙烯	—	—	150	—
	尼龙66、尼龙1010	—	—	80	—
用于柔性石墨填料函的填料垫	HT150	GB/T 12226	—	—	—
	HT200		—	—	—
	QSn3 – 12 – 5	—	—	—	不推荐使用
	2Cr13	GB/T 1220	—	—	—
	1Cr18Ni9		固溶处理	—	—
	0Cr18Ni12Mo2Ti			—	—
用于塑料填料函的填料垫	2Cr13	GB/T 1220	—	—	—
	1Cr18Ni9		固溶处理	—	—
	0Cr18Ni12Mo2Ti			—	—
	Q235	GB/T 700	—	—	镀镍磷合金、铬等表面处理后可使用

b. 未注公差尺寸的公差等级按GB/T 1804—2000中规定的m级精度。

2）合理选择填料宽度 B 和圈数 Z

合理选择填料宽度 B，既能达到满意的密封效果，又可提高使用寿命。填料圈数 Z 一般与介质工作压力成正比。填料宽度 B 应符合表 6 – 3 – 7 的要求，填料函深度 H 与填料圈数 Z 值应符合表 6 – 3 – 8 的要求。

表 6 – 3 – 7　填料宽度 B 值

d/mm	8	10	12	14	16	18	20	22	24	26	28	32	36	40	……
B/mm	3			4			5			6			8		……

注：d——阀杆直径。

表 6 – 3 – 8　填料函深度 H、填料圈数 Z 值

d/mm	14	16	18	22	24	26	28	32	36	40	……
D_0/mm	22	26	28	34	42	42	44	48	52	56	……
H/mm	20	25		36				56			……
Z/圈	≮5			≮6				≮7			

注：1. 上表适用于 0.1 ~ 0.64MPa（Pg1 ~ 64）压力范围的阀门。

　　2. D_0 表示填料函内径，其余符号同前。

国外填料圈数的标准并不统一，美国的 MPA 标准中认为一般要 3 圈即可，最多不过 5 圈；日本东亚阀门厂厂标的填料圈数比我国规定值要多。所以对软质填料的合理圈数应按实际情况和使用效果的优劣综合考虑。

2. 正确安装填料

填料装填的好坏对于密封填料的使用寿命和密封效果是十分重要的。因此在装填料前先清理阀杆和填料函；软填料的各圈切口应呈 45°斜面，每圈的切口应相互错开 90°或 180°，且应有 5% ~ 10%（最大不超过 20%）的预压缩量；填料装拆时要避免划伤内腔和阀杆表面；装配时，最好使用扭力扳手，以施加合适的填料压紧力；装配之后，应作启闭试验，认为满意后为止。

例如，选用 V 形组合式密封圈结构（见图 6 – 3 – 7）。安装时一定要注意将原有的填料拆除，并清洗干净，将聚四氟乙烯 V 形密封圈和耐油橡胶 V 形密封圈按顺序安装到填料函内，从下至上第一道为聚四氟乙烯下座；第二道为耐油橡胶 V 形圈；第三道为聚四氟乙烯 V 形圈；第四道为耐油橡胶 V 形圈；最后一道为聚四氟乙烯上座。安装后用填料压盖均匀压紧（见图 6 – 3 – 8）。例如，铁岭输油站的 915 号阀将原来的密封填料改为由聚四氟乙烯 V 形密封圈和耐油橡胶 V 形密封圈组合的阀杆密封件，解决了该阀长期渗漏问题。

3. 改进填料结构

1）热敏式填料密封

要防止密封填料泄漏，必须解决填料的塑性变形而引起的压紧力衰减问题，进而提高密封效果。热敏式填料密封结构，可以有效地弥补填料的塑性变形，结构如图 6 – 3 – 9 所示。

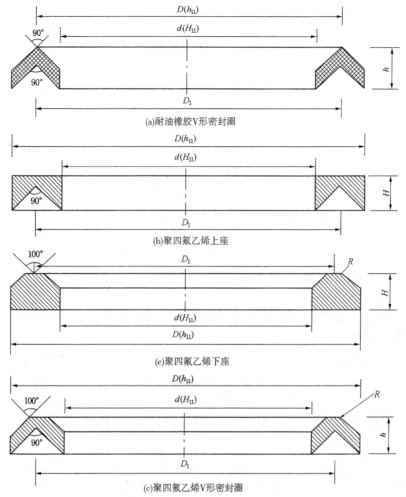

(a)耐油橡胶V形密封圈

(b)聚四氟乙烯上座

(c)聚四氟乙烯下座

(c)聚四氟乙烯V形密封圈

图6-3-7　V形组合式密封圈

d—阀杆直径；D—填料函内径；h—支承座厚度；

H—上下支承座厚度；D_1—填料中径；R—圆角；h_1—V形耐油密封圈厚度

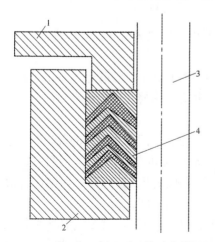

图6-3-8　聚四氟乙烯和耐油橡胶密封圈组合

1—填料压盖；2—阀体；3—阀杆；4—组合密封填料

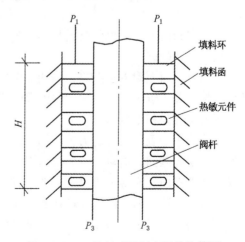

图6-3-9　热敏式填料密封结构简图

127

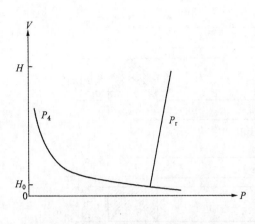

图 6 - 3 - 10 P_r 、P_4 沿轴向变化示意图

热敏式填料密封结构的原理是：在阀门的使用过程中通过热敏元件的变形自动压紧填料，补偿填料的塑性变形和压紧力衰减。使填料密封在阀门的整个使用过程中处于密封状态。当有热介质通过阀门时热敏件因轴向变形受到约束而产生轴向推力，且随温度升高轴向推力增大，补偿了轴向压紧力的衰减，使压紧力在轴向的分布趋于线性，防止了填料松弛，因此能有效地阻止填料密封的泄漏(见图 6 - 3 - 10)。

这种填料密封结构的特点是：结构简单，密封性能好，耐高温、高压。热敏元件可以重复使用，阀门检修时只需更换填料环即可。与普通的石棉填料密封相比，不仅大大减少了泄漏现象，而且减轻了阀门的维护保养工作量。

2）闸阀填料压盖应急器

广州军区 54034 部队研制出一种实用新型闸阀填料压盖应急器。它是闸阀的应急配件，也是一种替代老式闸阀填料压盖的新型压盖。

闸阀填料压盖应急器由填料压筒、压板和固定卡三部分组成。它保持原有阀体、阀杆、手轮、铜圈、闸板的配合结构，其特征是在填料筒上部阀杆上装有一对共有同心圆的对开式压板和压环，通过压环压紧填料来实现密封的。它具有结构简单、使用方便、安全可靠等特点。尤其是在原有的压盖损坏后，可在不影响闸阀正常使用的情况下，方便、迅速地进行更换，具有较大的实用价值。这样可以节省大量人力、物力、财力和时间去腾空储油罐和输油管线中的油料，特别是在野战条件下具有更大的使用价值。它可广泛用于油库、油田、炼油厂、化工、煤气、水利、造纸等行业的闸阀及具有类似结构的阀门作密封装置。

该成果已获国家专利，专利号：93233379.6。

6.4 阀门内漏的处理方法

阀门密封面泄漏，也就是通常称之为"内漏"的现象，处理方法有以下几种。

6.4.1 操作法

阀门密封面上附着了杂物，如油品中的杂质沉淀在密封面上，或管道设备由于腐蚀生成的氧化物，又由于阀门开启关闭的间隔时间长，使这些异物附着在阀门的密封面上。处于低位的阀门也容易积聚异物。

当使用中出现用正常的力关闭阀门，关闭件到不了位，阀门产生泄漏的现象时，不要急于使大力关闭阀门；这时，应分析原因，考虑是否在密封面间存有异物，若硬性关闭阀门，容易损坏密封面。正确的方法是将阀门微微开启，再慢慢关闭，并留有一定间隙，反复几次，使密封面产生微小激流冲刷掉密封面上的杂质，最后再关闭到位。

有时阀门泄漏是因为在开泵和停泵过程中，或外界气温的变化，或操作压力和温度的变化引起的，其处理方法是将阀门手轮旋紧 1/4 ~ 1 圈，便可阻止泄漏。若是球阀，应消除球体与阀座间的间隙，方法是对称、均匀地拧紧阀座的法兰螺栓。若是旋塞阀，应微微降低调节螺钉的位置，压紧压盖，即可止漏。

当采取以上操作方法还不能止漏时，可采用其他方法止漏。

6.4.2 渗胶法

采用稀释的密封胶黏剂（或用介质自行稀释胶），将胶注入阀座一侧内腔中，利用关闭件两边压差，把胶渗透在密封面间的微小缝隙内，堵住渗漏通道。

此方法适用于密封面泄漏间隙狭小的常闭式阀门。对需要开启的阀门，阀门再关闭时，需重复渗胶法止漏。

使用的密封胶和胶黏剂应符合工况条件，耐介质性好。

图6-4-1为渗胶法堵住密封面渗漏的方法。首先要选择好注入孔的位置，闸阀、球阀、旋塞阀应选在它们的中腔部位；截止阀、隔膜阀应选在介质流人阀内一边的阀瓣下部位置，如果介质从阀瓣上面流入的话，注入孔应选在阀瓣的上腔位置。注胶的工具和方法与强压注胶法相似，可采用强压注胶的工具和方法。

为了加快渗胶的过程，可在胶液注入后，微开阀门，及时地又将阀门慢慢地关上，这样有利于胶液填充密封面间的缝隙，但胶液浪费要大些。

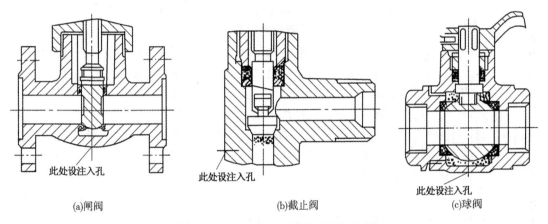

(a)闸阀   (b)截止阀   (c)球阀

图6-4-1　用渗胶法和粘接法堵住密封面

6.4.3 粘接法

用胶黏剂或用胶加填料的腻子胶注入阀门内腔，堵住阀门通道或密封面间的缝隙。此法与强压注胶相似。

粘接法处理密封面的泄漏，适用于密封面损坏严重的常闭式阀门。

闸阀、球阀、旋塞阀的密封面泄漏，如果没有专门的堵漏工具和设备，应充分利用阀门的堵头、调节螺孔、油路孔作为注胶孔和排泄孔。如果阀门无上述孔或有一孔不能满足注胶条件时，可考虑在阀门上加工注胶用的工艺孔。然后用注射器向阀内注胶堵漏。

6.4.4 研磨法

采用研磨工艺，将阀门密封面损坏不平处磨平，使之达到密封效果。研磨工艺一般说来比较复杂，大多数油库不具备研磨条件。在此不赘述了。

6.4.5 增阀法

在原阀门后（即介质泄出端）安装一个同规格型号的好阀门，以解决原阀的泄漏问题。该法适用于油库的多种加注油管道上，也就是说阀门的一侧无载压条件。若阀门两侧均载压时，如有一侧可卸压，也可采用该法。

加阀的施工步骤是：

（1）检查现场，备好阀门和物料。

（2）拆卸阀门泄漏端的管线。

（3）检查、清洗、修复阀门上的静密封面，制作垫片。

（4）安装事先备好的新阀门，其规格、型号与旧阀门相同。万一无相同的阀门，可用同规格阀门代用，但代用阀门应符合工况条件，与旧阀门的连接尺寸应一致。

（5）安装卸下的管线。如卸下的原管线与现尺寸不符，应重新制作新管线。

6.5　阀门无法关闭的应急抢修

有时阀门因发生阀门支架断裂无法关严；有时因阀杆螺母滑丝、咬死、松脱等故障，阀门无法关闭；有时因传动装置失灵阀门开关不了；有时是因阀门的关闭件脱落而无法开关。遇到以上几种情况，若不及时处理，将会造成不堪设想的后果。这种情况下，针对产生无法关闭的不同原因采取下述方法进行应急处理。

6.5.1　支架断裂的修复

支架断裂失效，阀门就不能关闭严密，产生泄漏，这时就须修复阀门支架。若支架材质是钢材，可采用焊接方法或粘接方法或铆接加强板方法进行修复，若支架是铸铁，亦可用焊接法修复，也可用粘接方法或铆接加强板方法进行修复。

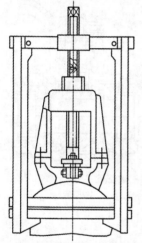

图6-5-1　阀门无法
关闭的应急处理

支架断裂后，阀门关闭不严，制作顶压工具，该工具像拉把，为三爪。卸下手轮前，将阀门阀杆关到最下位置。把三爪拉把安装在阀门上，其顶杆上的滚珠，正好顶在阀杆上端面的中心孔或预制的凹槽中，防止顶杆滑动。三爪分别等距卡在中法兰底面上，用扳手上紧顶杆，迫使阀门关严。为了防止三爪滑脱，可用铁丝将三爪轧在一起。具体方法见图6-5-1。

这种顶压工具也适用于阀杆螺母滑丝的应急处理。

6.5.2　阀杆螺母出现故障的处理

1. 阀杆螺母滑丝的处理方法

阀杆螺母滑丝一般出现在腐蚀严重的阀门或小口径阀门上。在阀内的阀杆螺母滑丝，可视为关闭件脱落来处理，这里所指的阀杆螺母为阀外结构型式。

1）阀杆螺母滑丝的顶压处理

当阀门需要关闭时，可制作一种筒身为卡箍形式的顶压工具，卡在阀杆上，然后，用螺栓顶住支架，迫使阀门关闭。

2）用活动阀杆螺母处理阀门开闭

制作一个由两半圆组成的合壁式阀杆螺母，用带活动手柄的卡箍连接成一整体。当阀门需要关闭时，将制作的活动阀杆螺母安装在支架下的阀杆螺纹上(一般为梯形螺纹，小口径的水暖阀门有的为普通螺纹)，用手关闭阀门即可。当阀门需要开启时，将活动阀杆螺母装在支架上面的阀杆上，用手握住活动阀杆螺母上的手柄，另一只手开启阀门。也可将阀杆提起，用卡箍卡在压盖上同样起作用。

2. 阀杆螺母被咬死时的处理方法

阀杆螺母咬死现象是常见的，严重的咬死现象致使阀门无法关闭和开启，这也是很危险的。

要消除阀杆螺母咬死的现象，首先要了解该阀的结构型式和开闭状态，然后才能采取相应的解决措施。

图6-5-2为一般的阀杆螺母结构型式，用在闸阀、截止阀等阀门上。这种结构具有一定代表性，下面以其为例进行讨论。

这种阀杆螺母结构，往往支架与阀盖为一整体，增加了修理的难度。该结构的阀杆螺母是从支架下安装上去的，最适合于阀门在开启状态下进行修理。

在消除阀杆螺母咬死故障时，先将阀门尽量开大一点，用卡箍、卡圈卡在压盖上方5~20mm处，卡圈的硬度低于阀杆硬度。卸下手轮，用煤油浸透阀杆螺母与支架的滑动面，用一只手托住阀杆，用另一只手握持铜棒或木锤敲打阀杆或阀杆螺母端面，在冲击力的作用下，阀杆螺母会脱开支架，这时卡箍落在压盖上。然后慢慢地旋下阀杆螺母，用油光锉和砂布消除阀杆螺母与支架滑动面上的毛刺、沟槽、锈物。最后抛光，加上润滑剂，把阀杆螺母旋入支架内，安上手轮，解除卡箍，活动几下手轮，阀杆灵活自如为好。

如果阀门支架与阀盖不是整体，可以单独卸下支架的话，阀杆螺母修理就更方便了。

以上我们讨论的是阀门在开启状态下，消除阀杆螺母咬死的方法。当阀门为关闭时，阀杆螺母咬死现象如何消除呢？

对图6-5-2所示的阀杆螺母结构型式，要消除阀杆咬死现象难度是较大的，但还是可以找到解决的方法。

1）强注润滑剂消除咬死现象

卸下手轮，用煤油清洗掉阀杆螺母与支架滑动面间的锈垢。每加一次煤油都要左右轻轻地转动一下手轮（因为阀门关闭后不一定是下死点），反复加几次煤油，敲打支架直至滑动面上的锈垢冲洗干净为止。然后在机油中加少许石墨粉涂入螺纹和滑动面间，再将手轮左右转动几下，手感轻松些为好。如果不大凑效，可在支架滑动面外侧钻孔攻丝，装上注入嘴，用注入枪将机油加石墨粉的润滑剂强行注入滑动面间，活动几下手轮，即可消除咬死现象。这样强注润滑剂的方法，也适用于其他阀杆螺母咬死现象。

2）拆卸阀杆螺母消除咬死现象

用一特制卡箍卡住阀杆，上端顶在支架的底面，不能与阀杆螺母接触。卸下手轮，先用煤油清洗阀杆、阀杆螺母和支架接触处，并加上润滑剂。一般情况下，手轮与手轮压紧螺母互为反丝。制作一只手柄，手柄的内螺纹与压紧螺母一样，将手柄反时针旋在阀

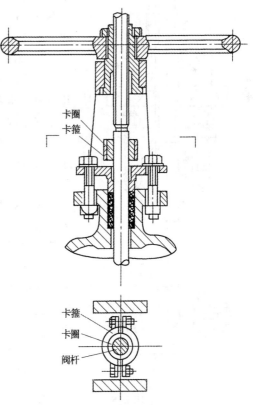

图6-5-2　消除阀杆螺母咬死的方法

131

杆螺母上，反时针方向扳动阀杆螺母，将其往阀杆下方旋动，脱离支架。然后修复支架和阀杆螺母滑动面，加润滑剂，装配复原，拆卸卡箍即成。

对于严重锈蚀，难予拆卸的螺母，可以使用液压螺母破损器将其破坏，从而消除咬死现象。

3. 阀杆螺母松脱的处理方法

阀杆螺母的紧固件，如骑马螺钉、压紧螺母等，由于松动、滑丝、脱落，致使阀杆螺母松脱，无法关紧阀门，导致泄漏。

1）一般松动的处理方法

阀杆螺母产生松动，配合的零件较好，可将阀杆螺母复位，拧紧骑马螺钉、压紧螺母等紧固件，然后用机械铆合法将连接件铆牢，或用厌氧胶粘牢。

2）严重松脱的处理方法

阀杆螺母连接处严重损坏时，会使阀杆螺母脱出固定位置。用一般紧固方法是难以解决的。如骑马螺钉损坏，可在另一位置上钻孔攻丝，安装新的骑马螺钉解决；如是阀杆螺母连接螺纹滑丝，可将其还原归位后，用胶黏剂粘牢定位；如阀杆螺母上的压紧螺母失效，可将其焊死或粘死。

对阀杆螺母损坏后无法修复的，应予以更换。

4. 阀杆螺母的更换方法

阀杆螺母由于滑丝、断裂、严重磨损，丧失其作用时，可以带压更换。

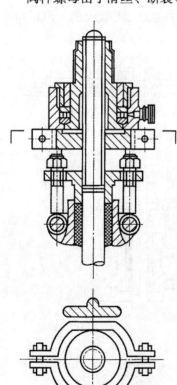

图 6 - 5 - 3　阀杆螺母的更换

阀杆螺母的更换，适用于支架与阀盖分离的结构型式或阀杆螺母能从阀杆上端装卸的结构型式。不适用于类似于图 6 - 5 - 1 中的结构型式，因为它是从支架内安装上去的，并且支架与阀盖成一整体，阀杆螺母无法取出来。

1）骑马螺钉固定的门杆螺母的更换

用卡箍或其他顶压型式的工具，固定在阀杆上。阀门开启时，卡箍等工具卡在压盖上，阀门关闭时，应将工具顶在支架底部，不要顶在阀杆螺母上。

拆下骑马螺钉和手轮等零件，用煤油浸透并洗净阀杆螺母接触缝隙，加机油润滑，减少其摩擦力。用起子或无刃口的錾子把阀杆螺母从支架中慢慢地旋出。如果不凑效，可在阀杆螺母上端面均匀钻 3 ~ 4 个孔，再用一只特制的扳手，将其爪子插入孔内，正反扳动几下阀杆螺母，将其松动后，慢慢地旋出阀杆螺母。

把事先预制好的阀杆螺母装入支架内，为了能使新的阀杆螺母顺利旋入支架内，其连接螺纹与支架螺纹配合间隙应大些。新阀杆螺母定位后，制作骑马螺钉孔，用骑马螺钉固定，并用胶黏剂渗入螺缝内加固。

2）压圈固定的阀杆螺母的更换

更换压圈固定的阀杆螺母，所用卡箍定位的方法与骑马螺钉固定的阀杆螺母一样。

图 6 - 5 - 3 为压圈固定的阀杆螺母更换的方法示意图，

图中为阀门关闭状态的情况。先卸手轮，再卸压紧螺母和滚珠轴承，取出阀杆螺母。装上新阀杆螺母，同时更换其他损坏零件。最后按技术要求装配好阀杆螺母。拆卸卡箍，转动阀杆灵活自如为好。

3）活动支架上阀杆螺母的更换

与阀盖分离的活动支架，其阀杆螺母需要更换时，当阀门为开启状态，卡箍卡在压盖上面，卸下支架即可更换阀杆螺母；当阀门为关闭状态，阀杆螺母又不能直接从阀杆上端拆出时，可按照卸下阀盖、旧垫片、换上新垫片、上好阀盖的顺序方法更换阀杆螺母。

6.5.3　阀杆被卡死的处理

阀杆产生卡阻现象，原因有润滑条件恶劣、锈蚀和脏物多、支架偏斜、填料抱杆、阀杆弯曲等。

1. 清洗润滑法消除阀杆卡阻现象

阀杆受阻是由锈蚀、润滑不良引起的，应用煤油清洗阀杆和阀杆螺母处、活动部位，用砂布轻轻磨掉锈迹，除掉附在阀杆及其配合件上的脏物。然后在阀杆活动部位涂上黄油润滑，如果阀门温度较高且润滑周期较长，可用石墨粉加少许机油调合成膏状，涂在活动部位，反复旋转几次，即可消除阀杆卡阻现象。

2. 纠正支架而消除阀杆弯曲现象

支架偏斜使阀杆产生弹性变形和永久性变形。检查支架，如确有偏斜，应微松支架螺栓，调整支架与填料函同轴度后，拧紧螺栓。如果支架偏斜较大，在不影响阀门正常工作的情况下，可将支架卸下来修整。支架若有裂纹，应补焊后，再装在阀门上，用四点测隙法找正支架。如阀杆为永久性弯曲，可按前面介绍的方法校正。

3. 填料抱杆现象的解除方法

由于填料压得过紧，导致阀杆抱得过紧，阀门开闭很吃力。在保证填料处不泄漏的前提下，适当放松压盖或压套螺母，即可解除阀杆抱杆现象。

6.5.4　传动装置失灵的处理

1. 手动装置失灵时的处理方法

在操作阀门过程中，经常会发现手动装置损坏、丢失、连接处磨坏、阀杆断裂等现象。如果阀门需开闭而时间又不十分紧急，可用下列方法修复。

手轮破损可按图6－5－4的方法修复。

阀杆连接处损坏可按图6－5－5的方法修复。

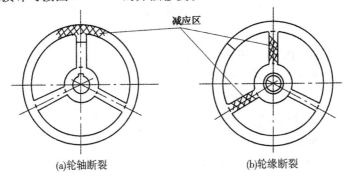

(a)轮轴断裂　　　　　　　(b)轮缘断裂

图6－5－4　手轮的焊修

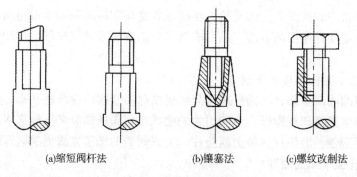

(a)缩短阀杆法　　　　　(b)镶塞法　　　　　(c)螺纹改制法

图6-5-5　阀杆压紧螺纹的修理

手轮、手柄的方孔和锥方孔磨损后，可按图6-5-6的方法修复。如果阀门急需开启和关闭，可采用如下措施。

手轮或手柄与阀杆连接处松脱，可用瞬干胶或焊接方法，将连接处固定死。

手轮或手柄丢失和不起作用，可用活扳手或管子钳开闭阀门。

阀杆连接处损坏或断裂，可锉一个等号形的扳手，或用活扳手或管子钳操作阀门。

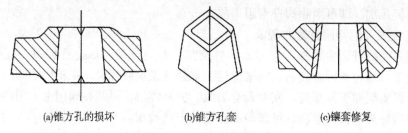

(a)锥方孔的损坏　　　　(b)锥方孔套　　　　(c)镶套修复

图6-5-6　锥方孔的修复

2. 电动和气动装置失灵的处理方法

电动装置关闭不严或因故障无法动作时，停止电动，将动作把柄接至手动位置，顺时针方向转动手轮为关闭，逆时针方向为开启。

气动或液动装置因故障无法动作时，可改为手动。现在生产的气动装置一般带有手动机构。首先切断气源通路，并打开气缸回路上的回路阀，将手动机构上的手柄从气动扳到手动位置，这时开合螺母与传动丝杆啮合，转动手轮即可操作阀门。

如果手动也失灵的话，应根据传动装置的结构和具体情况，采取相应措施。必要时，卸下电动或气动装置，采用前面介绍过的一些方法，如顶压法、卡箍法，处理阀门的开闭。

6.5.5　关闭件脱落的应急处理

介质腐蚀、制造质量差、操作不当等，均会导致关闭件连接处损坏而脱落。这是很危险的故障，使阀门无法开启，阀门关闭不严。

现以闸阀为例，介绍闸板脱落后的应急处理。

1. 顶杆开启阀门的方法

闸板脱落后，需要开启闸板时，可采用此法。这种方法还能排除闸板与阀座间的一些异物。

在闸阀中腔闸板尖端(小头)处相应的阀体上，焊上一只带填料装置的小阀门，将阀全开，钻孔至中腔闸板下，抽出钻头后关上小阀门，安上顶杆和填料，再打开阀门，将顶杆顶开关闭件。如图 6 - 5 - 7 所示，在顶开闸板前，阀杆应事先调到高位处，以免闸板被阀杆反顶住。

2. 倒立开启阀门的方法

将阀杆向上位置调换 180° 成阀杆下垂，借此重力作用将闸板落入阀盖内，自动打开阀门。因此法要松动阀门两端连接处的垫片，或多或少会产生泄漏现象。所以此法一般只适用于无毒、无燃、无爆、温度不高、压力较低的工况条件。

图 6 - 5 - 8 为倒立开启阀门的方法之一，这种方法最好为凸凹面、榫槽面、梯形槽等静密封型式，尽量避开平面式静密封型式。

首先按法兰尺寸制作两半圆的卡套两套，与法兰配合间隙应小，卡套应不妨碍法兰上的螺栓装卸，在螺栓处呈开口凹槽。卡套安装好后，卸下法兰上螺拴，将阀门快速调位 180°。注意不要把垫片冲出静密封位，影响密封。然后对准螺孔，上好螺栓紧固不漏为止。这时闸板会自动脱落出阀座，阀门开启。如果闸板仍不落下，可用铜棒敲打阀体，使闸板受振后落下。为了不使阀杆顶住闸板，阀杆应旋出到上死点。

如果闸阀两端连接处是螺纹连接和活接头连接，一般只需要将阀门强行调换 180° 位置就可以了。如有困难，分析紧的一端在哪边，适当调整一下活接头或修整一下螺纹处即可。

倒立开启阀门后，如两端垫片处产生泄漏无法堵住时，可施用堵漏方法，法兰连接处可在卡套上事先预制注入孔，用强压注胶法堵漏。其他参照"静密封的堵漏"一章的方法处理。

3. 关闭件的带压粘接

关闭件(闸板)脱落后，因为闸板没有施压力，阀门可能难关严。这时可利用强压注胶法或利用阀上的堵头向阀内渗胶堵漏。

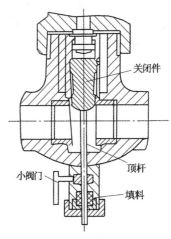

图 6 - 5 - 7　顶杆开阀法

4. 打开阀盖带压修理

闸板脱落后，阀门处于关闭状态或有微量泄漏时，采用胶黏剂固定闸板(闸板在压力不大的情况下，有自锁性)，堵住泄漏，然后打开阀盖，修理闸板与阀杆的连接处。这种方法很适用于无法停下来卸压修理而又经常开闭的闸阀。

5. 阀门堵塞后的疏通方法

半液体状的介质和容易结晶、凝固的介质，容易堵塞阀门的通道，造成设备和管道不能正常工作。

解决方法如图 6 - 5 - 9 所示。卸开阀门出口端的管线，清除出口处的堵塞物，装上特制填料装置和钻头，打开阀门，用

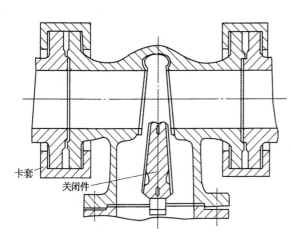

图 6 - 5 - 8　倒立开阀法之一

135

钻头钻通阀门入口端的堵塞物。然后退出钻头，关闭阀门，卸下填料装置和钻头、恢复原管线。最后打开阀门，冲走沉积物。

这种方法只适用于闸阀、球阀、旋塞阀等直通道的阀门。

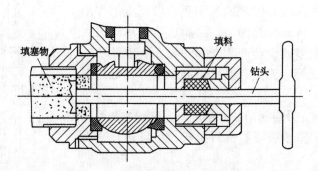

图6-5-9 阀门堵塞后的疏通法

7 油管堵漏

人们常常将油泵比喻为油库的"心脏"，将油管比喻为油库的"血管"，将油料比喻为油库的"血液"。油库的"血管"若一旦发生问题，则油库的"血液"（油品）就会四处流溢。这时，轻则造成重要的能源、宝贵的战略物资的流失、污染环境，重则引起火灾、爆炸、中毒、伤亡，严重威胁油库的正常运转和人身安全，给国家和人民造成重大损失。因此，油库的输油管道必须认真采取有效措施，预防油管泄漏，以及油管一旦发生泄漏，应能及时快速安全有效地实施堵漏，以尽可能减少损失。

7.1 输油管泄漏的原因分析

管道泄漏多发生在其连接法兰、连接螺纹、焊口、流体转向的弯头及三通、阀门填料及腐蚀孔洞部位等。我们将其分为管道泄漏及连接部位泄漏。

7.1.1 管道本体泄漏的原因

在生产运行管道上，由于其输送的流体介质的不断流动，在腐蚀、冲刷、振动等因素影响下，在直管输送管段上、异径管段上，流体介质改变方向的弯头及三通处、管道的纵向焊缝及环向焊缝上，是发生泄漏的主要部位。造成管道泄漏的原因较多，有人为的（选材不当、结构不合理、焊缝缺陷、防腐蚀措施不完善、安装质量差等）和自然的（温度变化、地震、地质变迁、雷雨风露、季节变化、非人为的破坏等）因素。

7.1.1.1 腐蚀引起

根据腐蚀的性质不同可以分为以下七种。

1. 均匀腐蚀

这种腐蚀是由环境引起的，凡是与介质接触的表面皆产生同一种腐蚀。金属表面腐蚀的表面积相同，经历时间相同，金属厚度的减少也相同，管道壁面一层层地腐蚀而脱落，最后造成大面积穿孔。

2. 浸蚀或汽蚀

这种腐蚀是由于流体介质的流动所引起的。高速输送的液体压力会明显下降，当压力低于介质的临界压力时，液体就会出现汽化现象，形成无数个气泡。但是，这种汽泡存在的时间有限，一到高压区，这些气泡又凝结为液体，凝结过程中会产生对金属材料的浸蚀和冲击，冲击的能量足以造成管道的振动，同时使金属表面腐蚀呈蜂窝状，随着时间的推移便形成了腐蚀穿孔。

3. 应力腐蚀

金属材料的应力腐蚀，是指在静拉伸应力和腐蚀介质共同作用下而导致的金属破坏。它与单纯由机械应力造成的破坏不同，它在极低的应力负荷下也能产生破坏；它与单纯的腐蚀引起的破坏也不同，腐蚀性极弱的介质同样引起应力腐蚀，因而它是危害性最大的一种腐蚀破坏形式。它常常是在从一般腐蚀方面来看是耐蚀的情况下发生的，没有变形预兆的迅速扩展的突然断裂，易发生严重的泄漏事故。应力腐蚀包含下列四个要素：

（1）敏感的金属材料　纯金属一般不产生应力腐蚀破坏；合金成分组织及热处理对金属材料是否发生应力腐蚀有很大影响。

（2）特定的介质环境　对一定的金属材料而言，只在特定的介质环境中才发生应力腐蚀，起重要作用的是某些特定的阴离子、络离子，如氢氧化钠水溶液、硝酸盐水溶液、碳酸盐水溶液、硫化氢水溶液、无水液氨、醋酸水溶液、氯化钙水溶液、浓硝酸水溶液等等。

（3）处于张应力状态下　包括残余应力、组织应力、热应力、焊接应力或工作应力在内，必须是在张应力作用下才能引起应力腐蚀破裂，而压应力不引起应力腐蚀破裂。

（4）经过一定的时间　常见的是在实际使用后三个月到一年期间发生，但也有经数年时间才发生破裂的。然而应力腐蚀破裂一旦进行，其速度是很快的，例如碳钢在碱中的腐蚀速度达 10^{-5}mm/s，在硝酸盐中可达 10^{-3}mm/s。

4. 电化学腐蚀

这种腐蚀是管道金属与介质发生电化学反应而引起的腐蚀。最常见的即是所谓露点腐蚀，这种现象多发生在露天的管道上。由于天气的影响及管道温度的变化，管壁上会结满露水，这种微小水滴中含有二氧化碳，从而形成了稀碳酸，造成了金属管道的腐蚀。

5. 点蚀

这种腐蚀发生在金属表面的某一点上，它最初出现在金属表面某个局部不易看见的微小位置上，腐蚀主要向深部扩散，最后造成一小穿透孔，而孔周围的腐蚀并不明显。这种点蚀的机理是：阴离子在金属钝化膜的缺陷地方，如夹杂物、贫铬区、晶界、位错等处，侵入钝化膜，与金属离子结合形成强酸盐，而溶解钝化膜，使膜产生缺位。由于钝化膜的局部破坏，形成了"钝化 - 活化"的微电池，其电位差约为 0.5 ~ 0.6V。由于阳极（活化区）的面积很小，因而腐蚀电流很大，点蚀的腐蚀速度很快。如不锈钢表面的氧化膜（三氧化二铬）局部受到破坏，就可能产生点蚀。此时点蚀的部位为阳极，周围的大面积金属为阴极，形成了电池作用。最终使点蚀部位穿孔，造成泄漏。大量的实验证明，对不锈钢而言，当介质中含有 Cl^-、Br^-、$S_2O_3^-$，特别是 Cl^- 时极易产生点蚀。

6. 晶间腐蚀

这种腐蚀是发生在金属结晶面上的一种激烈腐蚀，并向金属内部的纵深部位扩散。在腐蚀过程中，金属晶格区域的溶解速度远大于晶粒本体的溶解速度时，就会产生晶间腐蚀。产生晶间腐蚀的因素有金属本身的原因和外部条件的因素。内在因素是指晶格区域的某种物质的电化学性质同晶粒本身的电化学性质存在着明显差异，这样晶格区域就比晶粒本体在一定的腐蚀电位下更易于溶解。外在条件是要有适当的腐蚀介质，在该介质条件下足以显示晶格物质与晶粒本体之间的电化学性质的明显差异，正是这种差异引起两者间的不等速溶解。例如，一般耐腐蚀性能非常好的奥氏体不锈钢管道，在温度达到 500 ~ 850℃ 的范围内，在其晶格的交界面上将会析出铬的碳化物，此时的晶格界面上产生局部贫铬现象，在特定的介质环境中，晶格与晶粒本体之间将会发生不等速溶解，产生晶间腐蚀。对奥氏体不锈钢出现的晶间腐蚀，可用贫铬理论加以解释。

晶间腐蚀的结果是破坏了金属晶粒间的连接，因而显著降低了材料的机械性能。尤为严重的是晶间腐蚀在外表面不易发现，金属的破坏是突然发生的。

7. 氢腐蚀

这种腐蚀从本质上说，也是一种晶间腐蚀。在高温高压下，氢以原子状态渗透到金属中，并逐步扩散；当遇到被输送的流体介质中不稳定的碳化物进行化学反应而生成甲烷，使管道脱碳产生大量的晶界裂纹和鼓泡，从而使管道的强度和塑性显著降低，其中断面收缩率降低更加显著，并且产生严重的脆化。

碳钢管在氢气作用下脱碳有两种形式：一是在 565.5℃ 以上和低于 14.1atm（大气压）氢中，碳钢只发生表面脱碳。表面脱碳后呈铁素体组织，使强度下降而塑性提高，脱碳层向钢中扩散很慢；二是当温度超过 221℃，压力大于 1.43MPa，氢就会渗入钢的内部，在晶界处形成甲烷使钢发生内部脱碳，即产生氢腐蚀。当温度和压力都较高时，这两个现象可能同时发生。如果表面脱碳过程比其内部进行得更快，则内部脱碳便不会发生。如果压力很高，而温度较低，碳的扩散能力大大减弱，则内部氢腐蚀可能在没有明显表面脱碳的情况下发生。在石油炼制和石油化工输送管道中，由于输送和储存的介质多为碳氢化合物，易产生氢腐蚀。

7.1.1.2 焊缝缺陷引起

金属管道，绝大多数都是通过焊接的方法连接起来的。通过焊接可以得到机械性能优良的焊接接头。但是，在焊接的过程中，由于人为因素及其他自然因素的影响，在焊缝形成过程中不可避免地存在着各种缺陷。焊缝上发生的泄漏现象，大部分是由焊接缺陷引起的。

最常用的焊接方法是电焊和气焊。两者常见的焊缝缺陷简介如下：

1. 电焊焊缝缺陷

（1）未焊透　焊件的间隙或边缘未熔化，留下的间隙叫未焊透（如图 7-1-1 所示）。由于存在着未焊透，压力介质会沿着层间的微小间隙出现渗漏现象，严重时也会发生喷射状泄漏。

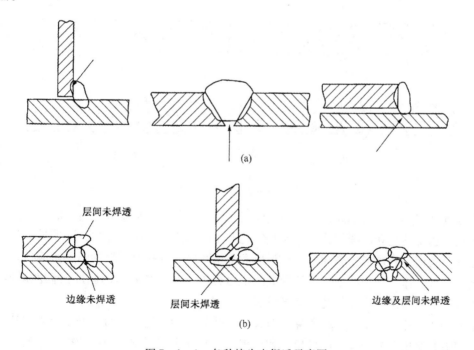

图 7-1-1　各种接头未焊透示意图

（2）夹渣　在焊缝中存在的非金属物质称为夹渣（如图 7-1-2 所示）。夹渣主要是由于操作技术不良，使熔池中的熔渣未浮出而存在于焊缝之中，夹渣也可能来自母材的脏物。

夹渣有的能够看到，称为外缺陷；有的存在于焊缝深处，肉眼无法看到，通过无损探伤

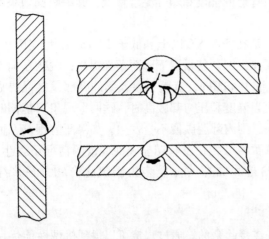

图 7 - 1 - 2 夹渣示意图

可以看到，称为内缺陷。无论内缺陷还是外缺陷，对焊缝的危害都是很大的，它们的存在降低了焊缝的机械性能。而某些具有针状的显微夹杂物，其夹渣的尖角将会引起应力集中，几乎和裂纹相等。焊缝里的针状氮化物和磷化物，会使金属发脆，氧化铁和硫化铁还能形成裂纹。

夹渣引起的焊缝泄漏也是比较常见的，特别是在那些焊缝质量要求不高的流体输送管道上，夹渣存在的焊缝段内会造成局部区域内的应力集中，使夹渣尖端处的微小裂纹扩展，当这个裂纹穿透管道壁厚时，就会发生泄漏现象。

（3）气孔　在金属焊接过程中，由于某些原因使熔池中的气体来不及逸出而留在熔池内，焊缝中的流体金属凝固后形成孔眼，称之为气孔（如图 7 - 1 - 3 所示）。气孔的形状、大小及数量与母材钢种、焊条性质、焊接位置及电焊工的操作技术水平有关。形成气孔的气体有的是原来熔解于母材或焊条钢芯中的气体；有的是药皮在熔化时产生的气体；有的是母材上的油锈、污垢等物在受热后分解产生的；也有的来自于大气。而低碳钢管道焊缝中的气孔主要是氢或一氧化碳气孔。

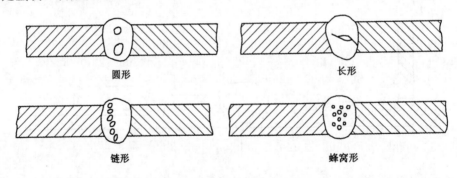

圆形　　　　　　　　　　　长形

链形　　　　　　　　　　　蜂窝形

图 7 - 1 - 3　气孔示意图

根据气孔产生部位的不同，可分为表面气孔和内部气孔；根据分布情况的不同，可分为疏散气孔、密集气孔和连续气孔等。这些气孔产生的原因是多种多样的，所形成的气孔形状大小也各不相同，有球形、椭圆形、旋涡形和毛虫状等。气孔对焊缝的强度影响极大，它能使焊缝的有效工作截面积减小，降低焊缝的机械性能，特别是对弯曲和冲击韧性影响最大，破坏了焊缝的致密性。连续气孔还会导致焊接结构的破坏。

单一的小气孔一般不会引起泄漏。但长形气孔的尖端在温差应力、安装应力或其他自然力的作用下，会出现应力集中的现象，致使气孔尖端处出现裂纹，并不断扩展，最后导致泄漏；连续蜂窝状气孔则会引起点状泄漏。

（4）裂纹　裂纹是金属管道中最危险的缺陷，也是各种材料焊接过程中时常遇到的问题。这种金属中的危险缺陷有不断扩展和延伸的趋势，裂纹的扩展最终会引起被输送流体介质的外泄。

裂纹按其所存在的部位可分为纵向裂纹、横向裂纹、焊缝中心裂纹、根部裂纹、弧坑裂纹、热影响区裂纹等（如图7-1-4所示）。有时裂纹出现在焊缝的表面上，有时也出现在焊缝的内部。有时是宏观的，有时是微观的，微观的只有用显微镜才能观察出来。常见裂纹的特征有两种：一种是焊接金属热裂纹，这种裂纹的特征是断口呈蓝黑色，即金属在高温下被氧化的颜色，裂纹总是产生在焊缝正中心或垂直于焊缝鱼鳞波纹，焊缝表面可见的热裂纹呈不明显的锯齿形，弧坑处的花纹状或稍带锯齿状的直线裂纹也属于热裂纹。另一种是焊接金属冷裂纹，它与热裂纹有所不同，它是在焊接后的较低温度下产生的，温度一般在200～300℃左右。冷裂纹可以在焊缝冷却过程中立即出现，有些也可以延迟几小时、几天甚至一二个月之后才出现，故冷裂纹又叫延迟裂纹。延迟裂纹大多数产生在基本金属上或基本金属与焊缝交界的熔合线上，且多数是纵向分布，少数情况下也可能是横向裂纹，其外观特征是：显露在焊接金属表面的冷裂纹断面上没有明显的氧化色彩，断口发亮；其金相特征是：冷裂纹可能发生在晶界上，也可能贯穿于晶粒体内部。

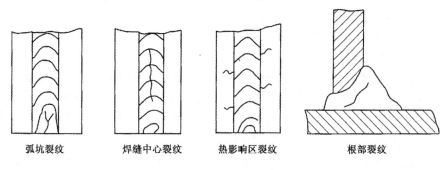

弧坑裂纹　　　　焊缝中心裂纹　　　热影响区裂纹　　　　　根部裂纹

图7-1-4　裂纹示意图

以上只介绍了几种常见的电焊焊缝缺陷及产生的原因。当然一些其他因素同样会造成焊缝缺陷。总的来讲，无论哪种焊接缺陷存在于焊缝上，都会影响到焊缝的质量，削弱焊缝的强度，也是造成管道泄漏的重要原因。

2. 气焊焊缝缺陷

气焊是利用焊炬喷出的可燃气体与氧气混合燃烧后，其热量将两管件的接缝处加热到熔化状态，用或不用填充材料把焊件接合起来，得到整体焊接接头的过程。在采用气焊焊接管道过程中，同电焊一样，由于某些原因，焊缝中有时也会出现一些焊接缺陷。

（1）过热和过烧　过热和过烧，一般是指钢在气焊时金属受热到一定程度后，金属组织所发生的变化。金属产生过热的特征是在金属表面变黑，同时有氧化皮出现。在组织上表现为晶粒粗大，而过烧时，除晶粒粗大外，晶粒边界也被强烈氧化，焊缝的宏观特征是"发渣"。过热的金属会变脆，若过烧则会更脆。造成这种缺陷的主要原因是：火焰能量太大；焊接速度太慢；焊炬在一处停留时间太长。另外还与采用了氧气过剩的氧化焰、焊丝成分不合格及在风力过大处焊接等客观因素有关。显然，这种焊接缺陷的存在必然影响到焊缝质量。

（2）气孔　气孔是遗留在焊缝中的气泡。气焊产生气孔的主要原因有，工件与焊丝表面不干净，有油、锈、漆及氧化铁皮等；焊丝与母材化学成分不符合要求；焊接速度太快；焊丝与母材的加热熔化配合不协调。

（3）夹渣　当被焊工件和焊丝上存有油污、油漆、铁锈等脏物，而进行组对焊接时，又没有采取必要的手段加以清理，就可能产生夹渣。其危害与电焊所产生的夹渣相同。

（4）咬边　咬边是在基本金属和焊缝金属交界处所形成的凹坑或凹槽。在焊接横焊缝时，焊缝上部最易形成咬边现象。原因是，焊嘴倾斜角度不对及焊嘴、焊丝的摆动不当，火焰能率太大等。焊缝形成咬边缺陷后，减少了金属的有效截面积，同时在咬边处形成应力集中，这种应力集中同样会引起焊缝中微小裂纹的扩展而出现泄漏现象。

（5）裂纹　气焊过程中产生裂纹的主要原因有：焊件和焊丝的成分、组织不合格（如金属中含碳量过高，硫磷杂质过多及组织不均匀等）；焊接时应力过大，焊缝加强高度不够或焊缝熔合不良；焊接长焊缝时，焊接顺序不妥当；点固焊时，焊缝太短或熔合不良；作业场所的气温低；收尾时焊口没填满等。对金属来说，裂纹是最危险的焊接缺陷，它的存在明显地降低了焊接构件的承载能力，裂纹的尖端不可避免地会出现应力集中。应力集中又会使裂纹不断扩展，裂纹达到一定深度就会破坏管道的封闭性能，流体介质就会沿着这些裂纹外泄。

无论是电焊焊缝缺陷，还是气焊焊缝缺陷的存在，都是引起焊缝泄漏的根本原因。从治本的角度出发、提高焊接质量是完全必要的。

7.1.1.3　振动及冲刷引起

管道振动在日常生活及生产中很容易看到。例如：当我们打开或关闭自来水龙头时，有时管道会"嘟、嘟"作响，此时注意观察或用手摸管道，可以发现它在振颤，这种现象就是管道的振动。进一步观察，还可以发现这种现象一般只发生在水龙头开启到某个特定位置的时候，对于全开或全闭的管道则无此类现象。由此可以说明振动与水龙头的开启程度有关。凡是经常发生振动的管道，发生泄漏的概率要比正常管道多得多。生产企业管道和管路系统也会发生与此完全相同的情况，但危险的程度会更大，它能使法兰的连接螺栓松动，垫片上的密封比压下降，还会使管道焊缝内的缺陷扩展，最终导致严重的泄漏事故。引起的管道振动而产生破坏的因素有下述几种。

1. 共振

每一根管道（包括液柱）或者两固定支点的每一节管段，都有其固有的振动频率。频率的大小主要取决于管长、管径和管道壁厚及整体重量。当与管道相连接的各种机械（如泵、压缩机等）的振动频率与管道的固有振动频率非常接近或完全相同时，投入运行的管道就会发生振动，振幅也会越来越大，管道内的流体介质压力与速度也将发生激烈的周期性的波动。这种不断增大的振幅和激烈的流体波动，不但会使密封部位产生泄漏，而且还会使管道上的焊缝出现开裂而发生泄漏。

2. 脉动

由流体的自激振荡引起的脉动，这是管道内液体流动（或液、气两相混流）所引起的振动问题。主要表现在以下几方面：

（1）液体管道与往复式机械（例如活塞泵、压缩机、柱塞泵等）相连接时，因流量的波动而引起管内液体速度的波动。此外，活塞本身的往复运动就是波动的，工作缸在曲轴的一侧不对称，惯性力不平衡也是造成振动的因素。

（2）压力波动。装有轴流式、离心式及其他回转式泵类和叶片式压缩机管路，如果机器的特性曲线是有驼峰的，那么在小流量下，会出现运行不稳的现象。泵类运行时还存在着汽蚀现象，这些都会引起管道内的压力波动而导致管路振动。

（3）加热气体引起的振动。在管路系统中间设有加热装置（例如锅炉）或发热反应装置和换热器时，由于存在气柱现象而引起严重的振动。

（4）由于气泡凝结而引起的振动。这种振动发生在气、液两相混流的管道中，气泡的凝结将引起流体介质体积的急剧变化，液体产生振荡，造成管路振动。

（5）液体流动产生的旋涡（卡门旋涡）引起的振动。液体流过流量孔板、节流孔板、整流板处及未全开的阀门时，将会产生很强的旋涡，流速越大，旋涡的能量和区域也越大，在旋涡内液流紊乱，压力下降，波动极大，引起管路的振动。特别是未全开的闸板阀门和非流线型的绕流体，这种紊乱和波动尤为严重。

（6）水击引起的压力波，造成管道内液体柱自激振荡，即水锤现象。易发生在蒸汽输送管道上，管内凝结水被高速蒸汽推动，在管内高速流动，当遇到阀门或管道转弯处就会出现撞击，引起管道的强烈振动。

3. 机械振动与振动传递

机械振动包括管路系统中的泵、阀、压缩机等本身的振动。例如叶片式机械的转子不平衡、轴的弯曲，轴承间隙增大等都会使机械振动；闸阀打开后，阀板成为仅在填料部位有支承的悬臂杆件，液体流过时在其后产生旋涡振动的同时，还引起阀板的机械振动。在打开阀门到某一开度时，这种振动最明显，管道内发出巨大的"啪啪"响声。

振动传递是指管路系统周围的其他振源通过地面或建筑物等传递给管道的振动。例如在管道邻近工矿企业重型机械的启动和停车，靠近山区的管道，因开山劈岭进行爆破传递给管道系统的振动；铁路附近的管道，因火车通行时传递的振动等。

管路的振动必然存在位移，这样在管路上的法兰、焊缝及各种密封薄弱环节就会逐步产生破坏而发生泄漏。

4. 冲刷引起

冲刷引起的泄漏主要是由于高速流体在改变方向时，对管壁产生较大的冲刷力所致。在冲刷力的作用下，管壁金属不断被流体介质带走，壁厚逐渐变薄，这种过程就像滴水穿石一样，最终造成管道穿孔而发生泄漏。冲刷引起的泄漏常见于输送蒸汽的管道弯头处。冲刷造成的泄漏如不及时处理，将会随着时间的推移，孔洞部位会迅速扩大。

7.1.2 管道连接部位泄漏

管道的连接形式多采用法兰、丝扣及填料函。

7.1.2.1 法兰泄漏

法兰密封一般是依靠其连接螺栓所产生的预紧力，通过各种固体垫片（如：橡胶垫片、石棉橡胶垫片、植物纤维垫片、缠绕式金属内填石棉垫片、波纹状金属内填石棉垫片、波纹状金属夹壳内填石棉垫片、波纹状金属垫片、平金属夹壳内填石棉垫片、槽形金属垫片、突心金属平垫片、金属圆环垫片、金属八角垫片等）或液体垫片（一定时间或一定条件下转变成一定形状的固体垫片）达到足够的工作密封比压，来阻止被密封流体介质的外泄，属于强制密封范畴，如图7-1-5所示。

这种密封结构形式常见的泄漏有以下几种。

1. 界面泄漏

主要原因是密封垫片压紧力不足、法兰结合面上的粗糙度不恰当、管道热变形、机械振动等都会引起密封垫片与法兰面之间密合不严而发生泄漏。另外，法兰连接后，螺栓变形、伸长及密封垫片长期使用后塑性变形、回弹力下降、密封垫片材料老化、龟裂、变质等，也会造成垫片与法兰面之间密合不严而发生泄漏，如图7-1-6所示。因此，把这种由于金属面和密封垫片交界面上不能很好的吻合而发生的泄漏称之为"界面泄漏"。在法兰连接部位上所发生的泄漏事故，绝大多数是这种界面泄漏，多数情况下，这种泄漏事故要占全部法兰

143

泄漏的 80% ~95% ，有时甚至是全部。

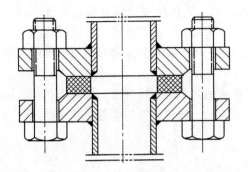
图 7 - 1 - 5 法兰强制密封示意图

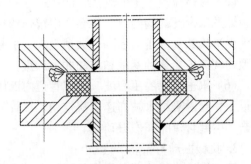
图 7 - 1 - 6 界面泄漏示意图

2. 渗透泄漏

植物纤维、动物纤维、矿物纤维和化学纤维等都是制造密封垫片的常用原材料，还有皮革、纸板也常被用做密封垫片材料。这些材料的组织比较疏松、致密性差，纤维与纤维之间有无数的微小缝隙，很容易被流体介质浸透，特别是在流体介质的压力作用下，被密封介质会通过纤维间的微小缝隙渗透到低压一侧，如图 7 - 1 - 7 所示。因此，把这种由于垫片材料的纤维和纤维之间有一定的缝隙，流体介质在一定条件下能够通过这些缝隙而产生的泄漏现象称之为"渗透泄漏"。渗透泄漏一般与被密封的流体介质的工作压力有关，压力越高，泄漏流量也会随之增大。另外渗透泄漏还与被密封的流体介质的物理性质有关，黏性小的介质易发生渗透泄漏，而黏性大的介质则不易发生渗透泄漏。渗透泄漏一般约占法兰密封泄漏事故的8% ~12% 。进入 20 世纪 90 年代，随着材料科学迅猛发展，新型密封材料不断涌现，这些新型密封材料的致密性非常好，以它们为主要基料制作的密封垫片发生渗透泄漏的现象日趋减少。

3. 破坏泄漏

破坏泄漏事故的发生，人为的因素占有很大的比例。密封垫片在安装过程中，易发生装偏的现象，从而使局部的密封比压不足或预紧力过度，超过了密封垫片的设计限度，而使密封垫片失去回弹能力。另外，法兰的连接螺栓松紧不一，两法兰中心线偏移，在拧紧法兰的过程中都可能发生上述现象，如图 7 - 1 - 8 所示。因此，我们把这种由于安装质量欠佳而产生密封垫片压缩过度或密封比压不足而发生的泄漏称之为"破坏泄漏"。这种泄漏很大程度

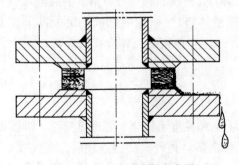
图 7 - 1 - 7 渗透泄漏示意图

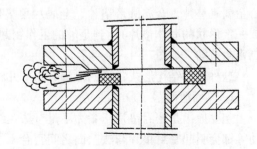
图 7 - 1 - 8 破坏泄漏示意图

上取决于人的因素，因此应当加强施工质量的管理，如选用密封可靠性强的结构形式：破坏泄漏事故一般约占全部泄漏事故的1% ~5% 。

界面泄漏和破坏泄漏的泄漏量都会随着时间的推移而明显加大，而渗透泄漏的泄漏量与时间的关系不十分明显。

7.1.2.2 螺纹连接部位泄漏

螺纹也是管道连接的一种形式。通常螺纹要与填料，如麻丝、石棉绳、铅油及聚四氟乙烯带等配合使用，其密封机理与法兰垫片机理类似，只要螺纹在拧紧的过程中能使填料达到足够的工作密封比压，就能阻止被密封流体介质的外泄，也属于强制密封范畴。螺纹连接部位的泄漏主要是因管道的振动位移造成填料密封比压下降以及腐蚀和填料失效引起的。

7.1.2.3 填料连接部位泄漏

填料装入填料腔以后，经压盖对它施加轴向压缩，由于填料的塑性，使它产生径向力，并与内杆紧密接触，如图7-1-9所示。但实际上这种压紧接触并不是非常均匀的，有些部位接触的紧一些，有些部位接触的松一些，还有些部位填料与阀(轴)杆之间根本就没有接触上。这样接触部位同非接触部位交替出现便形成了一个不规则的迷宫，起到阻止流体压力介质外泄的作用。

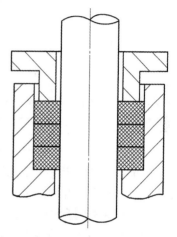

在使用过程中，内杆同填料之间存在着相对运动，这个运动包括径向转动和轴向移动。在使用过程中，随着内杆动作次数的增加，相对运动的次数也随之增多，还有高温、高压、渗透性强的流体介质的影响，填料处也是发生泄漏事故较多的部位。造成填料泄漏的主要原因是界面泄漏，对于编结填料则还会出现渗透泄漏。内杆与填料间的界面泄漏是由于填料接触压力的逐渐减弱，填料材料自身的老化等因素引起的，这时压力介质就会沿着填料与内杆之间的接触间隙向外泄漏；随着时间的推移，压力介质会把部分填料吹走，甚至会将内杆冲刷出沟槽；填料的渗透泄漏则是指流体介质沿着填料纤维之间的微小缝隙向外泄漏。

图7-1-9 填料密封示意图

7.1.3 人为破坏造成油管泄漏

1. 战时的人为破坏

人为破坏一般分为两种情况，一是战时，因为油品是重要的战争物资，是战斗力的体现之一，谁掌握了石油产品，谁就掌握了战争的主动权，谁失去油料供应，其飞机、坦克、车辆、大炮、导弹、战舰、潜艇等等都将瘫痪，发挥不了效能，则谁就将遭受失败。所以，只要战争一打响，油库就是敌方的重要攻击目标，非千方百计地摧毁油库不可。这是现代战争的一般规律。

战时敌方破坏管道的主要形态有以下几种：

（1）子弹穿孔；

（2）炮弹或导弹直接命中油管本体或附件，造成折断、撕裂；

（3）受炸弹爆炸的冲击波作用力而破坏，或被爆炸掀起的其他物体，如岩石、砖块等由高处砸下，管道被砸瘪、砸断。

2. 不法分子盗油的人为破坏

近年来一些不法分子把眼睛盯在了输油管道上。据统计，仅2000年东北输油管网就被打孔盗油7次，使管道停输5次，造成的经济损失和社会影响相当严重，直接经济损失达数十万元，间接经济损失近百万元。根据对2000年东北管网7起盗油泄漏事故的统计分析(见

表7-1-1)发现,盗油分子一般不破坏露天管道,而主要在埋地管道上钻孔盗油。其具体做法是,在输油管道上先焊接不同管径的法兰短接,然后在短接上安装一个或数个放油阀门,并用钢钎打孔或钻孔。也有的用专业带压开孔机开孔,再用不同材质的软管连接放油。

表7-1-1 2000年东北输油管网发生盗油案件统计结果

时　　间	地　　点	盗油短管直径/mm	原油被盗情况	经济损失	备　　注
7月11日	绥中县前所镇,离423号桩415m处	50	油被盗走,现场未发现泄漏		安装3个阀门
7月18日	沈阳市浑河隧道浑河南阀室		当时发现20t	4×10^4 元左右	在阀室顶留阀放油
8月23日	昌图双庙镇老线,离20号桩800m处	40	泄漏7t左右	1.5×10^4 元左右	安装3个阀门
10月18日	绥中县高岭村,离420号桩800m处	40	泄漏7.5t左右		安装1个阀门
11月3日	大庆市大同区林源镇,离32号桩650m处	30	油被盗走,现场未发现泄漏		安装1个阀门
11月3日	抚顺市抚前线,离7号桩9m处	50	现场有盗油油池	2×10^4 元左右	安装4个阀门
11月30日	大庆市大同区林源镇,离1号桩800m处	80	泄漏10t左右		安装2个阀门

由于盗油分子未受过正规训练,再加上恐惧心理的作用,在安装中常常发生失误,造成原油泄漏。其管道泄漏的主要原因和泄漏形式有下列几种:

(1)盗油分子打开阀门放油后未及时关闭阀门或阀门关不严就慌忙逃离现场,造成大量跑油;

(2)阀门与法兰短接连接处垫子损坏,造成大量喷油;

(3)法兰短接与管道连接处或其他连接处因焊接质量问题造成渗油或喷油;

(4)因阀门质量问题造成跑油。

这种人为破坏,目前在各类油库中尚未发现,但若放松警惕,也很难保证不会发生,尤其是具有库外输油管道的油库,决不可掉以轻心。

7.2 油管堵漏方法之一——机械堵漏

7.2.1 捻缝堵漏

所谓捻缝堵漏是应用管材的塑变性,利用手锤锤打冲子,使冲子头部传递给管道堵漏孔周围的金属材料冲击力,从而使之发生塑性变形位移挤向孔洞中心部位,封堵泄漏孔洞达到止漏的一种堵漏方法。

捻缝堵漏的应用条件:①管道内无甲、乙类油品;②泄漏点所处位置不是二级以上易燃易爆危险场所,且油气不易积聚;③泄漏孔直径或裂纹长度不大于1.0mm;④管材不属于铸铁、合金钢焊缝等脆性材料,是炭素钢或合金钢等塑性材料;⑤管壁厚度不小于4.0mm。

捻缝堵漏的工具有手锤和冲子,手锤一般不超过1kg规格,柄长短于300mm,冲子由工具钢制作,长度200mm以上,主体为圆柱体,头部为圆锥形,顶端是半径为2~3mm的球面,如图7-2-1所示。冲子的顶面应光滑,不能有毛刺,更不能呈楔形,否则,使用它敲击管道小孔周围时,对管材起不了挤推作用。

146

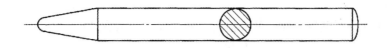

图 7 - 2 - 1 冲子

1. 对于孔径不大于 0.5mm 的捻缝方法

用手锤敲打冲子，产生的冲击力挤压管道泄漏小孔四周的金属，使之发生塑性变形，挤向小孔部位，以堵死小孔，达到止漏目的。操作时，右手拿锤，左手持冲子，首先捻打小孔周围金属，挤压变形将小孔堵塞，然后再在小孔中心位置捻打几下。捻打时用力不宜过大、过猛、过快，以免挤裂胀破，捻打次数适于 5~10 次，不能过多反复敲打，以免疲劳破坏。

2. 对于孔径大于 0.5mm，小于 1.0mm 的捻缝方法

先按粘接堵漏方法的要求，对泄漏小孔的内外进行清洗和适当的表面处理，然后，将粘接用的快干胶或较稠的胶液用注射器针头注入泄漏孔内，边挤胶边捻打泄漏孔周围，直至堵住泄漏为止。最后，再捻打几下泄漏孔的中间位置，涂上一层胶，待固化即可。整个过程操作要快，动作要敏捷。该法对于油库内管道大部分都为低压更为适用。

若管道泄漏处压力较大时，可用细针头插入孔中，边向孔中注胶，边捻打，将针头挤压在固定孔中，待固化后，打断针头即可。

上述捻缝方法中，在孔洞中也可不加注快干胶，而用比管道材质软的金属丝或密封条，嵌入孔中，然后按捻缝方法操作，最后用手锤的圆弧头轻轻敲铆塞子，使塞子头部呈圆弧状，更加紧密地与管道贴合。

7.2.2 填塞堵漏

对于腐蚀穿孔、砂眼、子弹孔等直径较大的泄漏孔洞，往往采用填塞密封材料，使之与泄漏孔洞紧密贴合而止漏，这种方法称之为填塞堵漏。

1. 塞子堵漏

塞子的材质应比管材软，通常使用铅、铝、铜、塑料、橡胶、木材、低碳钢奥氏体不锈钢等。选材应根据工况条件确定。

塞子的形状通常有圆锥塞、圆柱塞和楔形塞几种，根据泄漏孔的大小和形状选用。如图 7 - 2 - 2 所示。

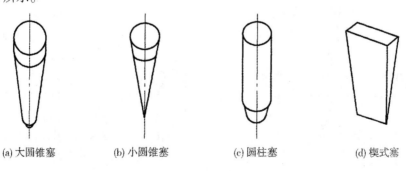

(a) 大圆锥塞   (b) 小圆锥塞   (c) 圆柱塞   (d) 楔式塞

图 7 - 2 - 2 塞子形状

操作时应先清理泄漏孔洞，用手锤有节奏地将塞子敲入孔洞，若敲击前在塞子和泄漏孔涂一层石墨粉膏或胶液，其效果会更好。

147

2. 堵头堵漏

该方法是在管壁厚度较大时，就在泄漏点钻孔攻丝，然后将预先制成的堵头螺纹上包裹数层聚四氟乙烯带，或涂上一层密封胶，拧紧在泄漏处的螺纹中，再将堵盖套上密封圈，上紧在堵头上即可。如图 7 – 2 – 3 所示。

也可在泄漏处攻的丝扣上，安装一只小阀门，然后关闭阀门即可。

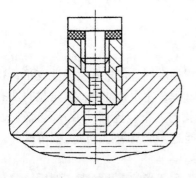

图 7 – 2 – 3　堵头堵漏

7.2.3　机械顶压堵漏

所谓机械顶压堵漏是将固体密封件覆盖在泄漏处上，利用各种结构形式的工具对其施加一挤压力，使之与管道紧密贴合，从而达到止漏的目的。

1. 常用的密封件

（1）密封圈　在压板上加工一圆形凹槽，其中嵌有 O 形圈、填料。适于缺陷较大，本体表面较平坦、较光洁的部位。

（2）实心垫　在压板下垫一块橡胶垫、柔性石墨垫、聚四氟乙烯垫等垫片，靠顶杆顶死密封。

（3）铆钉

靠铝质铆钉顶压在缺陷处堵漏；另一种是靠铅填充缝隙，然后用铝铆钉顶住止漏；还有一种形式是不但结合上述两种形式，而且用胶黏剂粘接铆钉周围，待固化后，解除顶压，剪去铆钉尾部。

（4）板粘　将泄漏处清洗干净，涂上一层胶，用与管道相似的弧面板顶压紧，待固化。这种方法适于低压泄漏。如果表面不平，可采用几层涂胶的布压在弧面板下，弥补表面的不平。

2. 常用的顶压方式和工具

（1）U 形卡　是用扁钢弯成所需的半圆弧，两端对称地焊上螺杆，上面安装一根横梁，在横梁中央位置钻一螺孔与顶压螺杆啮合，靠顶杆上端的板手拧紧顶压螺杆。其结构如图 7 – 2 – 4 和图 7 – 2 – 5 所示。图 7 – 2 – 5 是 U 形卡的派生形式，它以钢丝绳代替扁钢，使之适应性更强。

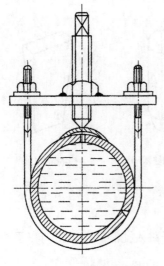

图 7 – 2 – 4　扁钢 U 形卡

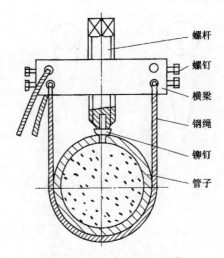

图 7 – 2 – 5　钢丝绳 U 形卡

148

实施密封作业时，首先将U形卡套到管道上，在泄漏部位垫上密封垫（材料），调整好各部分位置，然后移至泄漏点，并使顶压螺杆的轴线对准泄漏缺陷，迅速旋转顶压螺杆，使其前端牢牢地压在密封件上，迫使泄漏停止。

（2）三通卡　是用扁钢弯成两个半圆形的箍，在两个半圆对中处分别焊上悬臂，悬臂上加工螺孔，与顶杆相啮合，挤压时靠两个螺栓固定于管道上。图7-2-6为三通卡结构图，图7-2-7为三通卡在管道上的安装图。

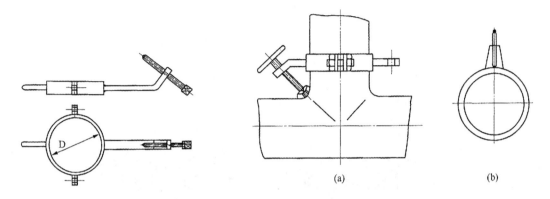

图7-2-6　三通卡结构图　　　　图7-2-7　三通卡在管道上安装图

堵漏时应根据泄漏量的大小选择合适的顶压螺杆，然后把两半圆形扁钢箍用螺栓连接固定在管道的适当位置上，通过搬动手柄，使顶压螺杆的轴线正好通过泄漏点的中心，然后，将连接螺栓拧紧，如图7-2-7所示。对于间断性泄漏或连续滴状泄漏，可以在泄漏部位垫软性耐油填料进行带压密封作业；对于喷射状泄漏，应先在泄漏处嵌入软金属，后垫软填料进行密封作业。

（3）卡箍　用于管道堵漏较为普遍，主要用在金属、塑料、橡胶、水泥等管道上，适于孔洞、裂缝等泄漏处，并有加强作用。图7-2-8为常见的几种卡箍，图7-2-9为瑞士STRAUB公司的名为斯特劳勃接头的卡箍。卡箍堵漏的密封形式与本体顶压堵漏修理的密封形式相似：有橡胶、聚四氟乙烯、柔性石墨垫；有O形圈和填料；有密封胶和多层涂胶布垫等密封件。

图7-2-8（a）为整卡式箍，它的内径由微大于管道外径的两块半圆箍组成，根据泄漏处的大小、长短决定卡箍的长短，紧固的螺栓个数按卡箍长短设置。一般为两对，对称拧紧。卡箍一般用碳素钢板弯制而成，对腐蚀性介质才用不锈钢板制作。整卡式适用于横向和纵向的较大裂缝。

图7-2-8（b）为半卡式卡箍，它的内径由微大于管道外径的一块半圆箍以及两根抱箍组成，主要适用于单个孔洞或裂缝，结构比整卡式简单。

图7-2-8（c）为软卡式卡箍，它的形状象C字形，用较薄的低碳钢板制成，只有一个开口，靠开口处上紧螺栓而产生变形，达到箍紧管道的作用。它适用于低压部位的堵漏。

图7-2-8（d）为堵头卡式卡箍，它的形状可像以上三种形式，不同之处，它多了一只堵头或是一只小阀门，它适于较高压力部位的堵漏。

图7-2-9是瑞士STRAUB公司生产的斯特劳勃维修用接头（即卡箍）示意图。堵漏时直接将其包箍在管道泄漏处，紧固内六角螺栓即可达到良好的堵漏效果。

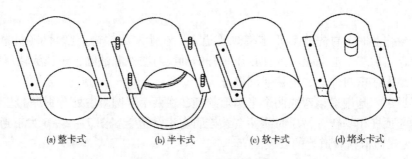

(a) 整卡式   (b) 半卡式   (c) 软卡式   (d) 堵头卡式

图 7-2-8　卡箍堵漏方法

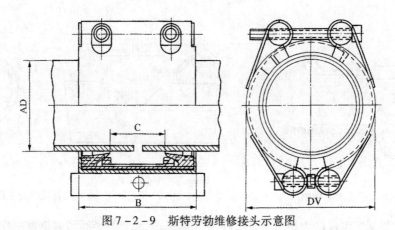

图 7-2-9　斯特劳勃维修接头示意图

该维修接头体积小，重量轻，操作简便，承压能力高，可反复使用，并可作为维修件长期使用。其使用方法请见本节"四"的相关内容。

（4）压盖　其结构是用一只 T 形活络螺栓将压盖、密封垫（或密封胶）夹紧在泄漏处的管道壁上。如图 7-2-10 所示。

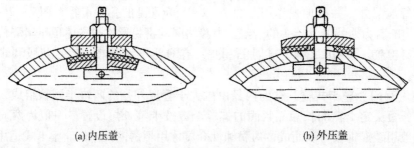

(a) 内压盖   (b) 外压盖

图 7-2-10　压盖堵漏

（a）图为内压盖，适用于长孔或椭圆孔的堵漏。其方法是：先检查泄漏部位，考察能否使用内压盖，若可行，进一步确定 T 形活络螺栓、压盖、密封垫的尺寸，压盖和密封垫应能进入管内壁，并能有效地覆盖泄漏处，四周含边量以单边计算不应低于 10mm。安装时，如果压盖、密封垫套在 T 形活络螺栓上难以装进本体内，可在螺栓上钻一小孔并穿上铁丝，以不影响穿螺母为准。先穿压盖，后穿密封垫或多层浸胶布于螺栓上，并置于管内，然后轻轻地收紧铁丝，摆好压盖和密封件的位置（最好事先做上记号），在本体外套上一块压盖，填充密封物，拧上螺母，堵住泄漏处，卸下铁丝。如果效果不显著，可进一步用胶黏剂粘堵。

（b）图为外压盖，其方法比内压盖简单，但堵漏效果不如内压盖。堵漏的方法是：先把

T形活络螺栓放入管内并卡在内壁上，然后在T形活络螺栓上套密封垫或涂上密封胶，密封垫应紧贴在螺栓上，再盖上压盖，拧上螺母至不漏为止。为了防止T形活络螺栓掉入管内，螺栓上应钻有小孔，以便穿铁丝作为保险用。

压盖堵漏适用于口径较大的管道堵漏，它往往用于油罐壁的泄漏处理。

（5）捆扎器　利用捆扎器将密封垫片或密封胶用钢带紧紧地捆在管道的泄漏部位上，从而止漏。此法简单易行，适用于壁薄、腐蚀严重、不能动火的管道堵漏。

图7-2-11为用一种捆扎堵漏工具进行堵漏的情况。这种工具简单、携带方便，它主要由切断钢带的切口机构、夹紧钢带的夹持机构、捆扎紧钢带的扎紧机构组成。

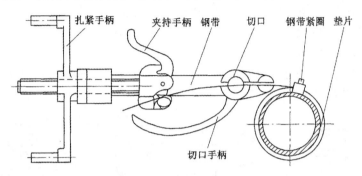

图7-2-11　捆扎堵漏工具

当管道或设备出现泄漏时，若适用捆扎堵漏，将选好的钢带包在管道或设备上，钢带两端从不同方向穿在紧圈中，内面一端钢带应事先在钳台上弯折成L形，并使紧圈上的紧固螺钉放在钢带外面，以不滑脱、不碍捆扎为准。外面一端钢带穿在孔内，首先将钢带放置在刃口槽中，然后把钢带放置在夹持槽中，扳动夹持手柄夹紧钢带。用手或工具自然压紧钢带的另一端，转动扎紧手柄，使夹持机构随螺杆上升，从而拉紧钢带。当钢带拉紧到一定程度，把预先准备好的密封垫片或密封胶放置在钢带内侧，正对泄漏处，然后迅速转动扎紧手柄堵住泄漏处。待泄漏停止后，将紧圈上的紧固螺钉拧紧，扳动切口手柄，使带刃口的轴芯转动，切断钢带，把切口一端（即外面一端）从紧固处弯折，以免钢带滑脱，堵漏结束。

钢带有各种规格，材质一般分碳钢和不锈钢；垫片一般用柔性石墨板、聚四氟乙烯板、橡胶板、橡胶石棉板制成。

扎带堵漏工具，也可作为先堵后加强之用。还可用于静密封处的堵漏。

（6）万向顶　由立柱、钢丝绳、多头顶

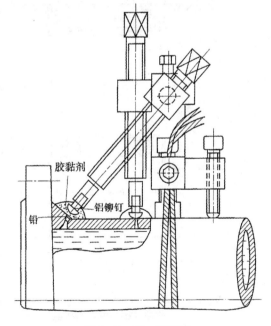

图7-2-12　万向顶

杆组成，见图7-2-12。钢丝绳长短随管道和设备身围任意调节，立柱和顶杆可以在纵横各方向任意调换位置。因此，万向顶工具灵活多用，适于各种管道和设备上任何部位的堵漏。

如果把固紧钢丝绳的部件改为小型滚筒绞车，用于大型设备和容器就更方便。

在管道堵漏的实践中，有时采用一个顶杆力量尚嫌不足，或者由于裂缝过长，为确保堵漏效果，往往同时采用两只或多只顶杆一起顶住堵漏处。这种方法叫多压法。

7.2.4 机械法换管堵漏

当管道泄漏处的变形较大；或向内凹陷；或较长断裂，或该管段腐蚀严重，即使堵漏成功，其强度也难以符合要求时，可将泄漏管段切割去除，更换为同直径同规格同长度的新管段。新管段与原管道连接时，不采用焊接工艺，也不采用粘接工艺，而采用机械方式加以连接。此法不须动火焊接，安全性好，且操作时间短，快速简便。

机械方式连接使用的接头，目前最著名的是斯特劳勃接头（亦称管道连接器）。

1. 斯特劳勃接头的结构

其接头有两种形式，一是普通直接头，二是 L 形接头。普通直接头结构如图 7 - 2 - 13 所示，L 形接头的结构如图 7 - 2 - 14 所示。

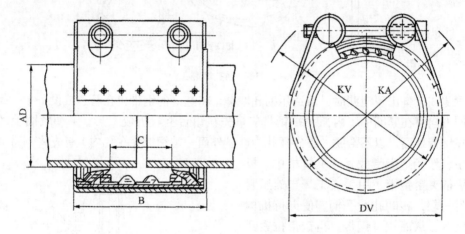

图 7 - 2 - 13　斯特劳勃普通直接头结构示意图

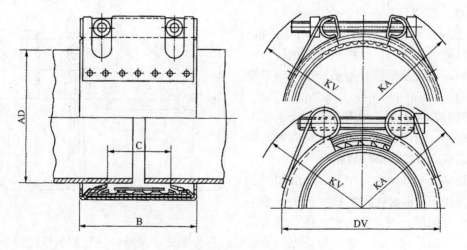

图 7 - 2 - 14　斯特劳勃 L 形管接头示意图

2. 斯特劳勃接头的性能

两种连接接头的技术参数如表7-2-1和表7-2-2所示。

使用时参照技术参数表选用。

表7-2-1 斯特劳勃金属管接头技术参数

管外径/mm		76.1	108.0	114.3	159.0	168.3	219.1
适用范围/mm		75.3~76.9	106.9~109.1	113.2~115.4	157.4~160.6	166.6~170.0	216.9~221.3
公称压力/bar[①]		16.0	16.0	16.0	16.0	16.0	16.0
结构尺寸/mm	B	94	94	94	109	109	150
	C	39	39	39	43	43	60
	DV	103	136	142	191	200	263
	KV	135	165	170	220	230	300
管外径/mm		76.1	108.0	114.3	159.0	168.3	219.1
管端距离 X/mm	无内钢带	10	10	10	15	15	15
	有内钢带	25	25	25	35	35	35
允许轴向力/N		43200	60460	60530	103240	111220	180900
紧固螺栓	扭矩/Nm	35	35	35	60	60	100
	偏移量	8	8	8	10	10	14
	螺纹 M	10	10	10	12	12	16
重量/kg		1.40	1.85	1.90	3.95	4.10	9.50

① 1bar = 10^5 Pa。

表7-2-2 斯特劳勃L形管接头技术参数

管外径/mm		76.1	108.0	114.3	159.0	168.3	219.1
适用范围/mm		75.3~76.9	106.9~109.1	113.2~115.4	157.4~160.6	166.6~170.0	216.9~221.3
公称压力/bar[①]		16.0	16.0	16.0	13.0	13.0	10.0
结构尺寸/mm	B	95	95	95	110	110	142
	C	41	41	41	54	54	80
	DV	105	140	145	190	200	260
	KV	130	160	165	215	225	290
管端距离 X/mm	无内钢带	10	10	10	15	15	15
	有内钢带	25	25	25	35	35	35
允许轴向力/N		35300	47600	53300	88900	97800	120600
紧固螺栓	扭矩/Nm	20	25	25	40	40	70
	偏移量	6	6	6	8	8	10
	螺纹 M	8	8	8	10	10	12
重量/kg		1.00	1.30	1.40	2.40	2.50	5.50

① 1bar = 10^5 Pa。

3. 斯特劳勃接头的特点

（1）斯特劳勃管道接头是一种全新的管道连接技术，其耐压高，结构紧凑，寿命长，可靠性高，使用方便，并可重复使用。

工作压力范围：

斯特劳勃金属管管线连接器(STRAUB - METAL - GRIP)：

$\phi219.1$ 及以下为 1.6MPa

斯特劳勃 L 型管线连接器(STRAUB – GRIP – L)：

$\phi26.9 \sim 139.7$mm：1.6MPa

$\phi154.0 \sim 168.3$mm：1.3MPa

$\phi291.1$mm：1.0MPa

试验压力：为 1.5 倍的工作压力。

工作温度范围：NBR 密封套 $-20 \sim 80$℃

材料：壳体、内部元件和紧固件为不锈钢

密封套：NBR 适用于气体、油品、燃料和其他碳氢化合物

（2）斯特劳勃接头能对轴向位移和角度偏斜进行补偿。

（3）斯特劳勃接头能有效地轴向约束管道接口端，防止管道拉脱。并且，它既可与金属管段配合使用，也可与换接的软管段配合使用。

4. 使用方法

1）安装要求

①两管端最大间隙：一般为 10mm（$\phi48.3$ 及以下为 5mm。若有附加内部钢带则可增大，一般可达 $15 \sim 35$mm）。

②允许两轴线错位量：为外径值的百分之一，最大为 3mm，再大必须调整成偏斜角。

③允许两轴线偏斜角：为 4°（$\phi60.3$ 及以下为 5°，$\phi291.1$ 以上为 2°）。

④允许两管外径差：为外径的 2%（$\phi100$ 以上为 2mm，$\phi300$ 以上为 6mm）。

2）装配方法

①步骤：

a. 选用与管线规格相适应的管线连接器；

b. 在两管端以管接头一半长度画装配标记；

c. 将管线连接器套在两管端连接处，并调整对位；

d. 紧固螺栓，扭矩达规定值（见接头外表面）。

②注意事项：

a. 不可随意拆解管线连接器；

b. 轻拿轻放，防止损伤；

c. 连接器扣齿与管表面啮合后，不得旋转管子或连接器；

d. 紧固扭矩不得超过规定值；

e. 重复使用时，清洁密封套表面，以免发生渗漏。

3）拆除方法

①步骤：

a. 泄压、放空管路；

b. 确信连接器不受力时，方可旋松螺栓，但不要完全移开；

c. 将连接器头向一端滑移出管线。

②注意事项：

a. 松开啮合扣齿时，不要损伤橡胶密封垫；

b. 移动连接器时，防止损伤密封套。

7.3 油管堵漏方法之二——带压粘接堵漏

7.3.1 带压粘接堵漏的特点

带压粘接堵漏技术是在黏接技术的基础上发展起来的新技术，可在不影响生产正常运行的情况下，快速修复泄漏部位，达到重新密封的特殊技术。因该技术是在工艺介质的温度和压力均不降低、有大量介质外泄的情况下实施的，故经济价值显著。虽然带压粘接堵漏技术，尤其是快速带压粘接堵漏技术的应用时间在我国还不久，但由于其具有工艺简便、安全可靠、省时省力和不停产等特点，将会有广阔的推广和发展前景。

带压粘接堵漏技术能解决实际工作中许多长期以来难以解决的问题，是传统修复方法（如焊接）所无法取代的。

（1）适用于各种介质的泄漏　快速黏接堵漏技术无论对易燃品、易爆品，还是腐蚀性强的化学试剂和各种气体发生的泄漏都能适用，对介质无影响，对设备无腐蚀，确保介质原有物理化学性能不变。

（2）不停产　可在不影响设备正常运转的情况下，进行无火常温修复，边漏边补，从而提高了生产效率。

（3）使用范围　无论泄漏设备的形状、大小尺寸、制造材料（除软塑料、橡胶外）如何，对其任何泄漏部位采用该技术，均能予以修复。

（4）对操作现场条件无特别要求　一般只要能看得见、摸得到的泄漏点，均能修复。快速黏接堵漏技术除了在堵漏方面具有独特之处外，在黏接技术方面也得到广泛的应用，且具备粘接技术的应有特点。

7.3.2 带压粘接堵漏的原理及分类

带压粘接堵漏的基本原理是运用某种特制的机构在管道泄漏处形成一个短暂的无泄漏介质影响的区域，利用胶黏剂的适应性广、流动性好、固化速度快的特点，在泄漏处形成一个由粘合和各种密封材料组成的新的固体密封结构，达到止漏目的。

对于发现的泄漏，采用带压粘接堵漏处理管道泄漏事故是最简便、最经济的，它是利用粘接剂的特殊性能进行动态密封的一种技术手段。

带压粘接堵漏有填塞粘接法、顶压粘接法、紧固粘接法、磁压粘接法、引流粘接法。目前供带压粘接堵漏用的专用黏合剂已有商品出售，商品名为堵漏胶或修补剂，品种很多，可根据其使用说明选用。以下只介绍各种方法的原理和操作方法。

7.3.2.1 修补剂填塞粘接法

修补剂是专供动态条件（温度、压力及泄漏流量）下封闭堵塞各种泄漏缺陷，在泄漏缺陷部位上形成一个新的堵塞密封结构的特殊胶黏剂。也有人称之为修补剂、堵漏胶、冷焊剂、铁腻子、尺寸恢复胶、车宝胶等。目前修补剂的研究已成为胶黏剂领域内的一个分支。

1. 基本原理

在修补部位上依靠人手产生的外力，将事先调配好的某种胶黏剂或修补剂压在泄漏缺陷部位上，形成填塞效应，强行止住泄漏，并借助此种胶黏剂能与泄漏介质共存，形成平衡相的特殊性能，完成固化过程，达到带压修补之目的。

2. 施工工艺

（1）根据损坏部位情况选择相应的修补剂品种；

（2）清理损坏部位上除泄漏介质外的一切污物及铁锈。最好露出金属本体或物体本色，这样有利于修补剂与损坏本体形成良好的填塞效应及产生平衡相；

（3）按修补剂使用说明调配好修补剂，在修补剂的最佳状态下，将修补剂迅速压在泄漏缺陷部位上，待修补剂充分固化后，再撤出外力；

（4）泄漏停止后，对泄漏缺陷周围按粘接技术要求进行二次清理并修整圆滑，然后再在其上用结构胶黏剂及玻璃布进行粘接补强，以保证新的密封结构有较长的使用寿命。如图7-3-1所示。

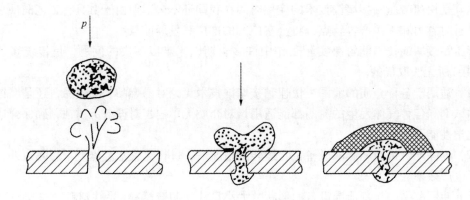

图7-3-1　修补剂堵塞粘接法示意图

（5）泄漏介质对人体有伤害或人手难以接触到的部位，可按图7-3-2的结构设计制作专用的顶压工具，将调配好的修补剂放在顶压工具的凹槽内，压向泄漏缺陷部位，待修补剂固化后，再撤出顶压工具。

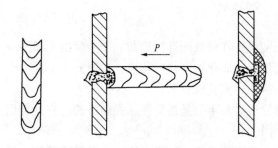

图7-3-2　修补剂堵塞粘接法示意图

7.3.2.2　顶压粘接堵漏法

1. 基本原理

在大于泄漏介质压力的人为外力作用下，首先迫使泄漏止住，再利用胶黏剂的特性对泄漏部位进行粘接，待胶黏剂固化后撤出外力，达到重新密封的目的。

顶压粘接堵漏法与机械顶压堵漏法的区别有两点，一是两者采用的密封材料不同，前者是用液体类的密封材料，主要有黏接剂、胶黏剂，后者用的是固体类的密封材料，主要有橡胶、柔性石墨、软金属等。二是前者操作中使用的顶压工具，待胶黏剂固化后一般都拆除，而后者是不可拆除的。

2. 顶压工具

顶压粘接堵漏法的关键是顶压工具。前一节介绍的几种顶压工具，如U形卡，三通卡、卡箍、压盖、捆扎器、万向顶等，在运用顶压粘接堵漏法时均可使用。

1）U形顶压工具

结构如图7-2-4和图7-2-5所示。用法也基本和前述一样。现场操作时，首先将U形顶压工具安装在无泄漏的管段上，调整好位置移至泄漏点，使顶杆轴线对准泄漏点，扳动扳手旋转顶杆，使其前端铝铆钉牢牢地压在泄漏点上，止漏后，着手处理需要粘接的金属部位，并用事先配制好的胶黏剂胶泥将铝铆钉或软填料粘于泄漏部位上，待胶黏剂充分固化后，就可拆除顶压工具，锯掉突出的铝铆钉，打磨补漆。

2）粘接式顶压工具

粘接式顶压工具，这种顶压工具必须先采用快速固化的胶黏剂将其粘接在泄漏缺陷上，然后再消除泄漏。它的基本形式如图7-3-3所示。由支承架及顶压螺杆组成。带压修补作业前，首先把泄漏周围特别是粘接固定顶压工具的位置，要按粘接技术的要求认真处理好，然后观察一下顶压工具的两支脚与泄漏部位的吻合情况。如果两者间隙相差太大则应进行调整，同时要使顶压螺杆的轴线通过泄漏缺陷的中心，并在支脚上做下标记，这时就可以粘接固定顶压工具了。顶压工具在管道上的粘接形式有两种，一种是轴向粘接式，如图7-3-4所示；另一种是环向粘接式。粘接固定顶压工具用的胶黏剂主要根据泄漏介质温度而定。胶黏剂充分固化后就可以按照顶压粘接的步骤，旋转顶压螺杆止住泄漏，涂胶泥粘接铝铆钉或软性填料，待胶黏剂充分固化后拆除顶压工具，锯掉长出的铝铆钉，完成带压修补作业。

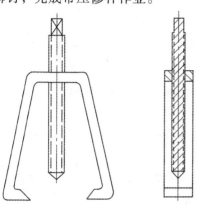

图7-3-3 粘接式顶压工具结构图   图7-3-4 粘接式顶压工具轴向安装图

3）三通焊道专用顶压工具

三通焊道专用顶压工具的基本结构如图7-2-6所示。

其用法与前述相同，不再赘述。

4）多功能顶压工具

多功能顶压工具是根据常见泄漏部位的情况，综合各类顶压工具的特点而设计的一种小巧玲珑通用性强的带压修补作业专用工具。图7-3-5所示是这种顶压工具安装在法兰上的情况，图7-3-6所示是这种顶压工具安装在管道上的情况，从图中可以看出多功能顶压工具由四大部分组成。第一部分是顶压止漏部分，包括铝铆钉1、顶压螺杆2、定位螺杆4、转向块5、内六角螺杆6、螺钉7、换向接头8、转向头9；第二部分是前卡脚，前卡脚的作用是它的上端可以安装换向接头，也可以直接安装转向头9，转向头也可直接按要求安装在旁边的孔内，并把螺钉3拆下，拧入它下端的螺纹孔内起固定作用。前卡脚也是通过钢丝绳及后卡脚，使整套顶压工具固定在泄漏管道上的构件，它的上端可以攀缠钢丝绳，也可以固定在泄漏法兰上，并通过内六角螺钉11、紧固螺杆15使前后卡脚连为一体。第三部分是卡脚部分，它的作用也是使整套顶压工具固定在泄漏部位上，它的上端有两个φ7的通孔，用于穿过钢丝绳并通过拧紧螺钉12使钢丝绳固定在前卡脚上，前卡脚的中部为一个φ17的圆孔、紧固螺杆15从此孔穿过，并可通过旋转紧固螺母14起到收紧钢丝绳的作用。同理，在处理法兰泄漏时，多功能顶压工具也是通过紧固螺母14使顶压工具固定在法兰上的，紧固螺杆的规格为 M16。第四部分是钢丝绳，钢丝绳的直径为 $\phi5$，它的作用是通过前卡脚和后卡脚，并通过拧紧紧固螺母 14 而使顶压工具固定在泄漏管道上，钢丝绳的长度随泄漏管道的直径而变。归纳起来多功能顶压工具的特点是：

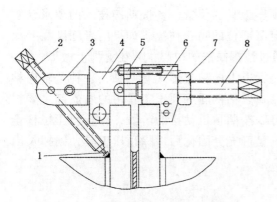

图 7-3-5　安装在法兰上的多功能顶压
工具结构图

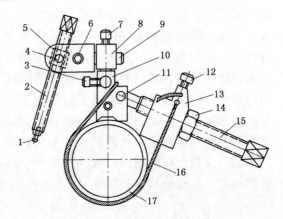

图 7-3-6　安装在管道上的多功能顶压
工具结构图

①　利用钢丝绳可将顶压工具安装在任何直径的泄漏管道上、通用性强；

②　多功能顶压工具有三个旋转机构，可以全方位回转，使用方便；

③　可以对法兰焊缝、三通焊缝及管道面上任意方向的焊缝泄漏进行带压密封作业，顶压螺杆端部采用软性填料还可以处理各种较大的裂纹；

④　顶压螺杆可以采用配合铝铆钉使用，也可以换成尖顶的，配合顶压块及软性填料、软金属使用，可以分别处理连续滴状泄漏和喷射状泄漏；

⑤　利用钢丝绳、主杆、顶压螺杆还可以处理法兰垫片发生的泄漏；

⑥　钢丝绳、主杆和顶压螺杆实际上就是一副任意大小的管道顶压工具。

7.3.2.3　引流粘接堵漏法

引流粘接堵漏法的基本思路是，对于压力大的管道应用胶黏剂或修补剂把某种特制的机构——引流器粘于泄漏点上，在粘接和胶黏剂的固化过程中，泄漏介质通过引流通道及排出孔排放到作业点以外，这样就有效地实现了降低胶黏剂或修补剂承受泄漏介质压力的目的，待胶黏剂充分固化后，再封堵引流孔，实现带压修补的目的。

如图 7-3-7 所示，图中示出了泄漏点情况：1 是泄漏缺陷；2 是引流器，它是根据泄漏缺陷的外部几何形状设计制作的；3 是引流螺孔，是泄漏介质的排出口和最终的封闭口，具有双重作用；4 是引流通道，泄漏介质通过引流通道至引流螺孔；5 是胶黏剂或修补剂，起到固定引流器的作用；6 是螺钉，起到封闭泄漏介质的作用；7 是加固用的胶黏剂或修补剂。

引流粘接堵漏法的操作过程是：首先根据泄漏点的情况设计制作引流器，引流器的制作材料可以根据泄漏油品的物化参数（如温度、压力等）选用金属、塑料、木材、橡胶等，做好后的引流器应与泄漏部位有较好的吻合性。其次，按粘接技术要求对泄漏表面进行处理，根据泄漏介质的物化参数选择快速固化胶黏剂或修补剂，并按比例调配好，涂于引流器的粘接表面，迅速与泄漏点粘合，这时泄漏介质就会沿着引流通道及引流螺孔排出作业面以外，而且不会在引流器内腔产生较大的压力。然后，待胶黏剂或修补剂充分固化后，再用结构胶黏剂或修补剂及玻璃布对引流器进行加固。最后，待加固胶黏剂或修补剂充分固化后，用螺钉封闭引流螺孔，完成带压密封作业。

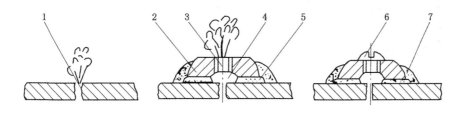

图 7-3-7　引流粘接法示意图

7.3.2.4　磁压粘接堵漏法

利用磁铁对受压体的吸引力，相当于顶压堵漏法中使用顶压工具所施加的外力，将密封胶、胶黏剂、压紧或固定在泄漏处而止漏的方法叫磁压粘接法。它多适用于储罐等大设备上堵漏，管道堵漏中应用较少，待油罐堵漏中介绍。

7.3.3　带压粘接堵漏胶

带压粘接快速堵漏所用的主要材料是快速粘接堵漏胶。下面简单介绍其分类、胶黏剂的配制和影响粘接堵漏胶强度的因素。

7.3.3.1　快速粘接堵漏胶的分类

快速粘接堵漏胶，这是一种以无机材料为主体，加以其他配料的新材料，按其使用对象和范围，以及各自不同的特性，可分为胶棒和堵漏补强胶两类。

1. 胶棒

胶棒分为 A 型、B 型、C 型三种，均有无腐蚀、不易燃、耐老化、无毒、无污染等特性，这是可在不停电、不清洗、不排放介质、不影响设备正常运转的情况下，进行无火修补的一种单组分的固体胶，可独立使用，各种胶棒使用对象及方法以产品使用说明为准，不再赘述。

2. PLA-101 堵漏补强胶

它由甲乙两组分构成，根据使用条件、泄漏点或粘接部位以及材料的不同，采用不同的配比，配合胶棒使用，可获得更佳的堵漏效果。该胶剂具有耐油、耐水、耐稀酸、耐碱、耐盐及多种常用气体和大部分常规化学试剂等介质的性质，经过修复的容器耐压可达 30MPa以上，具有抗老化、无污染、不易燃、不改变介质的物理化学性能等特点。

PLA-101 堵漏补强胶涂胶的工艺方法很多，在粘接堵漏技术中常用的是滚涂法和刀刮法。在现场施工中，对立式油罐的修复可采用加温调胶刀刮法，对冷凝管的修复则可采用常温调胶绕带法。

7.3.3.2　胶黏剂的配制

PLA-101 堵漏补强胶固化后，胶层的性质随甲乙两组分配比而变。如以 1:1 为两组分的定比，随乙组分的增加，固化后胶层的硬度和脆性增加而韧性下降；随甲组分的增加，固化后胶层韧性增加，抗震性提高，但胶层的硬度下降。实际应用时根据粘接物及其受力分析、应用情况、制造材料等方面的因素进行综合考虑，按两组分相对递增时对胶层性质变化的影响来确定甲乙组分的配比。

胶黏剂配制时各组分的称取是十分必要的，相对误差最好不要超过 2%~5%。需用多少配制多少。所用的容器不允许影响胶黏剂的组分，最好选用玻璃、陶瓷、铜等材料制作的容器，全部调胶工具必须表面处理洁净。常用的配制方法有三种。

（1）常态调胶　在室温下将 PLA－101 堵漏补强胶的甲乙两组分按一定比例混合搅拌均匀，调配好的胶可粘接时间约为 40min。

（2）加温调胶　采用这种方法可以缩短补强胶的可粘接时间和固化时间，最快可在 10min 以内完成固化，常用于抢修。

（3）稀释调胶　按一定的配比取甲乙两组分，根据需要用丙酮分别稀释均匀后，再混合搅拌。特点是可延长粘接和固化时间，常用于大批零部件的粘接。

7.3.3.3　影响粘接堵漏强度的因素

1. 表面清洁度的影响

许多设备表面由于人为涂抹防腐剂或长期暴露于空气中，受灰尘和其他杂质的污染，使胶黏剂不易浸润被粘物表面，必然在不同程度上影响黏接堵漏强度。

2. 水分的影响

金属、玻璃、陶瓷等高表面能材料的表面对水的吸附能力很强，有些被粘物还能对水产生化学吸附，从而降低了被粘物表面对胶黏剂的吸附性。另外，水分对胶黏剂本身还有渗透、腐蚀及膨胀作用，会使胶层产生气泡或腐蚀被粘物表面并形成松散组织，因而影响粘接堵漏强度。

3. 材质的影响

不同材料的被粘物，其表面性质和状态不同，粘接强度的差异很大，一般规律是：钢 > 纯铅 > 锌 > 铸铁 > 铜 > 银 > 锡 > 铅。

4. 表面粗糙度的影响

被粘物表面的粗糙度直接影响粘接力的大小，适当粗化被粘物表面以增大粘接面积，对提高粘接强度是有利的，过度的粗糙又使界面接触不良，反而有害（图 7－3－8）。

5. 胶层厚度的影响

并非胶层越厚，粘接强度越高，其实恰恰相反，多数胶黏剂的粘接强度随胶层厚度的增加而下降。胶层厚度以 0.05～0.15mm 为宜，最好不超过 0.25mm；无机胶的厚度应控制在 0.1～0.2mm。参见图 7－3－9。

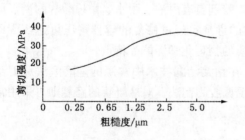

图 7－3－8　表面粗糙度对粘接强度的影响

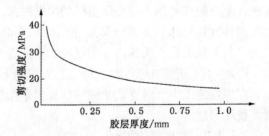

图 7－3－9　粘接强度与胶层厚度的关系

6. 固化温度的影响

粘接强度随固化温度的提高而增加，故对升温速度要控制适宜。后固化可以减少内应力，因而有利于提高粘接强度和耐久性。

7.4 油管堵漏方法之三——带压注剂堵漏

7.4.1 带压注剂堵漏的基本原理

当泄漏量大、管道内介质压力高时，采用带压注剂堵漏技术是最安全、最可靠的技术手段。

管道带压注剂堵漏技术的基本原理是在介质处于流动条件下，将具有热塑性、热固化的密封剂用大于管道系统内介质压力的外部推力，使其注入并充满由专用夹具与泄漏部位外表面构成的密闭空间，堵塞管道泄漏孔隙和通道。注入的密封剂延滞一定时间、获得一定温度后，先变可塑体，然后迅速固化，在泄漏部位建立起一个固定的新密封结构与泄漏介质平衡，从而彻底地消除管内介质的泄漏。

7.4.2 带压注剂堵漏的施工工艺

带压注剂堵漏技术，实施操作时的工艺步骤如下：

1. 勘测泄漏现场，确定密封实施方案

在实施方案中，选用密封剂种类、设计加工与现场适应的夹具、编排操作顺序等，都要进行实地勘测和精心安排。同时还要了解泄漏介质的性质、系统的温度和压力；测量泄漏部位的有关形状及尺寸，制定出实施过程中应采取的安全防范措施。

2. 在泄漏部位装夹具

把预先装好注射阀的夹具套在泄漏部位，注射阀不止一个，其数量应有利于密封剂的注入和空气的排出。夹具与泄漏部位的外表面须有连接间隙，操作时应严禁激烈撞击，必须敲击时，要使用铜棍、铜锤，以防止出现火花而引起火灾和爆炸。

3. 实施密封操作

当确认夹具安装合适后，即可在注射阀上连接高压注射枪的注射筒，在筒内装入选好的密封剂，连接柱塞和油压缸，再用高压胶管把高压注射枪与手压油泵连接起来，进行密封剂注入操作。操作过程见图 7-4-1。

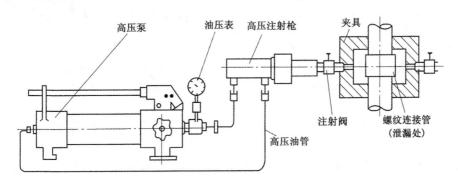

图 7-4-1 操作过程示意图

在操作时，从远离泄漏点的注射阀注入密封剂，逐步向泄漏点移动，直到泄漏完全消除。在注射过程中，要特别注意压力、温度、密封剂注入量的控制。

4. 实施中的几个关键问题

首先，夹具的设计是实施带压堵漏的关键。夹具的作用是包容注射进来的密封剂，并使密封剂保持一定的压紧力，以保证带压封堵的成功和密封的可靠性。不同场合、不同形状要设计出不同形式的夹具，如弯头、三通、直管等。夹具的强度也应随着泄漏介质压力的大小而设计使其与之适应。由此可见，夹具设计的好坏直接关系到密封的成败及其寿命的长短，同时也影响到带压封堵操作时间的长短和消耗密封剂的数量。

其次，密封剂的正确选择是保证带压堵漏成败的另一关键。由于生产介质及油品的多种多样，不同种类的油品需选用与之相适应的具有不同"热固化"的密封剂。这些密封剂的选择根据固化速度、分解温度、介质的抗溶解能力等物化指标进行选择。

7.4.3 管道夹具

带压注剂堵漏技术所用设备工具由图 7-4-1 可知，包括：高压泵、油压表、高压注射枪、高压油管、注射阀、夹具、接头等。对于油库而言，夹具的选用和设计是重要工作之一。

夹具是安装在管道泄漏部位的外部与泄漏部位的部分外表面共同组成新的密封腔金属构件。根据使用情况夹具可分为管道夹具和法兰夹具两种。

管道夹具按使用部位的不同又可分为以下几种：

1. 方形夹具

当泄漏管道的公称直径小于 $DN50$，泄漏介质压力较高，泄漏量较大时可以采用如图 7-4-2 所示的方形夹具进行动态密封作业。

2. 圆形夹具

当泄漏管道公称直径大于 $DN50$，一般应采用其结构如图 7-4-3 所示的圆形夹具。

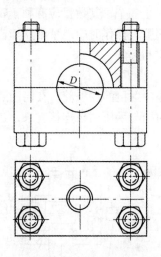

图 7-4-2　方形夹具结构图

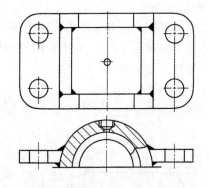

图 7-4-3　圆形夹具结构图

3. 局部夹具

当泄漏管道公称直径很大，而泄漏只发生在某一局部的点上，则可采用其结构如图 7-4-4 所示的局部夹具。

4. 弯头夹具

当泄漏管道的公称直径小于 $DN50$，可采用泄漏弯头或夹具结构形式如图 7-4-5 所示；当泄漏管道的公称直径大于 $DN50$ 时，可采用的泄漏弯头的夹具结构形式如图7-4-6所示。

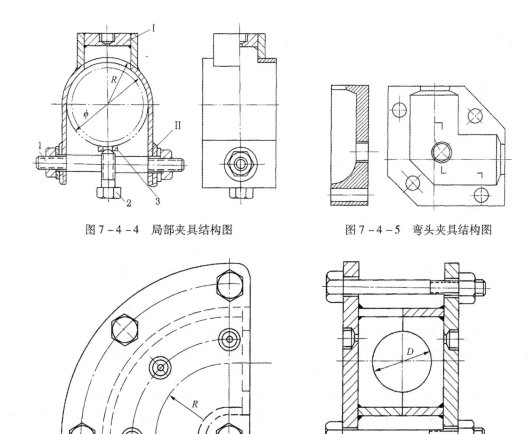

图7-4-4 局部夹具结构图　　　　　图7-4-5 弯头夹具结构图

图7-4-6 焊制弯头夹具结构图

5. 三通夹具

当泄漏管道的公称直径小于 $DN50$ 时，泄漏三通的夹具结构形式如图7-4-7所示；当泄漏管道的公称直径大于 $DN50$ 时，泄漏三通的夹具结构形式如图7-4-8所示。

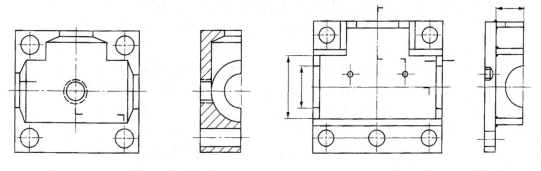

图7-4-7 三通弯头夹具结构图　　　　　图7-4-8 焊制三通弯头夹具结构图

7.4.4　法兰夹具及操作方法

管道法兰夹具根据泄漏部位结构的不同可有以下几种：

1. 铜丝捻缝围堵法

当两法兰的连接间隙小于4mm，并且整个法兰外圆的间隙量比较均匀，泄漏介质压力低于 2.5MPa，泄漏量不是很大时，可以不采用特制夹具，而采用一种简便易行的办法，用直径等于或略小于泄漏法兰间隙的铜丝、螺栓专用注剂接头或在泄漏法兰上开设注剂孔，组合成新的密封空腔，然后通过螺栓专用注剂接头或法兰上新开设的注剂孔把密封注剂注射到新形成的密封空腔内，达到止住泄漏的目的。具体步骤如下：

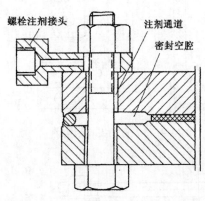

图 7 - 4 - 9 铜丝捻缝围堵法示意图

当螺栓孔与螺栓杆之间的间隙较大，密封注剂能够沿此通道顺利注入到铜丝与泄漏法兰组合成的新的密封空腔内时，可以在拆下的螺栓上直接安放一个螺栓专用注剂接头，如图7 - 4 - 9所示。

螺栓专用注剂接头的安放数量可视泄漏法兰的尺寸及泄漏点的情况而定，但一般不少于两个为好。安装螺栓专用注剂接头时，应当在松开一个螺母后，立刻装好注剂接头，迅速重新拧紧螺母。然后再安装另一个螺栓专用注剂接头。绝对不可同时将两个螺母松开，以免造成垫片上的密封比压明显下降，泄漏量增加，甚至会出现泄漏介质将已损坏的垫片冲走，导致无法弥补的后果。必要时可在泄漏法兰上增设 G 形卡子，用以维持垫片上的密封比压的平衡。螺栓专用注剂接头按需要数量安装完毕后，即可把准备好的铜丝沿泄漏法兰间隙放好，并放入一段，就用冲子、铁锤或用装在小风镐上的扁冲头把铜丝嵌入到法兰间隙中去，同时将法兰的外边缘用上述工具冲出塑性变形，这种内凹的局部塑性变形就使得铜丝固定在法兰间隙内，冲击凹点的间隔及数量视法兰的外径而定，一般间隔可控制在40 ~ 80mm，这样铜丝就不会被泄漏的压力介质或动态密封作业时注剂产生的推力所挤出。铜丝全部放入，捻缝结束后，即可连接高压注剂枪进行动态密封作业。注入密封注剂的起点，应选在泄漏点的相反方向，无泄漏介质影响的地点，依次进行，最后一枪应在泄漏点附近结束。

2. 钢带围堵法

当两法兰之间的连接间隙不大于 8mm，泄漏介质压力小于 2.5MPa 时，可以采用钢带围堵法进行动态密封作业。这种方法对法兰连接间隙的均匀程度没有严格要求，但对泄漏法兰的连接同轴度有较高的要求。钢带围堵法的基本形式如图 7 - 4 - 10 所示。

钢带厚度一般可在 1.5 ~ 3.0mm，宽度在 25 ~ 30mm，内六方螺栓的规格为M8 ~ M16。制作钢带可以采用铆接或焊接，过渡垫片可以采用与钢带同样宽度和厚度的材料制作。作业时，首先松开与泄漏点方向相反位置上的一个螺母，观察螺栓与螺栓孔之间的间隙量，看一看能否使密封注剂顺利通过，然后再根据法兰尺寸的大小及泄漏情况，确定安装螺栓专用注剂接头的个数。安装钢带时，应使钢带位于两法兰的间隙上，全部包住泄漏间隙，以便形成完整的密封空腔。穿好四个内六方螺栓，拧上数扣之后，加入两片过渡垫片，然后再继续拧紧内六方螺栓，直到钢带与泄漏法兰外边缘全部靠紧为止，这时即可连接高压注剂枪进行动态密封作业。如果发现钢带与泄漏法兰外边缘不能良好地靠紧时，可以采用尺寸略大于泄漏法兰间隙的石棉盘根，在没有安装钢带之前，首先在法兰间隙上盘绕一周后，用锤子将其砸入法兰间隙内，然后再安装钢带；也可以采用2mm厚、25mm 宽的石棉橡胶板在泄漏法兰外边缘盘绕一周或用4 ~ 6mm 厚的相应铅皮在泄漏法兰外边缘上盘绕一周，注意接头处要避开泄漏点，然后再安装钢带。当法兰的连接间

164

隙的均匀程度较差，两法兰的外边缘又存在一定的错口（两法兰装配不同轴），采用后一种铅皮盘绕的方法，能很好地弥补缺陷。加好钢带紧固后，还可以继续捻砸铅皮，直到封闭好为止。其余步骤同"铜丝捻缝围堵法"。

3. 凸形法兰夹具

当泄漏法兰的连接间隙大于8mm，泄漏介质压力大于2.5MPa，并且泄漏量较大时，从安全性、可靠性考虑，应当设计制作凸形法兰夹具。这种法兰夹具的加工尺寸较为精确，安装在泄漏法兰上后，整体封闭性能好，动态密封作业的成功率高，是"注剂式带压密封技术"中应用最广泛的一种夹具。其基本结构如图7-4-11所示。

操作如下：

（1）动态密封作业前，应在制作好的夹具上装好注剂旋塞阀，并使其处于全开的位置。如注剂旋塞阀是已使用过的，则应把积存在通道上的密封注剂除掉。当注剂旋塞阀口到周围障碍物的直线距离小于高压注剂枪的长度时，则应在注剂旋塞阀与夹具之间增装角度接头，目的是排放泄漏介质和改变高压注剂枪的连接方向。

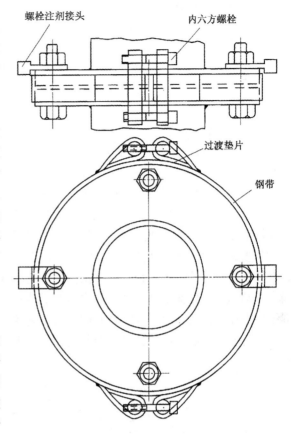

图7-4-10　钢带围堵法示意图

（2）操作人员在动态密封作业时，应站在上风位置。若泄漏压力及流量很大，则可用胶管接上压缩空气，把泄漏介质吹向一边，或者把夹具接上长杆，使操作人员少接触或不接触介质。

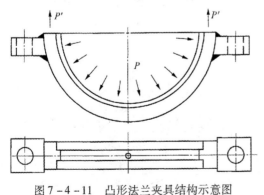

图7-4-11　凸形法兰夹具结构示意图

（3）安装夹具时，应使夹具上的注剂孔处于泄漏法兰连接螺栓的中间，并保证泄漏缺陷附近要有注剂孔。不要使注剂孔正对着泄漏法兰的连接螺栓，这样会增大注剂操作时的阻力。

（4）安装夹具时应避免激烈撞击。泄漏介质是易燃、易爆物料时，绝对防止出现火花。并采用防爆工具作业。

（5）夹具螺栓拧紧后，检查夹具与泄漏部位的连接间隙，一般要控制在0.5mm以下，否则要采取相应的措施缩小这个间隙。

（6）在确认夹具安装合格后，在注剂旋塞阀上连接高压注剂枪，装上密封注剂后，再用高压胶管把高压注剂枪与手动油泵连接起来，进行注剂作业。

（7）先从离泄漏点最远的注剂孔注射密封注剂，如图 7 - 4 - 12 所示，直到泄漏停止。管道夹具的操作步骤与法兰的相似。

7.4.5　螺纹泄漏的处理方法

当螺纹连接处发生泄漏时，我们可以采用如图 7 - 4 - 13 所示方法进行处理。首先将 G 形卡子固定在丝扣泄漏部位的外表面上，并用顶丝顶紧，然后通过顶丝的内孔，用约 $\phi3mm$ 的长钻头钻透管壁，引出泄漏介质，安装高压注剂枪，进行注剂作业，直到泄漏停止。

7.4.6　密封注剂

带压注剂堵漏技术所用的特制密封材料叫做"密封注剂"，从目前国内外密封注剂的生产和使用情况来看，大约有 30 多个品种，可大致分为两类：一类是热固化密封注剂，其基础材料是高分子合成橡胶以及固化剂，耐水、耐酸、耐碱、耐化学介质、耐高温的各种辅助剂等。这类密封注剂的显著特点之一是，只有达到一定的温度以上，才能完成密封注剂由塑性体转变为弹性体的固化过程，常温下则为棒状固体；另一类是非热固化密封注剂，它的基础材料根据密封注剂的性能要求，它可由高分子合成树脂、油品、石墨、塑料以及其他无机材料等制成，固化机理多为反应型及高温炭化型或单纯填充型，适用于常温、低温及超高温场合的动态密封作业要求，其产品也多制成棒状固体或双组分的腻状材料，将其装在高压注剂枪后，在一定的压力下具有良好的注射工艺性能及填充性能。密封注剂的选用主要根据泄漏介质的温度及物化性质，可参照其使用说明书。此技术所要求用户做的工作是夹具的选用和设计。

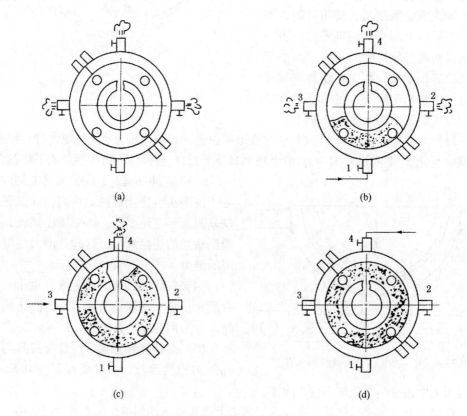

(a)　　　　　　　　　　　(b)

(c)　　　　　　　　　　　(d)

图 7 - 4 - 12　法兰泄漏夹具法操作示意图

7.4.7 应用实例

中国石油天然气总公司西北石油管道建设指挥部早在1989年就已成功地应用了这一新技术，对某油库内一条螺纹连接的输油管道泄漏进行了处理，效果很好。这条管道是油库输送成品油的主干线，泄漏处距5个油罐仅有5.0m远，又在室内靠墙根的窗户下。1989年5月发现渗漏，采取了粘接堵漏处理，但由于柴油渗透力极强，仍控制不住。此时，正值天气炎热，若不及时处理，随时会有发生火灾和爆炸的危险。正是在这种不能动火、不能停产、必须保证安全生产的情况下采用了这一技术。

他们首先对渗漏现场进行勘察，仔细测量各处尺寸，设计加工了形状合适的夹具，卡套在泄漏处，并选用了适合于柴油、汽油的TS-2型密封剂，把它装入高压注射枪，用高压泵将密封剂注入夹具与管壁形成的密封腔内，经过半小时，泄漏被制止住了。其堵漏过程见图7-4-14。

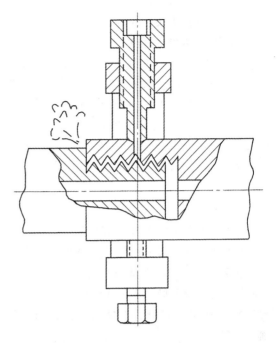

图7-4-13 螺纹泄漏操作示意图

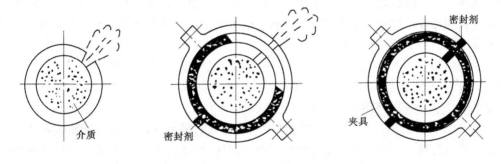

图7-4-14 带压封堵过程示意图

经过几年来的实践与考验，泄漏点始终不渗不漏，证明了管道带压封堵技术是可靠和成功的。

7.5 油管堵漏方法之四——焊接堵漏

输油管道泄漏应尽可能采用上面介绍的机械堵漏、粘接堵漏和注剂堵漏三项技术，这样既经济方便，又安全可靠。若采用前述方法仍然无效，或采用上述三法有困难时，可以采用传统的焊接堵漏技术。焊接堵漏这种方法简单易行，强度大，可靠性高，但危险性大，尤其对于油库内的绝大部分管道都是输送甲、乙类易燃易爆油品的管道，且不少就在储油区内，或邻近储油区，其动火焊接的风险性就更大，稍有不慎就会酿成重大的事故。因此，采用该法焊补前，必须做好充分准备，制定完善的行之有效的安全措施。

7.5.1　准备工作

1. 制订动火方案，申请动火作业证

在查库或巡线过程中，一旦发现油管泄漏，或接到当地居民发现管道漏油时，应及时按规定向有关领导和机关报告，立即在漏油现场 50m 以外设立警告标志，禁止明火进入现场，划定警戒区域，派专人监护，消防人员和消防器材设备到位。同时，派遣有关技术人员和负责人到漏油现场查明泄漏情况，找出泄漏原因。在此基础上迅速制定出抢修方案。

目前我国油库所属各系统各大单位对油库内动火作业均有明确规定。对动火等级划分，各级动火的申请批准权限，以及动火的有关安全问题都作出了详细要求。因此，动火作业前，应严格按有关规定办理相关手续，决不可擅自违规作业。否则，容易出事，责任难逃。

2. 隔断扫线

现场施工通常采用"堵"和"清"的方法，阻止火源与易燃易爆物接触。所谓"堵"就是采取适当措施，一是将易燃易爆物隔离在动火点以外，二是将待堵漏施焊的管段与前后设备和管道隔离；所谓"清"就是采取适当措施，一是将待堵漏施焊管段内的油品和油气清除干净，二是将动火点周围最小半径 15.0m 以内的下水井（沟）、地漏、地沟、电缆沟，包括地面等处的易燃易爆物清除干净或实施真正封闭。

1）隔离

① 隔断法　漏油事故发生后，若泄漏管道正在输油，应立即停泵，或立即关闭上游阀门，阻断油源。关闭距漏油点最近的上下游阀门，尽量缩短施工动火相关管道的长度，以最大限度地减少动火施焊管段中的易燃易爆油品的数量。泄漏管道地处库区内时，一般情况下采用停止输油作业，将待施焊管段内的油料回收排空，将距漏点上下游最近处的两只阀门用盲板封堵，不得用关阀代替盲板封堵。

② 隔离物法　"隔离物法"是利用某些不能燃烧的物质，将易燃物与施工点分隔开。根据施工点管内介质情况可选用不同的隔离物，较常用的隔离物有水及其蒸气、消防灭火剂（液）和惰性气体，有时还用黄油、粘土、水泥等。

③ 不停输开孔封堵　若待修施焊的动火点附近没有截断阀门，如不少油库库区外输油管道，往往数公里、十几公里甚至几十公里地处野外，埋地敷设。其间不设阀门等易拆卸附件，这种情况下，可采用长输管道上使用的不停输开孔封堵技术。详见本章 7.6 节。

2）清扫

在施工动火之前应将动火段管道内油品等易燃易爆物清理干净，一般有以下几种方法。

① 位差空油　工艺管网一般都有坡度，可利用自然位差将管道内油品空出。当工艺流程不能满足空油要求时，需在管道最低处开口放油。为保证管内不形成负压使油品全部流净，在管道高点需设置补气孔。

② 用水置换油　水具有廉价、方便、不燃烧等特性，施工时较多采用"水顶油"的办法清除管道中的易燃物或清洗管道。"水顶油"时应特别注意水与油品的重度之差。对于黏度较大或凝点较高的油品，有条件时用热水顶油或清洗的方法效果好。对可燃气体管道和储罐经常采用水置换的办法处理。

对于输送航空油品的管道，一般不主张用水置换油的方法，若采用水置换油扫线，在修复之后投运前，必须认真清扫管中积水，以免影响油品质量。

③ 气体扫线　施工中有时会遇到管道自然位差小或用水不便等情况，此时可考虑使用

气体(水蒸气、压缩空气等)将管内油品扫出。当管内介质是可燃气体又采用压缩空气扫线时，要特别慎重，要注意其与扫线气体的密度之差和可燃气体的爆炸浓度。此时，最好使用惰性气体扫线。

④ 吸管排油　施工时经常遇到管道底部排油开口困难或管道的上部原来有排油口等情况，此时可利用插入吸管的办法排油，通过排油吸管，变下部排油为上部排油。吸管口要做成斜口，以防止管道内杂质将管口堵住，同时还应注意检测残存油的情况。

3. 检查易燃物的清理情况

（1）施工管理人员应认真检查易燃物的残存情况，特别要注意最低点处的残留物情况。

（2）通过对最后排出物的检测，判断清理程度。

（3）用检测仪器检查动火点现场和管道内可燃气体的浓度。

4. 采用辅助保护措施

（1）有时动火点管段内的可燃物很难清理得十分彻底，此时动火，必须采取一些针对性的保护措施。

如在拆除旧设备、管网时，可将准备动火的管道内充满水或惰性气体，有时也可通入水蒸气。在对管网进行局部改造时（如更换部分管道、在管道上加安阀门等），可使用锯管机、爬管机等不动火的办法将旧管割下，但新旧管段连接还需要动火。较常用的保护措施是在动火点一端或两端用"黄油墙"堵塞，"黄油墙"一般用钙基质黄油和滑石粉掺合而成。应注意以下几点：①黄油和滑石粉的比例要适当，太硬了容易造成封堵不严或对管网的堵塞，太软了"黄油墙"容易坍塌，施工可利用时间较短；②口径较大的管道动火时，可将掺合好的黄油摔成砖的形状，在施焊点附近的管口内垒"黄油墙"，应将"黄油墙"的下部垒宽些；③"黄油墙"封堵好以后，要立即施工，施工时还要避免大的震动，防止"黄油墙"坍塌。

（2）在距动火点防火安全距离以内的其他储油设备，油管均必须采取保护措施。用石棉毯覆盖邻近油管、设备。

（3）动火时应防止火花飞溅。高处（2.0m 以上）动火，必须根据风向和风力设置适当的挡堵设施。风力大于 5 级时禁止动火作业。

（4）电焊回路线应接在焊体上，把线及二次线绝缘必须完好，不得穿过下水井（沟）或其他设备搭火。

（5）动火现场应做好通风、疏散，无关人员不得进入。

（6）抢修人员工作时，应站在有利位置，如站在上风位置，居高临下、油料不易喷射到人身上、撤退方便。

7.5.2　焊补堵漏

1. 直接焊补

对于管线未穿透的少量蚀孔，可在清除铁锈后用电焊填补，但焊迹必须超出锈蚀外边沿各 10mm。

对于小孔和裂纹可以直接焊补，也可先敛缝，然后盖上金属补丁，将四周焊固。补丁每边至损坏处，不应小于 50mm。

对于焊缝中的裂纹，应先在裂纹两端钻孔，以防止裂纹扩张，然后将两孔间焊缝金属凿掉或熔割掉，形成坡口，再分层焊补起来。

2. "瓦状"焊补

当管道表面有较大面积的腐蚀损坏，或遭受外冲击后损坏面积大，直接焊补有困难时，可采用"瓦状"焊补的方法，即用半圆形盖板覆盖在泄漏处表面，沿四周焊接固定。一般施工步骤是：

（1）取与待修施焊管道相同直径的管段，沿直径轴向剖开成两个半圆弧管"瓦"，亦称之为"补丁瓦片"。

（2）将拟覆盖"补瓦片"的油管表面清理干净，打磨出金属光泽。

（3）若焊补现场地处野外，应开挖焊接施工坑，清除泄漏油迹。采取上述安全保护措施。

（4）将"补丁瓦片"用夹持工具安到管道泄漏处上。在检查无安全隐患的情况下，焊工开始点焊固定"补丁瓦片"。固焊好以后，卸下夹持工具，再进行"补丁瓦片"四周的焊接。为保证质量，施工中应注意两点，一是"补丁瓦片"扣上之前，先在"补丁瓦片"正对管道洞眼处的内弧面涂上一块环氧树脂黏接剂将洞眼堵死。这样堵漏效果会更好。二是"补丁瓦片"与管道间的焊缝宽度和加强高度不仅要满足规定要求，而且要焊两道。

"瓦状"焊补法适用于管体出现纵向或横向条状腐蚀泄漏的抢修，也适用于面积不大的点状或多条状腐蚀泄漏的情况。此法的特点是加固了一个范围内管道的薄弱部位，有利于管道使用寿命的延长，缺点是当消防保护措施不力时易引发火灾事故。

7.5.3 割管换管抢修法

当管道发生断裂造成严重漏油，或某段管道腐蚀损坏严重，大部分强度已达不到要求时，可将损坏泄漏管段割除，重新换一段直径、壁厚、长度与原管道相同的管道焊接上。一般地，在油库内采用此法是在停止管道输油的情况下进行。具体操作步骤如下：

1. 放油

若漏油管道可以自流排空，则应充分利用之。若漏油管段内油料既不能自流排空，又不能用泵抽空时，可采用密闭钻孔放油。

（1）若在室外，属埋地管道应开挖施工坑在坑底和四周有油迹的地方填干净沙土敷盖20cm厚，施工坑周围油品污染的地面均铺盖一层10cm厚干沙，且等露天抢修油气消散一定时间；若是在室内抢修，必须打开门窗和轴流风机实施强制通风使油气浓度降到爆炸极限以下，确保焊接抢修的安全。

（2）密闭钻孔放油 检查油气浓度是否在爆炸极限之外，用无机素土掩埋油迹并喷洒泡沫灭火剂。在待切割的管道上焊接阀门短接，在阀门短接里放入钻头定位环，将控制阀门与阀门短接拧紧后，打开控制阀门，放入带导杆的30mm钻头，拧紧封闭短管。在封闭短管上部的封闭塞内放入填料（用滑油浸泡过的石棉绳），并用压盖压紧，使填料与钻杆紧密接触，将钻杆与钻机卡紧，密闭钻孔器组装完毕，见图7-5-1。

密闭钻孔器接通电源开始钻孔，待钻透后，将钻头提到最高点，关闭控制阀。拆除控制阀以上钻孔使用的各零件，换装放油短管和φ25.4mm胶管。将胶管另一端放入油罐车内，逐渐打开阀门，油品自流进入油罐，见图7-5-2。在油品不能流出时，用电动螺杆泵或其他油泵将管内存油抽空，钻孔放油完毕。

2. 切除旧管

旧管切除长度根据管道受损情况决定（通常为1m以上）。在待切除管两端外侧1.2m的范围内查看有无焊口，若有则应避开焊口，用手锯切割。之所以采用人工手锯而不用气割，主要是保证安全；而割断坏管重焊不少于1.2m，主要是为了减少焊接应力集中情况的发生。

向割断且不再流油的原管道口内塞实40~45cm钙基质黄油（距割口30cm以上），以截断油气的来路，避免燃烧爆炸事故发生。之所以选用钙基质黄油而不选用黄泥，是因为钙基质黄油在焊接后留在管道内遇成品油后易被溶解，而黄泥在管道内不仅易造成油料污染，甚至残存于管道低洼处遇水后，温度低时可能会造成管道严重的冰堵事故。之所以选用钙基质黄油而不选用锂基质黄油，是由于钙基质黄油的黏度大于锂基质黄油，不易被焊接传递的热量熔化。之所以让塞实钙基质黄油距割口30cm以上，是为了延长焊接热量传递的时间，增加钙基质黄油截断管中油气的效果。综上所述，采用钙基质黄油堵塞，截断原管道油气措施很重要，要认真落实，仔细检查。

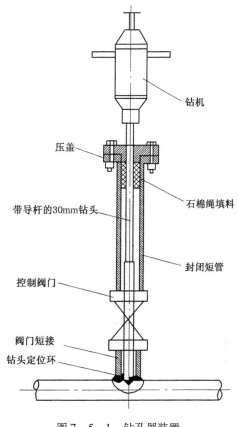

图7-5-1　钻孔器装置

（标注：钻机、压盖、石棉绳填料、带导杆的30mm钻头、封闭短管、控制阀门、阀门短接、钻头定位环）

3. 准备新管

根据割除原管道实长，对新管道划线后切割。将割下的管道运到原管道割口处对位；若有偏差，应进行修整；之后开坡口。接着，对所有坡口采用手提式砂轮机或锉刀打光、去毛刺。换管焊接时的坡口角度和焊接间隙应符合表7-5-1的规定。焊接和开挖工作坑要求与补块修复法相同。

4. 实施焊接

对接施焊前，在管端40mm范围内应无油污、浮锈、溶渣，管道表面应保持干净。对口后先在管段两端焊口处沿圆周等距离各点固焊上、左、右三点，接着检查对位质量，若偏斜，采用手锤或大锤敲击修正；若合格，则立即实施手工电弧焊接。焊接时，通常采用左右各半从下往上焊接的方法，而后焊的一半的起头处要压住先焊起头焊缝15~20mm（焊前将先焊焊缝用电弧割除15~20mm），以提高质量；而后焊的一半的焊缝也压住先焊焊缝收尾处15~20mm。之所以这样做，主要是为了提高焊缝强度，因为割除前半焊缝的首末端，是由于此两处易产生夹渣等缺陷；而使二焊缝首尾重叠15~20mm，利于提高搭接强度。另外，此种焊缝均是焊两道以确保焊接的高质量。固定焊的焊缝加强高度为2~3mm。此种方法适用于管道原焊缝断裂、被施工机械推断、公路改建爆破将管道炸断、管道冰堵涨裂、管道长距离严重腐蚀且普遍出现麻面坑蚀等原管道需要报废的情况。其优点是能彻底排除泄漏段险情，收到

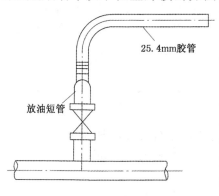

图7-5-2　放油装置

（标注：25.4mm胶管、放油短管）

"一劳永逸"的效果。缺点是，作业时间长，抢修危险性大。

焊缝外观检查标准见表 7 - 5 - 2，焊缝超声波检查标准见表 7 - 5 - 3。

表 7 - 5 - 1　坡口和焊接间隙要求

项　目	要　求	项　目	要　求
坡口角度	60°	钝边	1.5 ~ 2.5mm
壁厚为 5 ~ 7mm 时		间　隙	1.5 ~ 2.5mm
钝边	1 ~ 2mm	错边	不大于 1.5mm，总长不大于周长的 1/10
间　隙	1 ~ 2mm	壁厚允许误差	10%
壁厚度为 8 ~ 10mm 时		椭圆度	外径的 1.5%

表 7 - 5 - 2　焊道外观检查标准

项　目	外观标准	返修方法
焊缝宽度	10 ~ 16mm(ϕ159 × 6)	
焊缝余度	2 ~ 3mm，仰焊部位不大于 4mm，长度不超过管子周长的 1/10	
咬　边	深度不超过 0.5mm，总长度不大于管子周长的 1/10	
焊缝偏移	不超过 1.5mm	修补
焊　瘤	不超过壁厚的 50%	割除
外观气孔	不允许	修补
裂　缝	不允许	割除

表 7 - 5 - 3　超声波探伤标准

焊接缺陷	质量标准	返修方法
裂　缝	不允许	割除
未焊缝	深度不超过壁厚的 15%，长度不限。深度为管壁厚的 15% ~ 20%，连续长度不大于周长的 1/8	割除
单个夹渣	不大于壁厚的 30%	铲除修补
夹渣总长	每 100mm 的焊缝内不大于一个管壁厚度	铲除修补
厚度方向条形夹渣	不大于壁厚的 20%	铲除修补
圆周方向条形夹渣	不大于壁厚	铲除修补
单个气孔	不大于壁厚的 30%	铲除修补
厚度方向条形气孔	不大于壁厚的 20%	铲除修补
圆周方向条形气孔	不大于壁厚	铲除修补
密集或网状气孔	不允许	割除
链状气孔	不允许	割除
塌　陷	深度不超过壁厚的 20%，总长度不大于圆周长的 1/8	割除

5. 试漏试压

按施工验收规范进行试漏试压。试验合格后，按技术要求进行防腐处理，防腐材料、结构等应与原防腐层相同。沥青防腐层原为普通型的应改为加强型提高一个等级。

6. 回填

管道回填的要求是，在管道周围 200mm 的区域内用细土或细沙回填，200mm 以外可用现场土壤回填。

7.6 油管堵漏方法之五——
不停输换管焊接堵漏

7.6.1 不停输换管堵漏技术简介

若待修动火点附近没有截断阀，如不少油库库区外输油管道，往往长达几公里、十几公里、甚至二十几公里，地处野外，为安全起见基本上都为埋地敷设，不设阀门，发生泄漏后，若全程管道内油料和油气全部排净难度大时间长，或者战时特殊情况下，不允许停输，这时，可应用不停输换管焊接堵漏技术。

不停输换管抢修的关键在于采用开孔器和封堵器实现油流改道(即导流)和封堵。用于封堵隔离的封堵器有机械封堵器和皮囊封堵器两种。机械封堵器可以实现管道不停输的条件下的封堵作业。具体做法是：先在需要切换施焊的管段两端开孔接旁通管使管道不停输，继续运行，然后在管段两端实施封堵。封堵的安全性和可靠性取决于封堵器的密封性能和所能承受的油流压力。皮囊封堵器是将皮囊放入管道中，然后对皮囊充气使之胀满，紧贴油管内壁进行封堵隔离，皮囊封堵只能在管道停输的状态下进行封堵。不停输换管焊接堵漏方法如图7-6-1。

7.6.2 不停输换管作业程序

当发现管道出现泄漏事故而急需抢修时，调度部门要及时通知管理部门保护现场，疏散周围居民，方圆50m范围内严防明火，组织抢修人员及施工机具。同时，对事故管道调整泄漏点上游截断阀开度等降压运行措施，使管道压力尽量保持在0.4MPa以下，然后按以下程序进行操作。

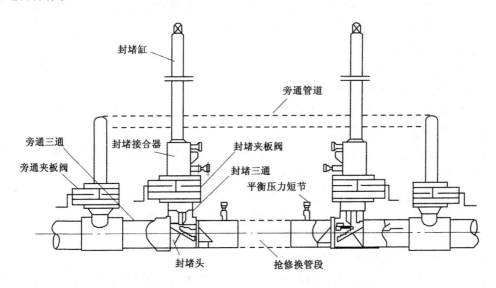

图7-6-1 管道不停输换管法示意图

（1）组织施工人员开挖管道事故段，查找具体泄漏点 根据管道破裂情况，采用合适的方法对泄漏点进行预处理，防止油料外漏。现场一般选用提前预制好的管道卡箍对泄漏点进行打卡处理。检查预处理措施是否得当，泄漏点有无大量油料泄漏，若有，则应调整预处理方案。

（2）开挖带压开孔、封堵作业坑道　作业坑的长度要视现场需换管道长度而定，一般比换管长度长 4m。

作业坑最小宽度为：

$$W = D + 2.6 \qquad (7-6-1)$$

式中　W——作业坑最小宽度，m；

　　　D——管道外径，m。

作业坑最小深度为：

$$H = h_2 + h_2 + D \qquad (7-6-2)$$

式中　H——作业坑最小深度，m；

　　　h_1——管顶至地面的距离，m；

　　　h_2——管顶至作业坑底部的距离（$h_2 > 0.7$）m。

（3）封堵准备　检查开孔机、封堵机、堵孔机、切管机、液压站、发电机及相关车辆的准备情况，并进行调试。检查各类辅助材料（对开三通、异径三通、均衡器、夹板阀）是否备齐。夹板阀是否开关到位、操作是否灵活。确定封堵位置，焊接预制件，并检查焊接是否合格。安装夹板阀、开孔机，并进行调试。

（4）带压开孔　主要包括旁路孔、封堵孔及均衡器孔。开孔前要提前测量并计算开孔、安装封堵头及堵塞作业的操作距离。

（5）旁路管道投用　在开孔的同时，组织技术人员根据现场情况进行旁路管道的预制、焊接。其规格可视管道的流量而定。开孔结束后，连接旁路管道至旁路孔并投运。

（6）安装封堵器　先安装管道下游封堵器，再安装上游封堵器。同时，检查封堵器的封堵效果。若封堵失败，则予以调整。利用压力均衡器来平衡封堵器前后压力，以利于封堵器的提升。先提升上游封堵器，再提升下游封堵器。

（7）在对封堵孔进行堵塞作业的同时，安装管道原开孔瓜皮，恢复管道开孔处的完整性。关闭旁路夹板阀，拆除旁路管道。

（8）拆卸夹板阀，安装封堵孔及旁路孔的盲板。至此，换管工作结束（见图 7-6-2）。最后对施工管段进行防腐、回填。

采用不停输换管法，虽然运行管道不需停输，或可最大限度地减少停输时间，但因涉及预制管件的焊接，所以在焊接时如何防止管道大量泄漏是抢修技术的重点。另外，对任何开孔机、封堵机而言，其刀具及封堵器的行程是决定整个开孔、封堵作业成败的关键，如果行程计算有误，则极易造成开孔不全、封堵失败等后果。皮碗的质量也决定了封堵器的最大承压能力及封堵效果。目前，皮碗采用的材质一般为聚氨酯橡胶。

7.6.3　不停输换管抢修法的缺点

采用不停输换管法进行抢修，虽然具有不停输或最大限度减少停输时间、降低因抢修而造成的损失以及安全性高等优点，但仍存在以下不足。

1. 管道残余附件多

由图 7-6-2 可以看出，抢修作业完成后，管道上仍残留有同管道直径相同的 4 个三通及 2 个均衡器三通附件，给完工后的管道防腐作业造成了极大的不便，同时也留下了泄漏隐患。

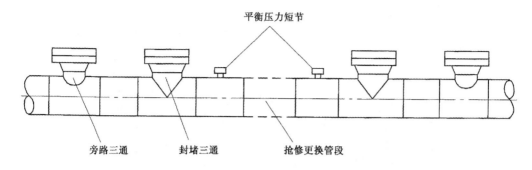

图 7-6-2　管道不停输封堵抢修图

2. 三通附件与管道的焊接融合性

因抢修带压开孔、封堵所采用的三通附件均为提前预制的成品，其材质不一定同事故管道一致或屈服值等技术指标相近，因而在焊接性能及融合性上可能存在差异。如果这种情况存在，就会降低管道在开孔处的强度。

3. 抢修工作建议

（1）成立抢修领导小组，建立快速反应机制。

（2）修建专用库房，备齐常用材料和机具。

（3）编制抢修预案。

（4）培训操作人员，持证上岗。

（5）健全管道基础资料库。

下面介绍几种机械开孔封堵器。

7.6.4　手动带压开孔封堵器

1. 结构原理

机械封堵器，又叫带压开孔封堵器。有手动、电动之分。带压开孔和封堵的原理是：

图 7-6-3 是带压开孔机示意图，开孔机按操作分有手动和电动两种。其方法是：先在母管或设备上焊一只所需直径的短管，短管上的法兰与闸阀相连接，闸阀的公称通径能使铣刀 9 通过，闸阀的公称压力与母管或设备的公称压力一致，闸阀外侧安装开孔机，然后打开闸阀。

图中的开孔机为手动形式，摇动手柄 1 可以进刀，铣刀的旋转是靠板动棘轮 6 实现的，接头 3 连接丝杆 2 和铣刀轴 5，这个接头能在铣刀轴旋转时，不会带动丝杆旋转，而丝杆的直线运动能带动铣刀轴作轴向运动。中心钻 10 起定位作用，以免晃动，填料 7 起轴密封作用。

铣刀割通油管后，被割下的铁屑在压差作用下，随着铣刀的退出，被推到闸阀 8 的外侧，关闭闸阀，卸下开孔机，便可安装管道了。

2. 操作要领

开孔时，由两人进行操作。一人负责旋转机构的操纵，另一人负责进给套筒的操纵及观察尺寸。应注意的是一次性进给尺寸不宜过大，防止损坏钻头。下堵、取堵时，要将锁紧机构锁死，使钻杆与进给套筒同步运动。应注意在下堵最后时刻不宜用力过猛及进给尺寸过大，以防止损坏堵件的螺纹或密封装置。

3. 做好有关部件的焊接、预制工作

在管线上焊接一个法兰短节或丝扣短节，并记下短节的高度尺寸。在焊接时应保证短

175

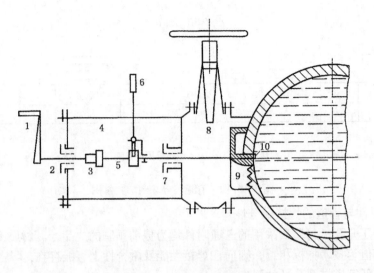

图 7 - 6 - 3　手动带压开孔器示意图

的中心线垂直于管道的中心线，同时还要保证焊口质量，禁止有砂眼等缺陷，以防止开孔后跑油。在短节外应焊一补强板，注意在确定补强板中心孔位置时，应将短节的焊道宽度留出来，以防止补强板与管壁不能完全接触。在短节上安装一个控制闸板阀，然后在阀上装一个双丝头短节，注意此短节长度应满足提取钻头和堵件时能将阀门关上的尺寸要求，同时要保证阀门开关灵活，密封良好。

4. 开孔

首先将安上钻头的开孔机固定到双丝头短节上，同时在开孔机排污孔装一排污阀，并用胶管联接至排污池。应注意各联接处上牢、上紧，以保证密封良好，防止漏油。然后开启闸板阀及排污阀，手动进给套筒至计算好的尺寸。当感觉到费力，进给停止时，则说明钻头已触及管壁了，这时应停止进给，用手柄旋转机构，使钻头做径向旋转运动，开始钻削管壁，同时要适量进给。进行开孔要注意进给量不宜过大，否则容易损坏钻头，操作人员也费力，同时要随时观察进给尺寸及排污胶管中是否有油流出，是否有呲呲的声音。当钻杆的总进给量超过计算好的尺寸(管壁壁厚)之后，排污胶管将有大量的油流出，同时手柄旋转也非常轻松，说明孔已开透。当确认孔已开好后，要关闭排污阀、提升钻头。这时为了提高效率，可以将锁紧机构锁死。手动旋转手炳，使钻头快速提升至计算好的尺寸，即控制闸板阀的阀板上面，然后将控制阀关闭，打开排污阀排净余压后，将开孔机卸下。如果控制阀关不上，则证明钻头没有提升至闸板之上，应停止关闭，继续提升开孔机直至能将控制阀关上，方可将开孔机卸下。操作时要坚决禁止控制阀没关上就卸开孔机，否则将造成跑油事故。

5. 下堵、取堵

下堵之前，首先要计算当堵完全下好后，看控制阀是否能关上，也就是说看堵的高度是否超过了闸板的位置。如果超过，应按实际尺寸在阀与阀下面的短节之间加装一个内外扣的双丝头短节，以保证堵下完后，能将阀门顺利关闭。这一工作要在准备工作中就作好。将堵件安到开孔机钻杆上之后，应计算一下钻杆是否还需提升一段距离，以保证当开孔机固定到双丝头短节上，堵件前端与阀板之间留有 10 ~ 20mm 距离，防止开启阀门时损坏堵件前端。当将开孔机固定好之后，开启控制阀，同时将锁紧机构锁死，这样做可加快下堵的速度，同时更重要的是防止在下堵时堵件与钻杆产生纵向相对位移，而使堵件脱落，造成堵已下好的

176

假象从而避免跑油事故的发生。在下堵过程中，一定要按计算好的尺寸下到位，防止用力过猛或下过头而损坏堵件的螺纹和密封装置，造成跑油。当下完堵后，解开锁紧机构和手动进给套筒，提升钻杆至阀板之上，然后将排污阀打开，观察是否有油流出。如有，则说明堵没下好，应将钻杆下回原位置找正，将锁紧机构重新锁死进行取堵。取堵的操作过程与开孔时提升钻头时的操作相同。然后分析原因，重新下堵。如没有油流出，则证明堵已下好，关闭控制阀，卸下开孔机和控制阀，然后用搬手或管钳对堵件进行找正、重新堵紧，整个下堵工作完毕。

7.6.5　电动带压开孔封堵器

国内近年来，带压开孔封堵器发展很快，下面介绍几种。

1. HT 型开孔器和 EXP 封堵器

1）HT 型开孔器结构原理

该机采用液压驱动、机械传动，开孔刀套料切削开孔，开孔后的余废料块随开孔刀自动吊挂提取，钻杆自动进给的方式。机器主要由主传动箱、进给箱、钻杆总成、填料箱、机壳、开孔刀等部件组成。如图 7 - 6 - 4 所示。

钻杆总成由深孔内花键轴、钻杆和丝杆组成。深孔内花键轴采用电解无屑加工工艺，精度高，传递扭矩大。

主传动箱位于机器的下部，其动力来源于液压站，压力油通过柱塞式油马达转换成机械能后经减速箱一级减速，再经弧齿蜗轮副将动力传递到钻杆总成。实现对钻杆的圆周旋转运动。

进给箱位于机器的头部，通过变换其手柄位置实现对钻杆的自动进给、手动进给和空转。自动进给是由深孔花键轴传递上来的动力，经由进给箱内的传动齿轮通过速比变换后传递给丝杆，再由丝杆驱动钻杆，钻杆在深孔内花键轴中移动，从而实现钻杆的旋转速度与轴向移动量的差速运动，达到自动均速进给。进给箱上装有计数器，能准确自动地反映钻杆进尺。进给箱上还装有快速油马达，可实现对钻杆的快速升降。

开孔刀安装在钻杆端部，采用锥体定心，平链传送扭矩，刀具上的中心钻旋入钻杆端部内螺纹孔内，将刀具紧固在钻杆上。中心钻在开孔刀切屑中起导向和定心作用，中心钻上有一 U 形夹，能将开孔后的余料块随刀提出管道。整个机器构思巧妙，运动传递平稳，结构紧凑，体形小，重量轻，适应于野外施工作业。

2）EXP 型封堵器结构原理

管道不停输封堵作业是在先由开孔机在输送管道上开出封堵孔后，再由封堵器实施封堵。封堵器是由四杆支架、导向架、传动轴、螺母装置、传动丝杆、膨胀筒等零部件组成。其结构如图 7 - 6 - 5 所示。其工作原理为：四杆支架连接和支承整个机器，四杆中的二根杆还兼有导向作用，并在杆上标有刻度线和数字，以便读取主轴的升降数据。四杆支架中间装有主传动部分，主传动轴装在一空心套内，主传动轴的上部内装升降螺母和丝杆，膨胀筒与空心套上的活动螺套和传动轴上的四方内孔连接。升降螺母上方装有一活动夹，升降丝杆螺牙部分的下部对称铣成扁状，目的是要操纵膨胀筒实现轴向升降和径向胀缩。工作时，当将活动夹拉至空位时，转动手柄，空心套和主传动轴做上下同步移动，一起将膨胀筒送至已开好的孔中；当活动夹推至另一位置时，活动夹将升降丝杆的扁状部位夹住，此时，升降螺母、升降丝杆与传动轴已连成一体，丝杆与螺母不发生相对移动，只要逆时针转动手柄，传动轴作旋转运动，带动膨胀筒的中心螺杆旋转，驱使膨胀筒中的膨胀楔相对移动，使膨胀筒外径胀大，实现堵截管路中介质的目的。

机械式膨胀筒是一种特制专供管道封堵用筒状堵头，外部圆周包复一块可更换的耐油橡胶板，一侧有纵向开口，起弹性胀缩和单边通流之作用。筒中心装有正反螺牙的中心螺杆和上下膨胀楔，由封堵器主传动轴传递过来的旋转力带动中心螺杆使上下膨胀楔做相向或反向运动，从而使筒体外径发生胀大或缩小变化。筒体外圆包覆的胶皮与已开好的封堵孔紧密贴合，形成良好的封堵效果。

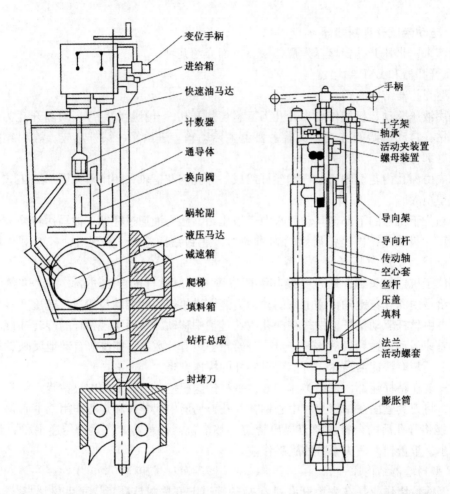

图 7 - 6 - 4　HT 型开孔机结构图　　　图 7 - 6 - 5　EXP 型封堵器结构图

3）开孔封堵配套设备及其安装

在开孔封堵中，与之配套的设备还有液压站、开孔连箱、封堵连箱、夹板阀以及专用的四通管件和堵塞法兰。设备的连接与安装见图 7 - 6 - 6 和图 7 - 6 - 7。

4）应用技术参数

①温度和压力。当开旁路孔时，输送管道介质的压力应 ≤6.4MPa，介质温度为 -20～80℃；当开封堵孔时，输送管道介质为气体时，压力应 ≤2.5MPa，温度 ≤50℃；输送管道介质为液体时，压力应 ≤1.6MPa，温度 ≤50℃。

②封堵开孔钻杆转速与液压站输出流量如表 7 - 6 - 1 所示。

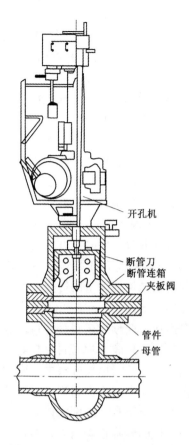

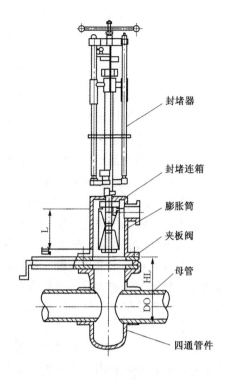

图7-6-6　开孔设备的连接安装　　　　图7-6-7　封堵设备的连接安装

表7-6-1　封堵开孔钻杆转速与液压站输出流量表

封堵管径/mm	封堵刀外径/mm	钻杆转速/(r/min)	输出流量/(L/min)	封堵管径/mm	封堵刀外径/mm	钻杆转速/(r/min)	输出流量/(L/min)
89	102	55	12	377	400	21	29
108	140	45	9.8	426	460	20	65
159	190	35	7.6	529	560	16	80
219	240	30	41	630	660	14	70
273	295	27	37	720	760	12	60
325	350	24	33				

5）应用情况

管道输送不停输开孔封堵设备在国内数十家燃气公司和石化单位的使用证明，其结构设计合理，密封性能好，技术含量高，操作简单，安全可靠。在北京、上海、天津、广州、乌鲁木齐、四平等城市燃气输配管网以及扬子石化、镇海炼化、岳阳石化等单位实际应用后降低了施工作业的成本和劳动强度，确保了管道输送在施工作业中的正常运行，创造了良好的经济效益和社会效益。

2. 电动贯通式开孔机和自带旁通筒式封堵机

辽河油田设计院研制出了电动贯通式开孔机、自带旁通筒式封堵机和特制四向三通、铁屑回收器等配套设备。

（1）结构原理和特点

开孔机由传动机构、密封连箱、筒形开孔刀等部分组成。动力采用电动行星减速机，用伞形齿轮带动刀具钻杆旋转。开孔刀的进刀采用手轮丝杠方式。密封连箱为开孔刀的上下移动提供密闭空间，连箱一端与阀门连接，另一端采用机械密封。开孔刀为套筒形，刀齿为硬质合金刀块。为保持筒形刀具钻进过程中的稳定，在刀具的同轴中心杆上安装定位钻。定位钻上的特殊机构，能将开孔刀切割下来的料片或料段在提升刀具时随筒刀一起被提取出来，在筒形刀具的周壁上均匀分布着许多圆孔，圆孔的截面积总和接近于管道流通断面面积，以保持在开孔过程中管道内流体的流通，实现不停产开孔过程。开孔机的动作过程是：开动电机，空心轴移动，筒形刀具和中心钻头旋转，转动在机体顶端的手轮，使中心钻头进刀先接触被切割管壁，在钻进一定深度后，同轴的筒刀刀齿接触管壁切割开始。在切割过程中，管道流体穿过筒刀周壁圆孔继续流动，保持管道生产运行。切割完成后，转动机体顶端的手轮，提升开孔刀具。在切割过程中的金属切屑，全部被铁屑回收器回收，并随同切割下的料片(或料段)一起提取出管道外，避免铁屑污染管道，防止堵塞仪表和泵体。本开孔机，由于改善了切割工艺，使切割面光滑整洁，能实现在确保管道结构强度下的等直径开孔，提高了管道的运行水平和清管效果，并且结构简单，造价低廉。

封堵机由筒式封堵器、密封连箱、操纵机构等部分组成。筒形封堵器呈开口形式，筒内装四连机械手，机械手能使筒形封堵器胀开或缩紧。封堵器的外表面为密封材料。封堵器在缩紧状态下被送到封堵位置，然后操纵机械手将封堵器胀开，使封堵器外表面的密封元件压紧在管道的开孔切割断面上，达到封堵目的。同时管内介质压力作用在封堵器内表面，增加了外表面的密封压力，起到了自封效果。筒形封堵器上开有流通孔，能使流体经过封堵器的孔道流进连箱的自带旁通管内。密封连箱不仅是筒形封堵器的升降移动空间，而且是自带旁通的连接部件，机械手的动作和封堵器的升降由机体顶端的操纵机构完成。该种封堵器由于采用机械手在切割断面实施机械压紧密封，能适用于高、中、低压的各种条件，封堵严密，操作灵活。同时，在封堵作业临近结束时，能将开孔过程中所切割下的鞍形料段(用作封堵的切割管段)，随封堵饼一起重新被送回管道内，固定在原先切口位置上，保持封堵三通处的管道几何尺寸形状，完全满足管道通球清管或其他管内作业的要求。

（2）与国外设备的比较

当前常规开孔封堵技术，如美国盘式封堵技术，采用六开六堵方式，即2个旁通开口，2个封堵开口，2个平衡开口。在封堵完工后共存留六套封堵短节和封堵盲板，见盘式封堵完工示意图7-6-8所示。

加拿大的囊式封堵采用十开十堵方式，见囊式封堵完工示意图7-6-9。

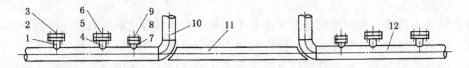

图7-6-8 美国盘式封堵完工示意图

1—旁通短节；2—旁通口堵塞；3—旁通口盲板；4—封堵短节；5—封堵口堵塞；

6—封堵口盲板；7—平衡阀短节；8—平衡阀口堵塞；9—平衡阀口盲板；

10—新工艺管线；11—支撑管；12—原管道 $\phi377$

自带旁通封堵技术，全部开孔封堵作业过程只需开 3 个口（2 个封堵口、1 个平衡口）堵 2 个口（封堵口），详见筒式封堵完工示意图 7 - 6 - 10。

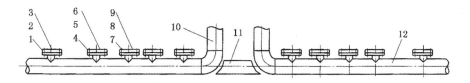

图 7 - 6 - 9　加拿大囊式封堵完工示意图

1—旁通短节；2—旁通堵塞；3—旁通口盲板；4—封堵短节；5—封堵口堵塞；
6—封堵口盲板；7—挡球篦短节；8—挡球篦堵塞；9—挡球篦盲板；10—新工艺管线；
11—支撑管；12—原管道 φ377

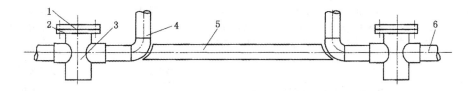

图 7 - 6 - 10　辽河油田设计院筒式封堵完工状态示意图

1—封堵口盲板；2—封堵口堵塞；3—四向三通；
4—新工艺管线；5—支撑管；6—原管道 φ377

该技术装置中的特制四向三通，其作用不仅是密闭开孔短节，而且为贯通式开孔作业、放回切割料段并使之复位固定、回收金属切屑提供密封空间，并能固定堵封饼和安装封堵盲板。由于封堵机自带旁通，管道流体可以从一端封堵机经过封堵器孔口、密封连箱及自带旁通管线，流向另一端封堵机的连箱及封堵器开孔口，维持管道输送生产。因此免去了在管道上另外开设旁通口。同时将平衡孔口兼用作管道的排液接口，所以在开孔、封堵更换管道过程中，能够回收存于更换管段内的、开孔机壳体和封堵机壳体内的残留液体，使全部作业施工场地清洁无污染。自带旁通筒式封堵与其他封堵机相比，具有显著优越性，详见封堵对比表 7 - 6 - 2。

经过专利部门查新和专家鉴定，确认 GK720 型开孔机的筒刀及 GF850 型封堵机的自带旁通，GT520 型铁屑自动回收器等功能，为辽河油田设计院研制的该项技术所独有。其专利申请号分别为 96225865.2；96225866.0；96225867.9，鉴定认为该项技术的水平处于世界领先地位。

（3）应用简况与效果

管道不停产带压开孔封堵技术设备具有结构简单、体积小重量轻、适用范围广、安全可靠等特点。能适用于管径为 DN15 ~ DN1500 的各种管道，10.0MPa 以下各类压力等级以及工作温度 180℃ 以下，各种材质的有缝管或无缝管。目前已形成三个系列 21 套设备。

该技术设备自投入使用以来，仅在辽河油田各采油厂就完成开孔封堵作业 200 余项，避免停产损失原油 130kt，天然气 $1 \times 10^7 m^3$，价值 1.3 亿元。如沈抚高凝油输送管道（DN350）的开孔封堵工程，若采用传统的停产扫线，必然对沈阳采油厂和抚顺 3 个炼油厂的生产带来不利影响。当时有 3 个公司分别选用囊式、盘式和筒式封堵报价投标。采用自带旁通筒式封堵施工后，施工费用节省一半以上，工期缩短一半以上，取得显著经济效益和社会效益。

表 7 – 6 – 2　各种封堵对比表

封堵方式	囊式封堵	盘式封堵	筒式封堵
封堵原理	胶囊充氮气	胶盘唇边加介质压力	筒的机械胀力加介质压力
承受压力	<0.4MPa	>2.0MPa	0～6.4MPa
适用封堵介质	油、气、水等	油、气、水等	油、气、水、化工原料
适用封堵温度	<80℃	<100℃	<100℃
适用管线种类	有缝、无缝管	无缝管	有缝、无缝、变形管
开孔数量	开封堵孔 4 个，开挡球篦孔 4 个，开旁通孔 2 个，共开 10 个孔	开封堵孔 2 个，开旁通孔 2 个，开压力平衡孔 2 个，共开 6 个孔	开封堵孔 2 个，开压力平衡孔 1 个，共开 3 个孔
封堵施工用管件、阀门堵塞数量	用短节 10 个，用阀门 10 个，用堵塞 10 套	用短节 6 个，用阀门 6 个，用堵塞 6 套	用四向三通 2 个，用阀门 2 个，用堵塞 2 套
铁屑回收	无	无	有
临时旁通管线	有	有	用封堵机连通管代替
施工费（以封堵 φ377 管为例）	封堵费 50 万元，材料费 20 万元，共 70 万元，（设为标准 100%）	封堵费 40 万元，材料费 10 万元，共 50 万元(占囊封的 71%)	封堵费 20 万元，材料费 5 万元，共 25 万元，(占囊封的 35%)

7.6.6　割管换管焊接

实现了油流改道，并对漏油待换管道两端完成了可靠封堵隔离以后，应再次认真检查现场的安全保护，确认无安全隐患时，就可实施切割、换管，按原管道的焊接工艺施焊。施焊步骤和要求与上一节的阐述一致，在此不再赘述。管道更换完毕后，应进行焊缝探伤，管道试漏试压，合格后进行扫线清洗，全部完成后方可投运，拆卸封堵，恢复原状。

7.7　油管堵漏方法之六——静密封的堵漏方法

7.7.1　调整堵漏法

通过调整静密封副之间的相对位置，压紧静密封，达到止漏的目的，这种堵漏方法就叫调整堵漏法。根据静密封连接形式的不同，其调整堵漏的方法也有所不同。

1. 螺栓压紧的静密封的调整堵漏法

采用螺栓压紧静密封的连接形式有法兰、对夹、卡箍、压盖、自紧连接等。法兰连接一般有 4 只螺栓以上，对夹连接有 2～4 只螺栓，卡箍、压盖连接一般为 2 只螺栓，自紧连接一般有螺栓 1～4 只。

螺栓压紧的静密封在运行中发生泄漏的部分原因，是在检修和安装静密封件的过程中，产生偏口，静密封面不平行，一边松，一边紧；产生错口，静密封副两轴线，不在一条线上；产生偏垫，垫片装得不正；以及静密封件预紧力不够和温度变化较大等原因造成泄漏。金属垫出现泄漏后，一般能坚持一段时间，非金属垫出现泄漏后，泄漏点容易扩大。因此，一旦发现泄漏应立即调整止漏，防止泄漏点的扩大。调整止漏应在有预紧间隙的前提下进行。

具体做法：

（1）首先认真查找静密封泄漏的原因。

（2）如果法兰静密封副不在一条线上，出现错口现象而泄漏，应首先微松一下螺栓，将静密封副的位置校正，使它们在一条轴线上，然后均匀、对称、轮流拧紧螺栓后即可止漏。

（3）如果法兰静密封的圆周间隙一边大、一边小，出现偏口现象而泄漏，一般在间隙大的一边产生泄漏，因此首先拧紧间隙大的一边螺栓，泄漏即可消除。

（4）如果法兰静密封的圆周间隙基本一致，可以在泄漏一边开始，再向两边逐一拧紧螺栓，最后轮流对称地拧紧一遍螺栓，即可止漏。

（5）螺栓连接处因设计不周，选材不当，产生变形，使预紧间隙缩小，甚至两件接触，无法调整止漏。这时可在两件接触缝中用锯条锯开一条间隙缝，或用錾子削除一层金属，扩大其间隙，然后拧紧螺栓止漏。

（6）因选用不当，螺栓上的螺纹拧到头、没有预紧间隙，无法继续拧紧螺栓而止漏，或者螺栓本身损坏、乱扣时，应制作一只 G 型特殊夹紧器，用夹紧器夹持在需调整或更换的螺栓处，然后松开该处的螺栓，用新螺栓更换损坏、乱扣的螺栓。或者用加垫圈的方法调整无螺纹预紧间隙的螺栓。螺栓拧紧后，泄漏即止，然后卸下 G 型夹紧器。

2. 螺纹连接的静密封调整堵漏法

静密封的螺纹连接形式有外螺纹、内螺纹、活接头、锁母、卡套等。锁母连接形式是一种用螺盖压紧填料的静密封。

螺纹连接的静密封产生泄漏的原因有：静密封装置上的零件不在一条轴线上；螺纹松动，没拧紧；密封件安装不正或缠绕在螺纹处的密封材料不匀等。

具体做法：

（1）认真查找静密封处泄漏的原因。

（2）如果是静密封安装不正，管线歪斜，不在一条轴线上，应首先纠正静密封安装不正的现象，然后适当拧紧螺纹，即可止漏。

（3）如果是螺纹拧得不紧而产生泄漏，只要拧紧一下螺纹，即可消除泄漏。有的管件两端都有螺纹连接，在拧紧过程中要防止另一端螺纹松动而泄漏。

（4）如果螺纹处无预紧间隙，可用锯削、锉削方法将内螺纹管或内螺纹管件的端面除掉一小部分，或者将外螺纹管和外螺纹管件的螺纹末端一段光面加工成圆槽，其深度与外螺纹高度相等。沟槽不宜过深，以免影响强度。然后拧紧螺纹即可止漏。

（5）如果螺纹处因砸扁、锈死等现象而无法拧紧止漏，应用煤油清洗浸透，用什锦锉修整螺纹，使其内外螺纹密合，拧紧止漏。

铸铁管和非金属管及其管件，在拧紧螺纹过程中，要防止拧得过紧而胀破。

3. 套插连接的静密封调整堵漏法

套插连接的静密封，没有轴向压紧力，主要靠径向压紧力来实现密封。它的连接形式有胀接、承插等。胀接为刚性密封，承插为填料密封。胀接主要用于锅炉管和换热器芯管的连接，一般不宜采用调整止漏法。

承插连接主要用在水泥管子的接口处，如果连接处采用麻、铅作填料封口，产生泄漏后，可采用调整止漏方法解决。其方法是用捻凿、手锤进行捻缝，迫使铅变形填满缝隙，达到止漏目的。

4. 卷口连接的静密封调整堵漏法

卷口连接用于薄壳受压件、小型容器上，如油桶、油盆等。卷口密封形式有刚性、密封胶、垫片等。

卷口连接处泄漏的主要原因是密封件安装不正、卷口不严。

调整止漏时，应制作一套压紧或碾压工具，从泄漏处开始挤压，并作一定左右摆动，如果泄漏点产生移动，需要沿圆周挤压一遍。在调整止漏过程中，用力要平稳均匀，防止在挤压卷口时，造成新的泄漏。

静密封泄漏经过调整止漏方法处理后，仍不能凑效时，应采用其他堵漏方法解决。

7.7.2 机械堵漏法

静密封机械堵漏的方法有全包式、卡箍式、顶压式、压套式等。

1. 全包式堵漏法

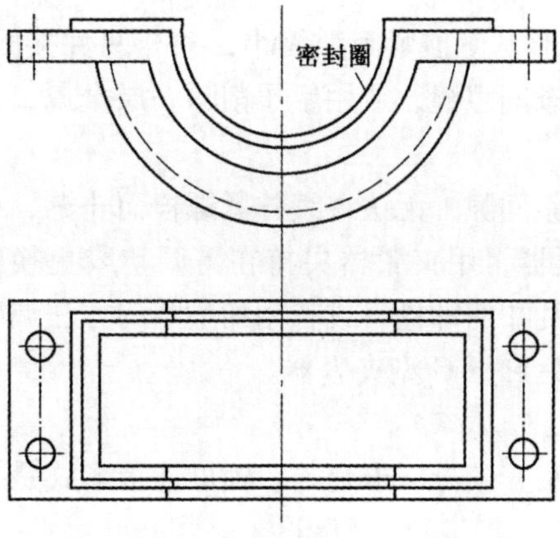

全包式机械堵漏法不但适用于管道本体的堵漏，也适于活接头、法兰等静密封的堵漏。因为全包式机械堵漏法是靠密封圈实现密封的，因此要求静密封两端的管道同轴度较高，管面整洁无缺陷，同时要求全包式夹具本身密合度也高。全包式机械堵漏工具如图 7-7-1 所示，它是由钢板焊接后车制而成的，具有刚性好、精度高等特点。用于压力较高的部位，密封圈应嵌在槽内，槽由铣刀加工而成，视具体情况设置 1~2 道密封圈。密封圈可选用合成橡胶板、聚四氟乙烯板、柔性石墨带等制成，为了防止松动，最好粘贴在工具上，密封圈的高度以 0.5~1.5mm 为宜。必要时，全包式夹具需设置引流孔。

图 7-7-1 全包式机械堵漏工具

安装前，认真检查静密封两端管子的同轴度，除去上面污物和锈迹，然后用螺栓将全包式工具套在泄漏的静密封处，并且对齐。为了防止装偏，最好有定位销。螺栓拧紧时应对称均匀，使密封圈与管道紧紧贴合，达到堵漏目的。

2. 卡箍式堵漏法

卡箍式机械堵漏法不但用于管道本体的堵漏，而且可以用于法兰等静密封的堵漏，见图 7-7-2。

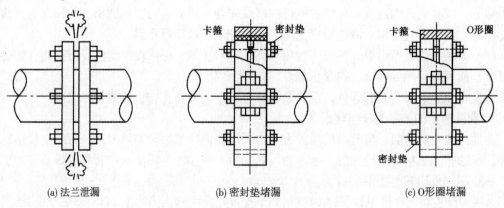

(a) 法兰泄漏　　　　(b) 密封垫堵漏　　　　(c) O形圈堵漏

图 7-7-2 卡箍式机械堵漏法

（a）图为法兰连接处密封垫损坏后泄漏的情况。

（b）图为卡箍连接压紧密封垫进行堵漏的方法。堵漏前，应清洗法兰外圆面，去除污物、锈迹和毛刺，使法兰外圆面保持一定的光洁度和同轴度。卡箍应刚度好且不变形，内圆精度高而光洁，卡箍内圆应小于密封垫外圆，以压紧不漏为准。

堵漏时，用 G 型工具夹紧螺栓处，卸下螺母，套上事先选定的螺栓密封垫（如聚四氟乙烯带、柔性石墨垫、橡胶石棉垫、橡胶圈等）并上紧螺母。这样一一将各螺栓处密封好，然后在泄漏处用 G 形工具夹紧，并卸下最后一只螺栓作引流孔，让介质从螺栓孔漏出。选用上述密封材料的垫片，缠绕在法兰外圆面上，搭接要吻合，厚薄要均匀，或用胶泥和胶物填满法兰间隙，上好卡箍，使卡箍夹紧密封垫或胶泥，最后穿上带有密封垫的螺栓，用螺母堵住引流螺孔，即可堵住法兰的泄漏。

（c）图为卡箍连接压紧 O 形密封圈进行堵漏的方法，这种方法与（b）图的不同之处在于 O 形圈代替了密封垫。O 形密封圈安装和粘接方法见第 4 章 4.2 节。O 形密封圈也可采用 KH－502 或 KH－501 胶黏剂粘接，粘接的接头以楔形搭头为好。O 形密封圈搭接后的直径：内径比法兰外圆小，外径比法兰外圆大，O 形密封圈的截面直径比两法兰间隙大；这样才能保证密封。两法兰间隙应一致，棱角、污物要除掉。

3. 顶压式堵漏法

顶压式机械堵漏法不但用于本体堵漏，也能用于静密封的堵漏，主要用于法兰的堵漏。其固定形式较多，可用钢丝绳、尼龙绳、圆钢、扁钢套在法兰螺栓上或管道上，然后与横梁连接装上顶压螺杆，即可顶压堵漏。

图 7－7－3 所示为钢丝绳固定的顶压堵漏法。钢丝绳 6 套在法兰泄漏处 1 两边的螺栓上，钢丝绳穿在带有顶压螺杆 5 的横梁 8 上；这时两边的钢丝绳成三角形，并用轧头 7 卡紧。

除去泄漏处周围的污物和锈迹，将预制的密封填料压在泄漏处，填料的厚度为法兰间隙值，其长度一般为两螺栓空隙值；密封填料视工况条件选用石棉盘根、铅条、柔性石墨盘根、聚四氟乙烯、橡胶盘根等。密封填料上面放置顶板 4 呈梯形，上边小并有顶压凹坑，下边大并成内圆弧，压在密封填料上能使法兰垫片、密封材料、顶板三者吻合。顶压前最好在填料上、顶板上和法兰内侧上胶。预制的顶板与法兰侧隙一般以 0.10～0.25mm 为宜。顶压好后，顶板两端和两侧应用胶黏剂固定在两螺栓上和法兰间，待固化后可拆除顶压工具。

4. 压套式堵漏法

压套式机械堵漏法适用于胀接、承插、活接头、内外螺纹等静密封的堵漏。

图 7－7－4（a）为螺杆压套式机械堵漏法，适用于有固定部位的泄漏处。由卡箍 1、压套 2、活络螺杆 4、密封圈 3 等件组成。卡箍卡在有台阶的管道上，两端呈开口形状；压套由两半圆组成，压套孔微大于管子外径，密封腔内径微大于

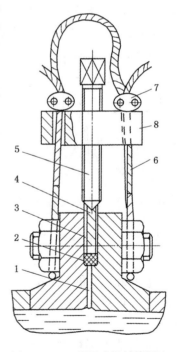

图 7－7－3　顶压式机械堵漏法
1—泄漏处；2—密封填料；3—胶黏剂；
4—顶板；5—顶压螺杆；6—固定绳索；
7—轧头；8—横梁

管子外径，其腔底呈内斜面，像填料函一样，能使密封圈有轴向和径向压紧力。压套两半圆

上紧后不应有间隙或间隙很小。密封圈可选用搭接的柔性石墨盘根、柔性石墨带、聚四氟乙烯带、热塑型密封胶、O形橡胶圈等。堵漏时，上好卡箍和压套，缠绕或上好密封圈，将活络螺杆卡在卡箍开口中，对称拧紧活络螺杆，迫使密封圈压紧在泄漏处而止漏。

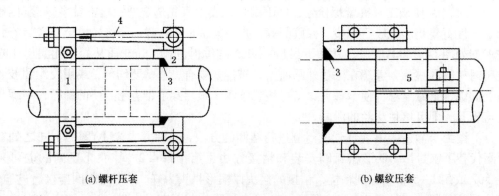

(a) 螺杆压套　　　　　　　　　　　(b) 螺纹压套

图 7 - 7 - 4　压套式机械堵漏法

1—卡箍；2—压套；3—密封圈；4—活络螺杆；5—固定螺套

图 7 - 7 - 4(b)为螺纹压套式机械堵漏法，特别适用于没有固定部位的泄漏处。由压套 2、密封圈 3、固定螺套 5 等件组成。压套由两半圆组成，其内螺纹与固定螺套相啮合，端面有内斜槽，是填装密封圈的。压套两半圆用螺栓压紧后应无间隙，且压套内径比管子外径微大，能自由地在固定螺套上旋转，密封圈与(a)图中使用的材料相同；固定螺套也是两半圆组成，固定在管子上，其加工精度要求不高，但外螺纹应是贯通的，不允许螺纹错位而阻碍压套的旋转。上好密封圈后，施紧压套，即可止漏。

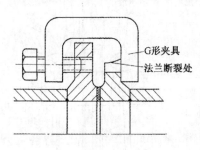

图 7 - 7 - 5　法兰破损后的应急处理

7.7.3　粘接堵漏法

5. 法兰破损后的应急处理

法兰连接处由于制造质量低劣和使用不当，常有破损现象出现，使螺栓无法上紧，导致垫片处泄漏。

在这种情况下，通常采用 G 形夹具应急解决泄漏，按图 7 - 7 - 5 加工一块 C 形铁，上端应有一定的宽度，增加接触面，有利 C 形铁的稳定。C 形铁下端攻丝装一只螺栓，用以顶紧之用，制止垫片处的泄漏。

如果法兰破损面小，也可在破损处上面垫上一块穿孔加强板，上紧螺栓即可。

1. 直接粘堵法

真空和压力很低的静密封泄漏，可采用直接粘堵的方法。如螺纹、卷口、胀接等静密封泄漏处，用热熔胶加热熔化后，压入泄漏处，并沿静密封一周，使胶渗透到缝隙中，待其固化。

也可使用 KH - 501 胶、KH - 502 胶、CAE - 150 耐热性快速黏合剂、J - 39 室温快速固化黏合剂、HY - 911 常温快速固化环氧胶、HY - 962 石油容器补漏胶等胶剂，迅速涂敷在静密封泄漏处，同时将使用的胶剂涂敷在较软的金属和较软的物料上，迅速地压在泄漏处止漏，待固化后，解除施加压力，再涂敷一层胶剂即可。

压力大，难以堵漏的静密封，应采用其他粘堵方法。

2. 螺栓孔引流粘堵法

该方法见图7-7-6(a)，与螺栓孔引流焊堵操作程序相同，以最低或泄漏处的一只螺栓孔为引流孔，清洗粘接面，用卡箍先粘堵两法兰间隙，胶层要符合要求，一般为0.1~0.25mm。用快干胶逐一粘堵螺栓、螺母、法兰三者间的连接处，最后涂胶于最后一只螺栓、螺母上，套在法兰上拧紧止漏。

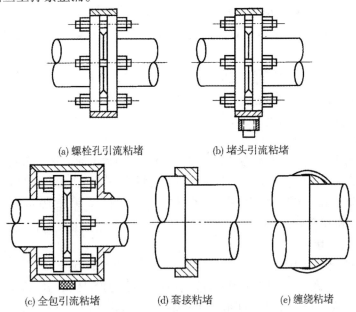

(a) 螺栓孔引流粘堵   (b) 堵头引流粘堵

(c) 全包引流粘堵   (d) 套接粘堵   (e) 缠绕粘堵

图7-7-6　静密封粘接堵漏法

3. 堵头引流粘堵法

用堵头或小阀门引流堵漏与螺栓孔引流堵漏相似，不同的是用堵头引流减少了拆螺栓的危险性，增加了堵漏的成功率，同时也增加了堵漏的成本，见图7-7-6(b)。

4. 全包引流粘堵法

全包引流堵漏见图7-7-6(c)，它是用两半圆腔把静密封包住，用快干胶粘接两半圆腔和腔与管道的连接处，底部装有引流的装置。为了使连接处粘得牢固，粘接面应大些为宜。

5. 套接粘堵法

套接粘堵适用于螺纹、胀接、卷口连接的静密封堵漏，见图7-7-6(d)。用两块铁板并粘在一起，以粘接缝为中心线，车制套接工具。然后拆开套接工具成两个半圆，清除掉胶黏剂待用。

泄漏处按常规处理，在管道上套上两半圆套接工具，并将其粘接为一整体。然后在套接工具内涂敷快干胶或热熔胶等胶剂，迅速顶压在泄漏处待固化。

6. 缠绕粘堵法

图7-7-6(e)为缠绕粘堵法，它是用快干胶涂敷在玻璃纤维上，浸透后一层层缠绕在静密封泄漏处，达到止漏目的。玻璃纤维事先要经过处理，提高其粘接力。

如HY-962石油容器补漏胶，由甲组分环氧树脂、活性增韧剂、填料和乙组分固化剂组成，配胶甲:乙=(1~3):1，它能在室温下快速固化，韧性好，不但适用于静密封，也适用于其他部位的堵漏。

用上述普通粘接堵漏方法，难以堵住泄漏的特殊部位，可采用强压注胶法解决。

7.7.4　焊接堵漏法

焊接相对于粘接而言，称为"火连接"，粘接相对于焊接而言，称为"冷连接"。焊接与粘接各有所长：焊接主要适用于高温、高压设备的金属材料部位，不适用于腐蚀严重、易燃易爆的条件；粘接主要适用于腐蚀严重、易燃易爆的条件，粘接的材料广，但在高温部位受到限制，粘接强度逊于焊接强度。因此，两者相辅相成。

若油库静密封泄漏非采用动火方法进行堵漏时，必须严格按照第七章和第八章有关焊接补漏部分的安全要求办理。

焊接时，熔池成液体状态，在受压体的压力作用下，介质容易吹走熔池内的液体金属，导致焊补难以收口（收疤），使补焊处呈乳头状。直接堵漏一般采用大电流，断续焊，防止熔池液体金属被介质吹走，便于形成焊道。

1. 直接焊堵法

直接焊堵适用于压力低、泄漏量小的静密封处。采用大电流，比正常焊接电流大30% ~ 40%，采用断续焊堵住泄漏。对难以收口的部位，可焊成一圆孔，让介质从孔中流出，然后用一段紫铜丝或铁丝，将一端磨尖，用手锤敲在孔内，最后铆合，堵住泄漏。该法不适用于输油管、油罐等静密封的堵漏。

2. 螺栓孔引流焊堵法

为了避免收口难，出现乳头状焊道，堵漏时应采用引流的方法。

图7-7-7(a)为螺栓孔引流焊堵的方法。首先按法兰的材质选用圆钢，一般法兰用材为低碳钢，圆钢截面直径应比法兰间隙大1~2mm，敲成圆形环待用。常规清理焊接处，用G形夹具夹持在法兰最低处螺栓附近或法兰泄漏处附近，拆下一螺栓，让介质由此流出。

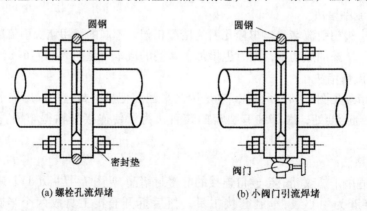

(a) 螺栓孔流焊堵　　　　(b) 小阀门引流焊堵

图7-7-7　静密封的引流焊接堵漏

装上圆钢制作的圆形环，与法兰之间的间隙用手锤铆合，并使接头吻合，先点焊牢固后，分段对称轮流焊死。然后将法兰上的螺栓与螺母、螺母与法兰——焊死，最后在引流的螺栓上涂上密封胶或装上密封垫穿在法兰上，再套上密封垫拧紧螺母止漏。

也可沿螺栓轴线钻孔至螺栓中段处，再用钻头在螺栓中段处钻垂直孔，使螺栓成L形通孔。然后将螺栓拧在法兰上，让介质从L形通孔中流出，达到引流的目的。最后用圆锥形铜丝铆紧止漏，或者用螺盖加垫堵住螺栓L形孔。

3. 小阀门引流焊堵法

从图7-7-7(b)可看出，小阀门引流焊堵与螺栓孔引流焊堵相似，不同之处是用小阀

188

门代替了螺栓孔，勿需拆螺栓，避免了泄漏扩大，但增大了堵漏的费用。

小阀门引流焊堵不但适用于法兰泄漏，也适用于螺纹和其他连接的静密封堵漏。

小阀门全开后，焊在法兰最低处或泄漏处，将圆钢全道焊焊在法兰间隙中，然后逐一焊死螺栓、螺母和法兰的连接处，关闭小阀门止漏。

4. 短管引流焊堵法

短管引流焊堵法适用于低压力静密封的堵漏。

焊堵方法如图7-7-8，截一可焊性好的短管，沿静密封连接处焊上一周，作引流介质用，最后用手锤将短管敲扁止漏。为了可靠起见，可将短管出口端焊死。

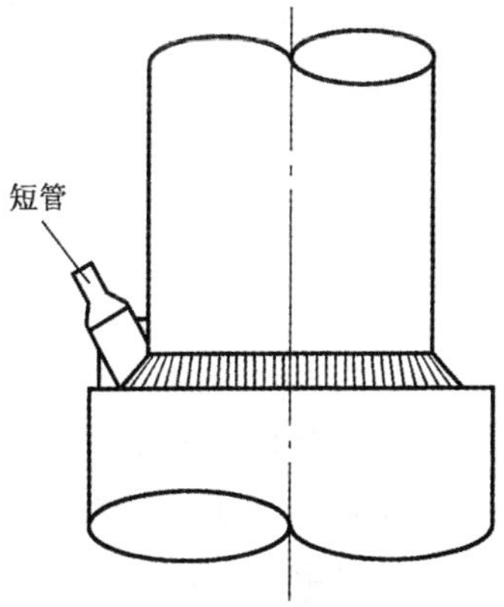

图7-7-8　短管引流焊堵

5. 全包焊接堵漏法

全包焊接堵漏法适用于静密封处多点泄漏、腐蚀严重的情况下进行堵漏。它由两半圆腔组成。制作时，选用一低碳钢管，其内径应比静密封外径大，两头用低碳钢板焊死，钻制或车制两孔，其孔径比在线管子外径稍大，然后用铣刀或锯条对中将包腔分成两半圆腔。腐蚀性介质应选用耐蚀钢材。

图7-7-9(a)为全包直接焊堵法，因为它无引流装置，堵漏的压力较低。焊至最后收口处，如果收口较难，可用圆锥铜丝堵塞。(b)有堵头或小阀门等引流装置，适用于高压条件。

以上介绍的几种引流焊接堵漏方法，一般说来，不适用于油料介质的静密封泄漏的堵漏。应用时应慎之又慎。

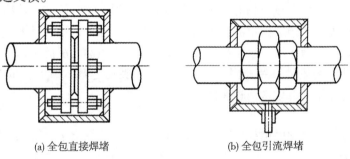

(a) 全包直接焊堵　　　　　(b) 全包引流焊堵

图7-7-9　全包焊接堵漏方法

8 油罐堵漏

8.1 油罐泄漏原因及漏点检查

油罐是油库的重要设备，是完成油料保障的物质基础。油罐渗漏不仅使油料受到损失，而且发生渗漏后油料浸渍油罐外壁，对罐外壁防腐层很不利，影响油罐的使用寿命，同时油蒸气积聚到洞库坑道或半地下油罐走道内，有引起爆炸和失火的危险。"千里之堤，溃于蚁穴"，即使很小的渗漏也不能忽视。

8.1.1 油罐容易发生渗漏的部位及原因分析

1. 腐蚀穿孔

由于水分、杂质及油蒸气对油罐的腐蚀作用，常在罐底和罐顶出现腐蚀穿孔，其中以罐底出现的机会最多。一般情况下油罐的使用寿命主要取决于腐蚀情况。油罐外壁常受到大气腐蚀，一般为电化学腐蚀，这是由于暴露在潮湿空气中的油罐外壁，易形成含有各类盐类的水膜，从而遭受电化学腐蚀。常出现小孔锈蚀、鼓泡、油漆脱落等现象，主要原因是钢板除锈不彻底，油漆质量差，涂漆工艺不合理等原因所致。罐身内壁的腐蚀，主要是油料中的腐蚀性物质引起的化学腐蚀，如含硫油料等。实践证明，与油料接触的罐身内壁腐蚀是轻微的，而轻油罐的气体空间部位，往往腐蚀比较严重，由于轻油可散发出不稳定的气态烃类，其中含有环烷酸、不饱和烃，使罐顶内壁受到严重腐蚀。靠近工业区、居民点的油罐、往往是含有二氧化碳和氯、硫、氧化物的气体进入油罐，再加上随空气进入油罐内的潮气，更加速了化学腐蚀的程度。油罐底内壁的腐蚀通常是最严重的部分，最容易造成穿孔渗漏。由于油罐底部常沉淀着一层薄水层；水中存在一定量的具有腐蚀性的沉淀物，其数量和腐蚀性大小与储油罐储存油料的质量有关。同时，罐顶罐壁的锈层也落入罐底，成为新的腐蚀发源地，所以罐底存在化学和电化学两种腐蚀。

2. 裂纹

裂纹通常多发生在罐底四周的边板上；罐壁与罐底结合部位；下部体圈的对接竖缝上，有时中部和上部体圈的对接交叉缝上也可能出现裂纹。裂纹的危害在于不仅破坏了油罐的严密性，而且在严寒条件下有使裂纹扩张以至引起强度破坏的危险。

3. 砂眼及施工质量

砂眼通常是由于钢板质量未经严格检查，焊接时用潮湿焊条，以至在焊缝里产生成群的气泡而形成。施工质量造成的渗漏，漏点大多集中在钢板焊缝处。油罐在正式使用前，均经过罐顶、罐身、罐底焊缝的严密性试验，明显的漏点会得到及时处理。但由于焊接人员技术水平的差异，焊接中的缺陷在一定程度上存在，随着时间的推移，某些微小的焊缝缺陷，在腐蚀作用下，逐步发展，直至出现明显的渗漏。而在油罐底板上出现的焊缝漏点，隐蔽性很强，不经过仔细探测是很难发现的，因为渗漏点小，油高下降不明显，肉眼又看不到。

4. 外力误操作

除腐蚀原因外，不可预见的外力冲击，如地震、洪水，同样会造成对油罐的破坏，而导致渗漏。人为的误操作如往罐内输油时，透气阀控制压力不适当或失灵，使罐内压力超限而破裂；或油罐内往外输油时，进气速率小于油料外输速率，使罐内负压超限，而吸瘪油罐导致渗漏。或由于战时遭受敌方攻击，枪炮导弹袭击时受到破坏而发生泄漏。

油罐渗漏的原因是复杂的，有客观的因素，也有主观原因，正确分析、判断、掌握油罐渗漏的原因和特点，对于使用维护保养油罐，提高油罐的使用寿命至关重要。

8.1.2 油罐泄漏的检查

1. 油罐渗漏的常见迹象

油罐渗漏具有隐蔽性强，肉眼不易发现等特点。然而油罐渗漏时也常常伴有一些迹象出现。

（1）无收发作业时，坑道罐室内油蒸气味道很浓；

（2）测量油高时，发现油面有不正常下降；

（3）罐壁、罐顶渗漏处往往沾有较多的泥土、黑色斑点，甚至出现油珠；

（4）罐底沥青砂有被稀释的痕迹，地面、排水沟、管沟有不正常的油迹；

（5）黏油加温器回水管有油料流出的痕迹。

2. 油罐漏点的检查

由于从观察到的迹象不能判明油罐的渗漏部位，所以需要对油罐进行检漏试验，具体方法如下：

1）清洗油罐

清洗油罐是一项人员较多、易发事故的工作，应严格执行油罐清洗、除锈、涂装作业安全规程，严密组织，确保安全。油库领导应在清洗工作开始前，根据具体情况制定清洗方案并对每一步骤提出实施的方法和要求，对参加清洗作业人员进行动员，明确分工，详尽说明工作职责以及相互配合应注意的事项，作业时加强现场组织，统一指挥，严防事故发生。清洗时，必须除尽罐底沉积物，应用铜铲等工具除去罐内锈垢，然后用布和锯末擦拭，直至清洗干净，为检查漏点作好准备。

2）漏点的检查

对罐底板焊缝的检查，主要有两种方法：第一种方法是真空检渗漏法。用薄钢制成一个长方体的盒子，尺寸约 $25cm \times 35cm \times 45cm$ 为宜，盒子的顶部严密镶嵌厚玻璃板（可视观察窗），为保证盒子底部与罐底板有良好的气密性，通常用腻子密封，在盒子侧面装抽气短管和进气阀与真空泵相连。在待检查的焊缝处涂肥皂水，扣上盒子，用真空泵抽真空，真空度一般控制在 $40kPa$ 左右，观察盒内有无气泡出现，气泡处即为漏点，及时做好标记。第二种方法是氨气法。将油罐外底板边缘与基础相连接处掏成多个孔洞，洞的深度尽量通向底板中心点，沿孔洞向罐底通入 $5kPa$ 的氨气，在罐底板焊缝上涂以酚酞溶液，如酚酞变为红色斑点时，说明氨气与酚酞发生了化学反应，证明该处有渗漏。

8.1.3 预防油罐泄漏的措施

油罐的使用寿命是有限的，然而实践证明科学合理地使用，并适时实施维护保养，可以延缓油罐的使用寿命。笔者认为加强油罐管理、预防渗漏的主要措施有以下几个方面：

1. 建立健全油罐技术档案

所有储油罐，都应该建立技术档案，油罐的技术档案应包括如下内容：①油罐建造的年代、设计施工单位、始建时间、竣工时间；②油罐的图纸说明书；③油罐竣工验收的有关资料，验收过程遗留问题等；④油罐材质单、实际尺寸、实际容量、安全容量、容积表等；⑤油罐强度试验、严密性试验的原始记录；⑥油罐附件图纸说明书、技术数据等；⑦油罐清洗、维护保养原始记录。

2. 抓好防腐，严防渗漏

主要措施是：①定期对油罐进行清洗，经常收发的油罐每年应清洗一次，无条件清洗时应经常排放水分杂物；②避免装腐蚀性强、含水多的油品。一旦装入，应尽快发出，不宜长期储存；③定期检查油罐内、外涂层厚度，保持涂漆完整；④尽量使油罐满储，既可减少油料氧化和蒸发损耗，又可减少气体空间对罐顶和罐壁内的腐蚀。

3. 加强检查，清除隐患

主要做法有：①应指定专人负责油罐的检查工作，经常测量液位的高度，发现异常，及时查明原因，妥善处理；②新建或因故障修复的油罐，在装油后的短期内，适当增加检查次数，对建造年代久的油罐，应定期检测金属厚度和涂层厚度；③加强对操作人员的责任感教育，养成过细的工作作风，及时发现问题，排除隐患。

4. 防止外力对油罐的破坏

（1）油罐前加装波纹短管，防止地震造成油罐移位或撕裂伤；

（2）洪水季节保持排水系统畅通，并尽量使油罐储满。

5. 加强附件维护，确保完好正常

对油罐附件如透气阀、阻火器、量油孔、排污口、进出油短管等，尤其是透气阀、阻火器必须使之时时都处于完好无故障状况，必须及时维修保养，防止透气阀阀芯被锈蚀或杂物卡死，或冬季被冻死，动作失灵。

8.2 油罐堵漏方法之一——机械堵漏

利用机械形式构成新的密封层，从而堵住泄漏的机械堵漏法，适用于油罐壁的堵漏。这种方法的关键在于两点，一是正确选用密封材料，二是设计选用合适的顶压工具，以保证对密封件能施加上所需的外加压力。密封材料的选用与油管的一样，必须具有耐油性能。适用于油罐的顶压工具有以下几种：

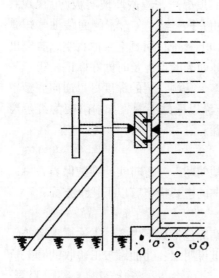

图 8-2-1　支撑顶

8.2.1　支撑顶堵漏

用一只三角形的支架埋在油罐泄漏处附近，顶杆与泄漏处在一条直线上，或者把三角形支架固定在油罐上，见图 8-2-1。

若油罐处于坑道内的岩洞内，罐壁周围有环形岩壁，可以只加工一个丝杠螺杆，以岩壁为支撑点。

8.2.2　压盖堵漏

结构形式见图 7-2-10，用法见第 7 章 7.2.3(4)有关叙述，不再赘述。

8.2.3　堵头堵漏

形式见图 7-2-3，用法见第 7 章 7.2 节有关叙述，因此不再赘述。

8.2.4　捻缝堵漏

对于罐壁小型的腐蚀裂纹、孔洞、砂眼等亦可采用第 7 章 7.2 节介绍的捻缝堵漏方法进行处理，其操作方法和注意事项也一样。

8.2.5 堵塞堵漏

对于油罐壁稍大一些的泄漏孔洞，也可采用堵塞堵漏方法进行处理。填塞物的材料一般为软金属或塑性材料，其形状与第 7 章 7.2 节所述一致，其用法和注意事项也一致。

8.2.6 螺栓堵漏

1. 罐底螺栓堵漏

修补油罐底的腐蚀穿孔，可在穿孔处用手摇钻钻一长方形孔，大小恰好能将特制的钯钉螺母放在罐底下，用钢丝吊住螺母，再将细砂从螺母孔灌入罐底，使之将螺母托起，灌入油漆包住螺母以防腐蚀，在长方形孔的周围抹一层白铅油或洋干漆，将带有压板和石棉垫的螺钉拧好。对周围表面处理后，抹环氧树脂腻子，贴玻璃布，抹补漏剂，刷两道内壁防腐漆罩面，如图 8-2-2。

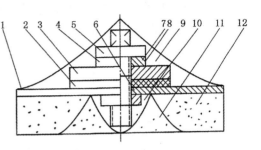

图 8-2-2 螺栓堵漏示意图

1—油罐底板；2—耐油石棉板垫；3—钢压板；
4—耐油石棉垫；5—压紧螺钉；6—特制螺母；
7、8—环氧树脂补漏剂；9—玻璃布；10—防腐层；
11—细砂；12—罐基础沥青砂垫层

2. 罐壁、罐顶的螺栓堵漏

对于罐壁、罐顶的机械性损伤，可用螺栓两端加螺母、上垫片、填盘根、浇洋干漆，然后拧紧螺母，涂抹补漏剂，贴玻璃布，刷油罐面漆即可。

8.3 油罐堵漏方法之二（Ⅰ）——粘接堵漏

8.3.1 填塞粘接堵漏法

将修补剂封闭堵塞在油罐泄漏的缺陷处，在缺陷部位上形成一个新的特殊的封闭结构。其基本原理、施工工艺详见本书第 7 章油管堵漏第 7.3 节带压粘接堵漏技术的相关叙述。

8.3.2 顶压粘接堵漏法

该法使用的黏接剂和工具等，参见本书第 7 章第 7.3 节相关阐述，在此不再赘述。

8.3.3 磁压粘接堵漏法

磁压堵漏法是利用磁铁对油罐的吸引力，将密封胶、胶黏剂、密封垫压紧或固定在泄漏处，形成新的密封结构。这种方法的特点是：施工简单、快速迅捷，毋须动火，适用于无法固定顶压工具和夹具，用其他方法无法解决的裂缝、松散组织、孔洞等低压泄漏部位的堵漏。因此，该法在油罐堵漏中推广应用有着广阔前景。目前具有代表性的磁力工具有架式和 C 式（Ⅱ式）等形式。

1. 架式磁力工具

图 8-3-1 所示就是架式磁力工具的结构形式。它由两副吸铁支架改制而成。其堵漏步骤是：先将螺杆旋下，使其下端的铝制铆钉压紧在泄漏处，铆钉视缺陷情况选用圆头或平头，也可在铆钉下面先垫铅等密封物，其目的是堵住泄漏处。然后将螺母旋下，使压套压住橡胶垫、铁皮、涂有胶黏剂的胶布层和铝铆钉，待胶固化后，视粘接强度，决定是否拆除工具，如拆除工具，把埋在胶层中的铝铆钉的尾部除掉即可。该工具垂直负荷单只为 588N，两只合力为 1176N。

这种工具，适于孔洞、砂眼的堵漏。因为它是先堵后粘，胶黏剂不受介质直接影响，但选用胶黏剂应考虑对温度、粘接材料的适应性。

也可以采用铝铆钉先堵，后用胶黏剂直接粘牢铆钉的方法堵漏。

2. C式磁力工具

图8-3-2为C式磁力工具，它是用C式磁铁直接压在不锈钢皮上，使密封胶或胶黏剂堵住泄漏的孔洞、松散组织或裂缝等缺陷，堵漏前应清洗泄漏部位，整修其表面。

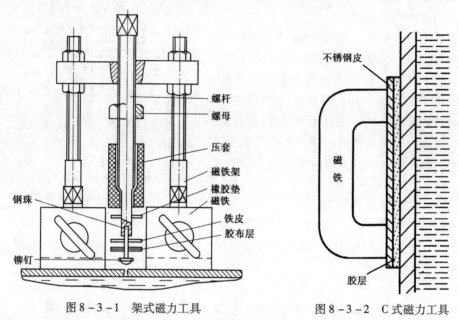

图8-3-1　架式磁力工具　　　　　　　　图8-3-2　C式磁力工具

如果一只C式磁力工具压力不够，可根据情况适当增加C式磁力工具。这种工具也适用于气柜等低压部位的堵漏。

3. 电磁铁工具

在现场许可的条件下，可采用电磁铁工具压紧和固定密封胶、胶黏剂或密封垫的方法堵住泄漏处。这种方法磁力较强，但需要电源。

4. 应用举例

原油、天然气的储罐，由于腐蚀等原因，出现裂缝、漏孔等缺陷，采用磁压粘接堵漏法，可收到良好的效果。

先用962胶液浸棉纱塞住漏洞：（裂缝小的可不塞棉纱），再在0.2~1mm厚的非磁性材料（镍铬不锈钢、黄铜、紫铜、塑料、橡胶等）板上涂HY-962胶，贴在泄漏处，在其板上放上1~4块蹄形磁钢（铝钴镍之类），吸住罐壁，压紧密封。待胶固化后，非磁性材料板与罐壁粘接在一起，取下磁钢，进一步粘接加固。

8.3.4　粘接堵漏技术要领

1. 黏接剂的选择

国内研制出了多种密封剂料，能满足各种工况条件下的堵漏需要。表8-3-1是某石化公司生产的堵漏专用密封剂，表8-3-2是某厂研究所堵漏专用密封剂，表8-3-3是某化工研究院堵漏专用密封剂，表8-3-4是几种常用黏接剂的粘接强度参数。

选择时的主要考虑因素是粘接强度、耐油性、耐水性、耐腐蚀性、耐温性、适应性，以

194

及操作性和经济性等。

表8-3-1 某石化公司堵漏专用密封剂

牌号	适用介质	适用温度/℃	说明
TSM-2	水、水蒸气、空气、氮气、氢气、浓碱、氨、盐酸、醋酸、润滑油、汽油、柴油、石脑油、醇等	≤250	通风、避热、避光处保存1年,规格有$\phi18\times75(95)$、$\phi24\times95$,供注射用
TSM-3	水、水蒸气、空气、氧气、氢气、浓碱、盐酸、硫酸、有机酸、醇、酮、酯类等	≤350	通风、避热、避光处保存1年,规格有$\phi18\times75(95)$、$\phi24\times95$,供注射用
TSM-4	空气、氮气、氢气、煤气、液化石油气、液蕊烃、油品、石油醚、变压器油、醛、醇、酮、联苯、氨、硫酸、盐酸、浓碱等	≤250	在10~20℃下保存1年,规格有$\phi18\times75(95)$、$\phi24\times95$,供注射用
TSM-8	苯类等各种强溶解性化学品、油类	≤260	常温密封保存1年,规格有$\phi18\times75(95)$、$\phi24\times95$,供注射用
TSM-9	各种低温化学品、气体等	≥-195	常温密封保存1年,规格有$\phi18\times75(95)$、$\phi24\times95$,供注射用
TSM-11	高温蒸汽	350~700	通风、避热、避光处保存1年,规格有$\phi18\times75(95)$、$\phi24\times95$,供注射用
TSM-12	渣油等各种油类、水蒸气等	≤500	通风、避热、避光处保存1年,规格有$\phi18\times75(95)$、$\phi24\times95$,供注射用

表8-3-2 某厂研究所堵漏专用密封剂

牌号	外观	适用介质	适用温度/℃	说明
GHJ-3	黑色胶泥	蒸汽、烃类、油类	160~380	注射用,可加石棉粉调节稀浓度
GHD-3	黑色圆棒	蒸汽、酸、碱、酯、酮、醇	<280	注射用,规格$\phi24\times120$
GHD-4	白色圆棒	蒸汽、油类	300	注射用,规格$\phi24\times120$
SL-6	绿色圆棒	绝大多数有机无机介质	-150~320	注射用,规格$\phi8\times75$、$\phi24\times120$适用国内外任何注射枪
SL-7	红色圆棒	过热蒸汽、高温烃类	250~600	适用国内外任何注射枪
GHJ-1	甲:白色胶泥 乙:黑色胶泥 丙:白色粉末	水、蒸汽、酸、碱、油类	250~300	注射用,用于高温处配完胶半小时后使用
WJ-2F	甲:淡绿粉末 乙:白色液体	过热蒸汽、高温油烟气	200~800	注射用,配胶后需防潮加盖存放
WJ-1	黄色胶泥	水、油类、弱酸、弱碱	150~600	注射用,用于高温密封

表8-3-3 某化工研究院堵漏专用密封剂

牌号	外观	适用介质	适用温度/℃	说明
A_1	黑色圆棒	油类、水、化学品	室温~120	注射用,10℃以下保存1年
A_2	蓝色圆棒	油类、烃类、蒸汽等	120~200	注射用,室温保存2年
A_3	绿色圆棒	油类、烃类、蒸汽等	150~300	注射用,室温保存2年
A_4	黑色圆棒	高温烃、油类、蒸汽	250~540	注射用,室温保存2年
B	黑色圆棒	水、醇、碱、醛、酸、丙酮、蒸汽等	150~350	注射用,室温保存2年
C_1	乳白色圆棒	热油、芳烃、化学品	150~400	注射用,室温保存2年
C_2	灰色圆棒	酸、碱、油、化学品	160~350	注射用,室温保存2年
C_3	咖啡色圆棒	油类、酯类、蒸汽等	150~300	注射用,室温保存2年
D_1	白色圆棒	低温酸、碱、水等	-150~240	注射用,室温保存2年
D_2	白色圆棒	氯、氢氟酸	<240	注射用,室温保存2年
E	粉红色圆棒	水、蒸汽等	250~540	注射用,室温保存2年
F	红色圆棒	过热蒸汽	200~600	注射用,室温保存2年
H	白色圆棒	油脂类	100~320	注射用,室温保存2年

表 8 – 3 – 4　常用黏接剂粘接强度

黏　接　剂　　　项　目	剪切强度/(kgf/cm²)	抗拉强度/(kgf/cm²)
101	32.65	27.89
102(自配)	44.37	39.72
103	53.54	450.96

注:表内剪切强度及抗拉强度值均为三个式样的平均值。

2. 粘接接头设计

使用黏接剂粘接堵漏时不能简单地把它的连接结构作为粘接结构,必须根据具体情况作出相应的改变,应进行粘接接头设计。粘接接头设计的原则如下:

(1)避免过多的应力集中,消除剥离、劈开、弯曲等现象。受力方向在粘接强度最大的方向。

(2)合理增大粘接面积,提高粘接接头的承载能力。但并非粘接面积越大越好,对金属而言,一般粘接面长度与粘接件中较薄件厚度之比值不宜大于10。

(3)将粘接接头的强度与粘接材料的自身强度始终保持在相同或接近的水平上。

(4)简化粘接接头的制造工艺,降低制造成本。

(5)层压制品的粘接应避免层间剥离现象。

粘接接头形式较多,一般分三种类型:套接接头,其抗剪、抗拉、抗压、抗剥离和弯曲综合性能好,是接头设计中最理想的一种形式。此外还有槽接接头、平面粘接。平面粘接又分为对接、搭接、角接、斜接和丁字形接。

3. 表面处理

(1)表面特性及组成:

①表面的不平滑性　相对物质分子间相互作用所需距离而言,任何物质表面都达不到绝对平滑,均是由峰谷组成起伏不平的粗糙表面。就拿高精度表面而言,两平面吻合,接触面积仅占几何面积的1%,峰谷间平均距离约大于分子间相互作用所需的40倍左右。所以,由于表面不平滑性决定了任何两个表面不可能通过其大部分分子间的作用力来牢固结合,只有通过黏接剂来实现。

②表面的多孔性　其基体本身若由纤维组成,如:木材、皮革、纤维、纸张、织物等,具有多孔性,其表面也具有多孔性。其二基体若是密实的,如:铝、钢、铜等金属材料,由于长期与空气接触,从而渐渐生成具有孔隙的氧化层。

③表面的吸附性　一般的材料具有表面能(或表面活性),尤其金属材料,具有较高的表面能、易吸附各种气体、水蒸气和其他一些杂质。由于材料表面能各异,其产生的吸附性大小,吸附物质也不尽相同。

④表面的组成　由于表面多孔性和吸附性,决定了长期暴露于空气中的表面与其基体是完全不同的,无论是易氧化的金属,或易老化的非金属材料,表面都会吸附存在于环境中的各种气体、油污、灰尘等杂质,有些物质还与空气中的氧、硫等发生化学作用,生成氧化膜等。因此,表面通常有气体吸附层、油污和尘埃构成的污染层、氧化层、氧化物与基体间的过渡层所构成。

(2)表面污染对粘接强度的影响　表面往往含有大量的灰尘或油污,即使是刚处理好的洁净表面一旦暴露于大气中,该表面也会被大气中的灰尘或其他杂质所污染。表面污染物一般都是疏松的低表面能物质，会导致接触角增大，使黏接剂不润湿表面，不同程度地影响了粘接强度。因此，粘接工艺中除去污物必须进行。

（3）表面处理方法 表面处理是粘接工艺中最重要的一个关口，也是人们常被忽视的地方。许多油库黏接剂使用中之所以粘接效果不够理想，绝大部分原因是表面处理把关不严。处理方法一般分为机械处理和化学处理两大类。

① 表面机械处理 机械处理一般分为使用挫刀、砂布、钢丝刷等工具进行手工打磨和采用喷砂机等设备进行喷砂处理两种情况，用于清除氧化层和疏松层。前者方法简单，操作方便，但手工难以控制质量。后者能获得理想的表面粗糙度。

② 表面化学处理 化学处理一般是采用酸性溶液对金属或高分子材料表面进行的酸蚀，操作简便，除氧化层效果好。常用酸蚀度溶液配制比例见表 8-3-5。一般要求化学处理除锈后，还必须进行溶剂脱脂处理。

表 8-3-5　常用表面化学处理酸性溶液配方

组成物质及质量组成	备注
$H_2SO_4(98\%):20g$, $HCl(35\%):15g$,水 75g	在 40℃下进行，时间 10min 左右
$H_2SO_4(98\%):1g$ $H_2C_2O_2 \cdot 2H_2O:9g$,水:80g	在 82~88℃之间进行，时间 10min 左右
$HNO_3(50\%):10g$,水:90g	室温下进行，时间 10min 左右

③ 溶剂脱脂处理 溶剂脱脂实际是溶剂洗涤，一般说，动植物油可用强碱溶液除去，矿物油可用洗涤剂清洗；而有机溶剂对动植物油、矿物油都是有效的。一般常用的有机溶剂有：丙酮、汽油、氯仿、工业酒精等。

④ 处理方法选择 选用处理方法时一般需考虑以下因素：a. 表面污物的种类：动物油、植物油、矿物油、土、无机盐、水等；b. 污物的物理特性：如污染厚、密、松程度；c. 粘接材料的种类；d. 需要的清洁度；e. 清洁剂特性；f. 现场操作条件。一般机械和化学方法处理可独立使用，若条件允许，两种方法结合使用效果更佳。溶剂脱脂法亦可单独使用，但效果不够理想。如采用化学处理法之后，一定要再进行一次溶剂脱脂，作洁净处理，清除化学溶剂。总之，通过机械方法可得到理想的粗糙度，化学方法可得到满意的除绣效果。

4. 配胶与涂刷

粘接质量好坏，与黏接剂配制质量的优劣也有很大关系。一般应做到如下几个方面：

（1）计量准确，误差控制 2%~5%。

（2）一次配量适当，一般在 2h 内用完。

（3）配胶工具应选用对粘接剂组分无破坏作用的材料设备，所有调胶工具必须做表面处理，保持清洁。

（4）搅拌各组分必须搅拌均匀。

（5）配胶场所要求明亮干燥、灰尘少，通风性能好。

涂胶的方法很多，如：刷涂、自流喷涂、刀刮法等。油库常采用刷涂法、刀刮法。一般要求黏接剂能完全贴附于被粘物表面，并尽量排除胶层中空气，保持胶层厚度均匀。胶层厚度一般控制在 0.1~0.5mm，太厚影响粘接强度，而太薄时易出现缺胶、弱界面层和应力集中。另外，新制备的表面一旦干燥即粘接，一般不超过 2~4h，因为新表面吸附性强，极易污染，形成氧化层。

5. 固化工艺

固化工艺是粘接程序中最后一道关口，直接影响到粘接效果的好坏。固化过程有 3 个重要参数：压力、温度及一定压力温度下保持的时间。

（1）压力　接触面加压，能使粘接表面间紧密接触，并在整个表面上形成致密、均匀、无气泡的胶层；增加胶黏剂对表面的润湿能力和对表面微孔的渗透能力；能使胶黏剂中未尽挥发的溶剂迅速逸出，使胶层保持完好性。胶层厚度控制通常也是通过加压来实现的。压力太小，胶层太厚；压力过大，容易缺胶。所以，压力大小一定要按规定控制。

（2）温度和时间　为了固化反应趋于完全，胶黏剂需在一定的固化温度条件下保持一定的固化时间。固化时间的长短主要取决于固化温度，因温度作为热能的体现，为加快化学反应和溶剂的挥发提供了充分的能量。另外，固化时间与调胶方法、生产条件和加温方式等因素有关。在一定条件下，提高固化温度可缩短固化时间，并且可以得到同样的粘接效果，反之，就延长固化时间。对某一种胶黏剂而言，有一定的固化温度，低于这个范围胶黏剂是不能固化的；高于此范围会引起固化反应激烈，胶层变硬发脆，粘接强度下降。但必须说明，严禁明火加温固化，高温固化也需用逐渐升温的方法，防止升温过快，在胶层表面形成一封闭膜阻止内部溶剂向外挥发。

8.3.5　一种作胶黏剂的工业修补胶

北京某胶黏接技术开发研究所研制的工业修补胶，在石油部门推广应用效果颇佳，现以此为例简单介绍。

1. 组成

该胶为双组分，是由低聚物、引发剂、弹性体和促进剂组成。在固化过程中，由于引发剂的作用，单体与弹性体之间发生反应，形成化学结合，具有较高的粘合强度和性能，可作为工程上的结构胶使用。

2. 特点

（1）操作简便　使用前无需进行计算与计量，将两组分分别涂敷在两个被粘接表面，当两个被粘接面对合后，在几十秒至十几分钟之内就能有效地粘接，在室温下，1h 后粘接强度可超过 20MPa。

（2）粘接强度和 T 型剥离强度高，见表 8 - 3 - 6。

表 8 - 3 - 6　某公司工业修补胶与其他室温固化的反应型胶的比较

胶　黏　剂	剪切强度/MPa			T 型剥离强度/（kN/m）	初步固化时间/min
	45#钢	铝合金	带油 45#钢		
天力快速工业修补胶	30.0	15.8	19.6	0.78 ~ 0.98	3 ~ 5
室温环氧结构胶	19.7	12.6	≤4.9	<0.118	30
502 瞬间胶	19.6	9.8	≤4.9	<0.078	1 ~ 2
101 聚氨酯	4.9 ~ 5.9	5.9 ~ 8.8	0		1440

（3）粘接适用范围广　适用于钢、铁、铝、不锈钢等金属，ABS、玻璃钢、聚碳酸酯、PVC、有机玻璃、聚氨酯、铁氧体、陶瓷、水泥、电木、木材等同种或异种材料的粘接，并可用于油面上作业。金属表面若沾上油品（如防锈油、机油、石油等）用干布擦拭后就能立即涂胶粘接，且粘合强度较高。

3. 接头设计

使用天力快速工业修补胶时，粘接接头设计的基本原则如下：

（1）避免过多的应力集中，消除剥离、劈开、弯曲等现象。

（2）合理增大粘接面积，提高粘接接头的承载能力。

（3）将粘接接头的强度与粘接材料的自身强度始终保持在相同或接近的水平上。

（4）简化粘接接头的制造工艺，降低制造成本。

（5）层压制品的粘接应避免层间剥离现象。

4. 表面处理

（1）用天力脱漆剂脱漆　用板刷沾天力脱漆剂均匀地涂在钢板上，停留 3～5min 后铲除并擦净；

（2）用天力除锈剂除锈　用板刷沾天力除锈剂均匀涂在钢板上，停留 10min 后用水冲掉；

（3）用水冲洗粘接材料表面至中性，凉干或擦干；

（4）用 60～100 目砂布打磨，进行表面处理；

（5）用天力表面处理剂进行活化处理后凉干，避免二次污染。

5. 配胶和涂胶

在粘接材料表面处理后进行配胶，由于反应速度较快，每次配胶量不宜过多，最好在 100g 以下为宜。

涂胶要根据具体情况，选用适当的方法进行涂敷，以保证胶黏剂在粘接表面形成合格的厚度。

8.4　油罐堵漏方法之二（Ⅱ）——粘接堵漏实例

由于粘接技术的诸多独特优点，尤其对油罐这样的危险场所、危险设备，应用该技术显得更必要，效果更突出。因此，近些年来，在各类油库中应用越来越多。下面举几个实例，对油库工作人员有借鉴作用。

8.4.1　实例一

某军区后勤部油料部门，将环氧树脂用于修补油罐泄漏。他们经过几个油库几年的试用，证明此法简单易行，效果良好。特别是用于山洞油库，效果最佳。因洞内基本恒温，环氧树脂胶的补漏效果不受热胀冷缩的影响。他们的具体做法如下。

1. 补漏剂的配制

1）原料配比与配料顺序

环氧树脂胶：637 环氧树脂　　　　　　　　100g →

增　塑　剂：邻苯二甲酸二丁酯　　　　　15g →

固　化　剂：乙二胺　　　　　　　　　　8g →

填　　　料：铝粉　　　　　　　　　　　1g →

2）配制

工具：一只碗、一把螺丝刀、一个脸盆、一个暖瓶，0～1000g 托盘天平一台，0～

100℃温度计一支。

原料：根据补漏的需要量，按配比将原料备齐。

配胶：用螺丝刀将环氧树脂调入碗里，再把碗放入水温90℃以上的盆中（注：水切勿入碗），待环氧树脂受热软化，搅拌成液体后，将碗取出。按比例将邻苯二甲酸二丁酯倒入碗内，搅拌均匀为止。然后再将乙二胺倒入（温度保持在60℃，过高会引起环氧树脂变质），待搅拌2～3min后，再放入铝粉，搅拌片刻，即可使用。在使用中，胶温要始终保持在60℃左右。

2. 补漏

（1）粘补罐壁砂眼　进行罐壁砂眼补漏时，油罐不需要腾空，带油作业即可。其作业顺序是：找准砂眼，将漏眼处的漆刮掉，用砂纸擦干净，再用合金钢冲锥将砂眼冲圆。砂眼小的地方可捻入铝丝，砂眼大的可塞入小铆钉，再用铜锤敲平，除掉漏眼处的氧化层，使金属露出本色。然后，将配制好的环氧树脂胶涂入砂眼处，边抹边搅拌，使环氧树脂胶与钢板粘合严密。涂的厚度一般为3～5mm。如砂眼处不粘胶，说明粘接处的钢板温度太低，可用热水袋或热水布在砂眼处加热，然后用干布擦去水分，再用环氧树脂胶按上述方法涂抹即可。补胶表面应尽量光滑，一般补成圆形，其半径以40～50mm为宜。

（2）粘补焊缝漏点　焊缝渗油，漏眼一般都小，很难找。粘补时，要根据油迹仔细观察，确实找准漏油点后，刮掉渗漏点周围（特别是焊缝沟槽内）的保护漆，再用砂纸打净，使其露出金属本色，即可粘补。粘补方法与上相同。

（3）粘补罐底渗漏点　罐底补漏需排空后进行。首先要确定好渗漏部位，再用真空试漏法查出漏点（方法：在渗漏部位涂上肥皂水，扣好真空盒，接真空泵，边抽真空，边观察肥皂水的变化，起泡处便是漏点）。试漏面积要大些，不仅要注意焊缝漏点，也要注意钢板砂眼。粘补方法与上相同。补胶完全固化后，可用真空试漏法检查一次。

此法也可用于补修低压管路及其他油料容器的漏点。

3. 注意事项

环氧树脂胶配制后，必须在90min内粘补完，否则，就会固化，不能使用。

固化的环氧树脂胶无毒，但固化剂乙二胺有毒性，易挥发出刺激性气体，操作中不得饮水、吸烟和吃东西。

8.4.2　实例二

中国石化某炼油厂用黏接剂修补石油储罐的渗漏，使油罐在生产急需时付诸使用，取得良好效果。其具体做法如下：

1. 粘接结构的设计

1）黏接剂的选择

根据粘接强度、耐油、耐水、耐中等程度化学腐蚀等条件，选用了自配的102胶和103胶（因103胶为水下黏接剂，有专门用途，故也被选用）。它们的强度较高，这两种胶能耐20%的盐酸及除了芳烃以外的大多数油品。

自配的102胶属于聚氨酯类黏接剂，其分子结构中含有羟基、氨基等极性基团。他们与除过锈的钢铁有很好的亲合力，在常温下即可交联反应，固化后无副产物，收缩率小，抗渗性好。

2）表面处理

被粘金属表面的处理是粘接工艺的基础工作，直接影响粘接效果；目前较好的处理方法就是喷砂，不仅能使钢板产生金属的活性表面，而且还造成锯齿形粗糙面，有利于黏接剂粘附在钢板上。对于小面积的破坏及不适合喷砂处理的场合，应用钢丝刷除锈，再用砂布将钢板打毛，便可进行修补施工。

3）粘接面的确定

粘接面积的大小是构成粘接强度大小的主要因素。为保证足够的粘接强度，需使粘接面积（即补疤大小）为被腐蚀面积的 3～4 倍为宜。

2. 粘接工艺

对蚀坑的增强防腐补疤，采用一层纱布和两层白布（刷一层胶贴一层布）；对蚀穿的孔洞补疤，除了一层纱布二层白布刷胶粘贴外，还要在贴有纱布的洞里灌注 103 胶，然后贴上一块比孔洞大一倍的薄铁皮（厚 0.5～0.75mm）全部粘补完后，在常温下干燥，干透后保养一周，即可投付使用。

3. 应用情况

（1）某地下溶剂油储罐（容量为 5000m³），罐底有一个直径为 20mm 的孔洞，地下水不断流入罐内。粘接时，先将干燥的水泥和砂子从洞口往下塞，堵住地下水，然后清理洞口、除锈，并用丙酮或无水酒精擦洗干净。继而涂上 102 胶、贴上纱布，使胶布陷入洞内，深度等于板厚。待凉干后灌入 103 胶，4h 后用 102 胶贴白布两层，最后再刷两道 102 胶即可。该罐粘补后已使用一年多，孔洞处未漏油。

（2）某燃料油罐（容量为 60m³），在离地面 100mm 处腐蚀穿孔一处，孔径约 25mm。先将比洞径稍大的木塞打入洞内止住漏油，然后清洗除锈，擦净后用上述同样方法粘补。已使用 3 个月，孔洞处也未漏油。

（3）某容量为 5000m³ 的汽油储罐，使用 3 个月后，因焊接质量有问题，罐底处发现 12 个焊缝裂纹，最长裂纹长达 120mm。对此也采用上述方法进行了粘补，因使用时间短，尚不能肯定效果。

4. 试验结果及建议

1）试验结果

① 抗渗试验　在 25kgf/cm²（2.45×10³kPa）压力下，内外补疤都不渗漏。

② 抗弯试验　反复弯曲 1750 次，被补铁皮已断，而补疤尚未全断。

③ 抗剥离试验　其抗剥离强度达 3.67kgf/cm²（359.7kPa）。

2）建议

① 从试验结果可以看出，其技术指标都超过了油罐的实际使用情况和操作条件。说明这种用黏接剂粘补渗漏油罐的方法是可取的。

② 粘接修补法对施工质量要求比较严格，因为施工质量好坏直接影响粘接强度，从而影响到使用效果。施工中的关键是油罐被修补处的表面处理和防止胶层起泡。只要认真把住这两个关键，便能收到满意的效果。

③ 粘接修补法有方法简单、维修方便、成本低廉、施工安全、防腐耐油、可常温固化等优点。但应用实例少、粘补面积小、使用时间短（只有一年半），对黏接剂的反应性能、粘接结构、使用耐久性等还需要继续研究和进行长时间的考验。

④ 实践证明：在不能动火焊接的情况下，确实可以代替气、电焊对油品储罐等设施进行修补。

8.4.3 实例三

湖南某石油公司，应用北京某材料厂生产的快速堵漏密封胶修复 5000m³ 油罐底板穿孔渗漏，取得了很好效果。

现场资料如图 8-4-1 所示。其 5000m³ 油罐底板在 A 点处为 φ10mm 孔，该处钢板厚 6mm，这是难以采用焊接方法修补的。当油罐存油后，由于孔渗漏，使油底板穿孔的周围泥地渗入大量的成品油，该区域不断向外排放出油蒸气，尽管对不同油罐底板进行清洗，用抽气扇排除罐内油蒸气，但仍不能排除穿孔处的油蒸气并使之降低，经检测，该处油气浓度在爆炸极限内，同时底板钢板厚度一般为 6~8mm，火补焊接时会使底板另一面同样产生高温，引燃油蒸气造成事故。因此动火修补解决这一类问题，存在着较大的不安全因素，然而胶补则显得相当轻巧而容易。胶补后示意图如图 8-4-2 所示。

（1）将细砂充实孔部后，直到用油蒸气检测仪检测油蒸气浓度在安全标准之内。

（2）用化学药剂丙酮及配制的除锈剂清洗孔内部及孔 φ140mm 范围内的底板脏物、锈渣，直到见到金属光泽。

（3）将孔 A 扩孔攻丝，用涂有稀胶特制螺钉拧紧固定在油罐底板上。

（4）将快速堵漏密封胶 A、B 按一定配比配制，用两层由胶浸润过的医用纱布覆盖在清洗过的油罐底板上，稍用力压紧拉平纱布，以保持纱布与底板接触处光滑过渡。

（5）胶补后 24h，经检查胶补情况，合乎要求后进行水压试验，合格后即可装油。实际结果表明：该油罐运行 3 个月后无异常情况。

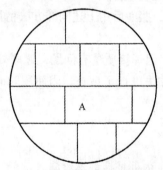

图 8-4-1　5000m³ 油罐底板
平面示意图

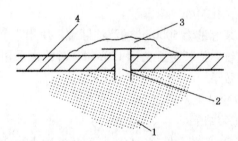

图 8-4-2　胶补后示意图
1—细砂；2—螺钉；3—胶层；4—钢板

8.4.4 实例四

某军区后勤部油料部门，将粘接技术又应用于油罐的不动火增设油罐静电接地，同样取得很理想的效果，他们的具体做法如下。

某轻油洞库 2000m³ 立式金属罐，储有车用汽油（见图 8-4-3），该罐底边缘板仅有一处与静电接地线相连，不符合规范要求，拟采用粘接技术改造，作业程序如下。

1. 选用胶黏剂

因考虑到有导电性特殊要求，选用襄樊

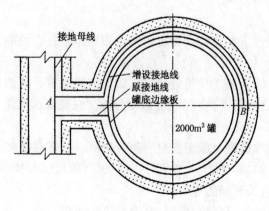

图 8-4-3　油罐静电接地示意图

粘接技术研究所生产的 C-2-1 型铝粉导电胶,或者自配导电胶(价格低得多)。

2. 设计接头,加工预制粘接件

考虑到粘接抗弯、抗剥离性能差,为增加粘接面积,接头 A、B 两点设计见图8-4-4。为避免产生接头弯曲、剥离力,图 8-4-4(b)、(c)设计更为理想。新增接地线、附助板按图制做。

3. 粘接面处理

(1)因轻油洞库属一级爆炸危险场所,进洞操作应保证可靠的安全工况。如:洞内无量油、测温、收发作业等业务,适时通风,保证洞内油气浓度低于爆炸下限的80%以下。同时,施工现场保证一定消防器材,并配一名消防员现场值班,以防意外。

(2)将油罐底边缘板、原接地母线待粘接面用防爆工具整平,用铜丝刷除去附锈、污物,并使其粗糙度达到 $Ra12.5 \sim 6.4\mu m$。

(3)按要求配制溶液对上述两表面作化学处理,即将浸有溶液的棉花贴敷于被粘接表面约 10min。同时,对已预制增设的接地线,粘接面在车间作上述处理后运到现场,固定于设计位置。

(4)用棉花蘸丙酮反复擦洗被粘接面,直到干净、干燥为止。

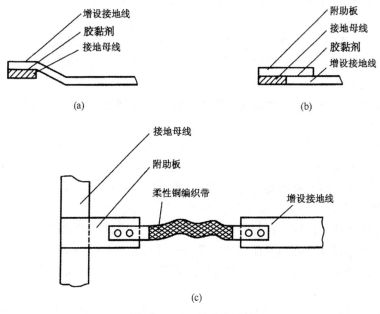

图 8-4-4 粘接点设计

4. 调胶与涂刷

(1)选用洁净的调胶涂刷工具(木棒、玻璃杯、刷子、刮刀等),并用丙酮清洗后凉干。

(2)按规定对铝粉、胶黏剂重量对半掺合,常温调配,考虑余量,调配约 4~6g 并混合均匀。

(3)表面丙酮擦洗干燥后,开始用刀刮法或涂刷法均匀涂胶,在 2h 内完成,控制胶层厚度0.1~0.2mm 左右。

(4)结合面粘合,并稍加挤压,使之均匀分布,或者压上重物,大约施加压力对图 8-4-4(b)为 220 N 左右,图 8-4-4(a)、(c)每处 110N 左右。

自配导电胶方法：选用普通双组分环氧树脂基高强度胶，在现场按比例甲、乙组分混合，然后再加入500目铜粉，重量比例为：甲、乙组分重量和：铜粉 = 1：1。一般掺合后过稠，还需对其加温。方法是将调胶容器放于热水中，直至导电胶稀稠达到要求为止。

5. 固化处理

考虑到洞内潮湿，温度较低(8~10℃)自然固化一般为30~36h；3200W防爆白炽灯加温固化约需8~12h。

6. 检验粘接性能及导电性能

选用两种导电胶，经测试结果为：接触电阻≤0.005Ω；不均匀扯离强度>250N/cm。

值此，将所有接点防腐层损坏处及黏接剂外表面涂刷油漆，金属储罐改造已告完成。

7. 几点说明

（1）粘接全部采用手工操作，整个操作过程中牵涉的内容又较多。温度、压力、时间、表面处理、调胶等因素，都会直接影响粘接强度。因此，整个操作过程一定要认真对待，不可偏废。

（2）加强对粘接点设施的管理，因粘接点脆性较大，尽量减少震动、移动。并定期检查接点可靠情况，发现脱落和不牢，及时处理。

（3）粘接点一般对骤冷骤热的温度变化适应能力差，应尽量避免有接点处设施的温度突然升高或加热。

（4）由于大多数酸性溶液或溶剂属易燃品或有腐蚀性，一定要注意操作场所防火、防腐蚀皮肤、衣物工作，尤其对爆炸危险场所的操作，一定要按有关规定做好充分的准备工作。

8.4.5 实例五

湖南省株洲市石油公司，应用快速粘接密封胶，修复加油机调量杆，同样取得了成功。

1. 基本情况

图8-4-5是长空牌加油机调量杆零件示意图。现场资料：调量杆轴与球松脱，如图A处轴插入球内直径为φ3mm，插入长度为6mm，材料均为铜质，从图及两个已知数据可以知道该部件细小，无法采用动火焊接或锡焊焊接、最后用胶接的方法修复了它。

2. 实施方法

（1）对轴和球内孔反复用除锈剂及丙酮进行清洗，去除油污和锈斑。

（2）将极小块塑料薄膜塞住球孔如图中B处以防胶把球胶接在球座上。

（3）将快速堵漏密封胶A、B按一定配比配制灌注球孔内，再将轴插入球内孔，按要求固定好轴的位置、凉干。

（4）经过8h，进行拉力试验合格后，装入机内进行使用。该部件经过3个月的装机运行，效果良好。

3. 结论

在这类问题维修方面，快速堵漏胶同传统的维修方法相比，具有操作简便，维修工程进展速度快，节省人力物力、成本低经济效益高，维修安全可靠的优点。随着堵漏胶逐步在油库中应用，它将逐步成为油库维修的一种重要方法，同传统焊接方法一起在油库维修方面发挥积极作用。

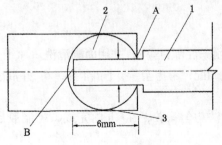

图8-4-5 调量杆示意图

1—轴；2—球；3—球座

8.5 油罐堵漏方法之三——用 FRP 衬里代替罐底板更换

8.5.1 简介

储油罐投入使用之后，腐蚀就会发生。如果储罐底部迅速腐蚀必须对其采取措施，或者补焊或者更换。更换储罐底板是一项既花钱，又费时的工作。现推荐一种新的方法，用树脂膜玻璃纤维加强塑料(FRP)衬里涂刷在旧储罐底部，可以节省时间与资金。并且能够在10～20年的时间里防止钢制储罐底板的内腐蚀。

膜状衬里能够像第二层底板一样紧密地黏接到原来的底板上去。既可以防止内腐蚀又可以防止外腐蚀穿孔而引起的泄漏(衬里的干膜厚度少于0.5mm时不能防止底板穿孔引起的泄漏薄膜衬里只推荐用于新储罐)。

FRP 衬里能够保证足够的强度来覆盖罐底板上的小穿孔。涂刷衬里时对罐底板表面粗糙度要求不高，可以将小坑点和凹凸处盖住。

涂刷玻璃纤维加强衬里包括使用底漆、腻子、催化型树脂、玻璃纤维与密封涂层。储罐腾空、罐底表面清扫干净之后，用于涂刷衬里的时间远远少于更换底板的时间。

8.5.2 罐底清理工作

罐底表面的清理是保证 FRP 衬里粘附力和寿命的关键一步。不适当的表面处理可能导致涂刷衬里的失败。正确的准备工作使罐底具有清洁的表面和外形，从而保证涂层具有良好的化学和机械粘附力、与储罐底板紧密结合。

储罐内石油抽干后，操作人员要清除罐底渣滓。在此之前要由有资格的检定人员来测定罐内可燃气体的含量，在确保达到安全值范围时才开始进行清理，才允许动焊，允许喷砂。

如果储罐有内浮顶。浮顶下面也要清扫干净，防止在涂刷衬里过程中有赃物从内浮盘上掉下。对罐底表面进行清理，必须将可见的油、润滑脂、灰尘、脏物、氯化物、铁锈及剥落的油漆清除干净。通过喷砂来去掉铁锈、油迹或其他有害污染物。选择喷砂的范围类型取决于罐底表面状况。罐底板清理完毕符合要求即可进行涂刷 FRP 衬里的工作。

该步骤应按有关规范标准和规定要求进行操作，符合相关标准人员才可进罐作业，及从事相关作业。

8.5.3 钢板缺陷修补和试验

一旦储罐底板表面清理干净，就可通过对该底板进行检测分析来测定厚度、坑洼点和穿孔程度。用无损探伤的方法来测出钢板的实际厚度，测量罐底的腐蚀。钢底板厚度范围为6～10mm。还可用传感器检测，将传感器直接放在清扫干净的底板表面。传感器将检测区域内的钢板厚度数字传输出来，从而得知哪些地方需要加强。

根据底板金属的腐蚀程度，需进行修补。底板有较大的穿孔时，用4.5～6mm 厚的钢板作"补丁"。用砂轮磨去粗糙的棱边、金属毛刺和焊疤，为涂刷衬里打下基础。钢板修补完成后，按照《钢结构涂料协会 SSPCSP10》来进行喷砂处理。在该过程中，要将罐底及距罐底75mm 范围内的罐壁清理干净，去掉所有的油迹脏物。喷砂处理完毕，可用压缩空气吹扫或真空吸的办法进一步清扫，去掉一切外来废物与尘土。

表面准备工作完成，即可进行涂刷衬里的工作。先涂刷一层 0.025～0.04mm 厚的防腐聚酰胺环氧树脂。第一层涂料应在罐底表面清理干净后 8h 之内进行，时间久了可能产生铁锈。如果未刷涂料之前又生锈，必须再进行除锈处理。刷涂料时要杜绝水、盐、油、润滑脂、燃料和碱，采用刷子、滚子或无气体的喷涂设备，操作温度大于10℃。

第一道涂层完成后18~24h逐渐变干。如发现坑洼处不能再用焊接的方法填充，可用柔性的腻子补平。对于铆接储罐，可用腻子覆盖铆钉头部和所有的缝隙。焊接储罐所需腻子较少，但用腻子填充以保证罐底与叠层衬里系统的紧密粘接仍然是十分重要的。

8.5.4 涂刷催化树脂装入玻璃纤维

腻子填充完毕，就在罐底及离罐底610mm高的罐壁上均匀涂上一层催化树脂膜，操作温度应高于15.6℃，相对湿度低于90%。树脂膜尚未变干即开始安放玻璃纤维。将预先准备好的玻璃纤维置于树脂膜上，然后用特制助辊将玻璃纤维压入树脂膜，形成1~1.2mm的衬里层。玻璃纤维应完全压入膜中以保证粘附力及形成连续的表面，杜绝气泡和皱折的产生。

为了更好地密封缝隙，距罐底75mm以下的罐壁部位都要用玻璃纤维覆盖，在树脂膜未干时压平。整个过程在24~48h之内完成。在衬里涂刷过程中，可以通过肉眼观察与试验来检验。检验涂层是否完整的方法之一是用带电的钢刷在涂层表面连续运动。如涂层有针眼存在，就会在带电钢刷与暴露的钢板之间产生电弧，于是报警，提醒检测者该处有缺陷。发现缺陷，再用催化树脂与玻璃纤维进行修补，将露铁处覆盖住。

此外，还要对催化树脂进行硬度试验，用934#Barcol硬度试验仪对涂层表面进行试验，读数必须超过30个Barcol单位，以确保罐底能有效服务若干年。

通过上述两种试验，证明涂层质量符合要求。最后再涂刷一层约0.5mm厚的蜡溶液、用以密封嵌入的玻璃纤维。蜡溶液可以保护衬里表面，使涂层表面干了之后不剥落，形成硬实平滑、摩擦力小的良好衬里。

如果储罐所处的位置存在严重的化学和电化学腐蚀，推荐采用总厚度达2.8~3mm的双层衬里。双层FRP涂层能够在储罐服务期间覆盖住因外腐蚀而产生的穿孔，避免泄漏。通过所有的检测试验之后，FRP涂层衬里系统即告完工。旧储罐涂刷一次可以保证使用10年以上。

8.6 油罐堵漏方法之四——用弹性聚氨酯修补油罐

聚氨酯涂料形成的漆膜一般都比较坚硬，弹性伸长率不大，用于油罐壁易变形场合，尤其用于油罐底易起伏变形条件下，漆膜容易因钢板变形而损坏，从而出现泄漏。这种场合需要聚氨酯涂料具有高弹性，以适应变形扭曲。欲使聚氨酯漆膜具有高弹性，就必须使其结构由线型长链大分子组成。线型大分子间存有弱的分子间力，或存有部分少量交联键，其中链段在常温下能够移动或转动，是柔顺无规则的线团结构。弹性聚氨酯具有耐酸、耐碱、耐油、与钢材的附着力、抗裂防渗好等特性。因此，弹性聚氨酯涂料，不仅广泛应用于钢质油罐的内壁防腐，而且，广泛应用于油罐的不动火修补堵漏。只要油罐泄漏部位的本身强度还符合油罐使用要求，就可采用弹性聚氨酯进行修复堵漏。下面对某研究所研制的PU82型弹性聚氨酯油罐涂料的有关问题作些简要介绍。

8.6.1 技术要求

PU82弹性聚氨酯分为底层和面层两类，底层和面层又分别由甲组分和乙组分组成。它们均在施工现场涂敷前按要求进行配制。

1. 产品技术指标

1）底层甲组分

外观：浅黄色或浅棕色透明液体；

固体含量/%：55±2；

黏度（涂-4杯）：25℃条件下，10~20s；

异氰酸根（NCO）含量/%：5.5±0.4；

储存期：室温条件下，密封储存期不少于1年。

2）底层乙组分

外观：铁红色黏稠体；

固体含量/%：67±2；

细度：60~80μm；

储存期：室温条件下，密封储存期不少于1年。

3）面层甲组分

外观：白色或浅灰色黏稠体；

固体含量/%：65±2；

细度：40~50μm；

黏度（涂-4杯）：25℃条件下，75~125s；

异氰酸根（NCO）含量/%：3.1±0.4；

储存期：室温条件下，密封储存期不少于1年。

4）面层乙组分

外观：棕红色透明夜体；

固体含量/%：27±2；

储存期：室温条件下，密封储存期不少于1年。

2. 涂料、涂膜的技术指标

1）底层涂料

固体含量/%：62±2；

有效使用期：25℃配料后，使用时间不少于1.5h；

干燥时间：25℃，表干不大于4h、实干不大于24h；

适应的施工环境：在10℃以上、相对湿度90%以下的环境中能正常施工并固化成膜。

2）底层涂膜

① 物理性能：

外观：平整、光滑、铁红色；

剥离力（与钢板或混凝土底材）：不小于49N/25mm。

② 涂膜耐介质性能：

蒸馏水常温浸泡1年，无变化。

3）面层涂料

固体含量/%：56±2；

有效使用期：25℃配料后，使用时间不少于1.5h；

干燥时间：25℃，实干不大于24h；

适应的施工环境：在10℃以上、相对湿度90%以下的环境中能正常施工并固化成膜。

4）面层涂膜

① 物理性能：

外观：平整、光滑、白色或浅灰色；

剥离力(与底层)：不小于49N/25mm；

扯断伸长率/%：500±100；

扯断强度：不小于20MPa。

② 涂膜耐介质性能：

90#车用汽油室温浸泡1年，涂膜无变化；

1#或2#喷气燃料室温浸泡1年，涂膜无变化。

8.6.2　产品的包装、标志、运输和储存

1. 包装

(1) 产品用带盖的铁桶按产品的配比分别密封包装，各组分的包装应有明显区别。

(2) 包装好的产品应附有产品合格证和产品使用说明书。

2. 标志

(1) 包装桶的主面应粘贴牢固明显的标志。

(2) 包装标志上应标明：产品名称和产品标记；制造厂名；产品质量；商标；制造日期和生产批号；保管和运输注意事项；有效期限。

3. 运输

运输中严防日晒雨淋，禁止接近火源，防止碰撞，保持包装完好无损，按一般油漆类危险品运输。

4. 储存

(1) 产品应密封储存在仓库内阴凉、通风、干燥处，禁止接近火源。甲组分、乙组分配套存放，稀释剂与涂料应分类存放。

(2) 自生产之日算起，产品的有效期不得少于1年。超过1年的产品经检验合格，仍可使用。

8.6.3　产品检验

1. 检验的标准条件

温度：20±2℃；

相对湿度/%：65±20。

2. 检验方法

(1) 固体含量测定法按 GB 6740。

(2) 细度测定法按 GB 6753.1。

(3) 黏度测定法按 GB 1723。

(4) 异氰酸根(NCO)含量(%)测定法：精确称取1g左右的样品于25mL磨口锥形瓶中，准确加入10mL10.5mol/L二丁胺-甲苯溶液，室温放置20min。然后加入30mL乙醇摇匀，再加入1%溴甲酚绿指示剂4～5滴，用0.5mol/L盐酸水溶液滴定至由兰变黄。同时做空白对比。按下式计算异氰酸根百分含量：

$$N = \frac{42 \cdot (V_1 - V_2) \cdot M}{10 \cdot W}$$

式中　N——异氰酸根(NCO)百分含量，%；

V_1——空白试验所消耗的盐酸溶液体积，mL；

V_2——样品试验所消耗的盐酸溶液体积，mL；

M——盐酸溶液的摩尔浓度，mol/L；

W——称取的样品重量，g。

（5）涂料黏度测定法按 GB/T 1723。

（6）剥离力测定法在钢板上涂刷制膜后按 GB 2790。

（7）扯断强度和扯断伸长率测定法按 GB 528。

（8）涂膜耐介质性能试验法：

① 耐水性测定法按 GB 1733。

② 耐油性测定法：将面层涂料制成厚度约 0.5mm 的涂膜，裁成 2cm×7.5cm 的试片（表面积约 30cm²），25℃ 固化 1 个月后，悬挂浸泡于盛有 400mL 油品的玻璃容器中，加盖，25℃ 放置。1 年后取样进行外观检查，并按油品标准测试油品的胶质含量。

8.6.4　涂料使用前的验收

涂料使用前，应按《色漆、清漆和色漆与清漆用原材料　取样》（GB/T 3816—2006/ISO 15528：2000，IDT）规定的取样数目取样，对表 8 – 6 – 1 所列的项目进行抽查、验收。若不合格，应对取样数目加倍重新抽查。如仍不合格，则该批涂料为不合格，不能验收。

表 8 – 6 – 1　PU82 型弹性聚氨酯油罐涂料验收质量指标

项　　目		指　　标						检 验 方 法
		底 层 甲组分	底 层 乙组分	面 层 甲组分	面 层 乙组分	底层涂料	面层涂料	
涂料外观		浅黄或浅棕色透明液体	铁红色黏稠体	白色或灰色黏稠体	棕红色透明液体	—	—	目测
涂膜外观		—	—	—	—	平整、光滑铁红色	平整、光滑白色或浅灰色	目测
固体含量/%		55±2	67±2	65±2	27±2	62±2	56±2	GB 6740—1986
黏度（涂 – 4 杯,25℃)/s		10~20	—	75~125	—	—	—	GB 1723—1979
细度/μm		—	60~80	40~50	—	—	—	GB 6753·1—1986
异氰酸根（NCO)含量/%		5.5±0.4	—	3.1±0.1	—	—	—	YFB 008·1—1999
有效使用期（25℃配料后)/h		—	—	—	—	≥1.5	≥1.5	YFB 008·1—1999
干燥时间（25℃)/h	表干	—	—	—	—	≤4	—	GB 1728—1979
	实干	—	—	—	—	≤24	≤24	
剥离力/（N/25mm)		—	—	—	—	≥49	≥49	GB 2790—1981
扯断伸长率/%		—	—	—	—	—	500±100	GB 528—1982
扯断强度/MPa		—	—	—	—	—	≥20	GB 528—1982

8.6.5 涂层的等级与结构

PU82型弹性聚氨酯用作油罐防腐涂料时，其防腐涂层的等级与结构应符合表8－6－2规定。

表8－6－2 防腐涂层的等级与结构

等　级		结　　构	干膜厚度/μm
普通级	罐顶和罐壁	底层涂料两道→面层涂料三道	≥200
	罐　底 （含第一圈板）	底层涂料两道→过渡层涂料一道→面层涂料三道	≥240
加强级	罐顶和罐壁	底层涂料两道→面层涂料三道以上	
	罐　底 （含第一圈板）	底层涂料两道→过渡层涂料一道→面层涂料三道以上	

8.6.6 施工技术要求

（1）涂料施工时环境温度不应低于10℃，相对湿度不应高于90%；若温、湿度不适宜或罐壁出现结露水时，应适当调整施工时间。

（2）涂敷前必须对钢材表面进行处理，使之符合下列要求：

① 对于旧涂层的处理：凡需修复的部位，若有其他旧涂层，粘附不牢的一律铲除；粘附牢固的旧涂层必须用PU82型弹性聚氨酯油罐涂料在旧涂层上进行局部涂敷试验，若不出现咬底现象，可只将旧涂层的粉化、龟裂、起泡等部位清除干净即可。

② 除锈：凡需涂刷涂料的部位，必须除锈。除锈等级应达到《涂装前钢材表面锈蚀等级和除锈等级》（GB 8923—1988）中的Sa1级或St2级。

③ 擦拭：经清除旧涂层、除锈后的油罐钢板表面和不必清除的旧涂层表面，必须用废旧布（或棉纱）蘸稀释剂（二甲苯或醋酸乙酯）擦去灰尘、油污，使之达到干净、干燥。

（3）PU82型弹性聚氨酯油罐涂料的配制应符合下列要求：

① 涂敷时现用现配，涂料配制时必须分别将底层乙组分和面层甲组分搅拌均匀，然后按比例配制。

② 底层涂料、面层涂料和过渡层涂料必须按以下比例配制：

底层涂料的甲组分与乙组分质量比为1∶1.5；

面层涂料的甲组分与乙组分质量比为10∶3；

过渡层涂料由配好的底层涂料和面层涂料按质量比1∶1配制。

③ 按比例配制的涂料必须搅拌均匀方可使用，常温下涂料的有效使用时间一般为1.5h。当黏度过大不易涂刷时，可加入少量（不得超过涂料量5%）稀释剂稀释。

④ 配料、涂敷过程中严禁混入水、醇、碱及胺类等物质，配料后剩余各组分的料桶要加盖封存。

⑤ 配料时若发现面层甲组分"假凝"（呈"豆腐脑"状或整体软固化），应采用80℃热水加热"解凝"，搅拌均匀，方可进行配制。

（4）钢质油罐表面预处理合格后应尽快涂敷涂料。PU82弹性聚氨酯油罐涂料可采用刷涂、滚涂、高压无气喷涂。涂膜应厚度均匀，无气泡、凝块、流痕、空白等缺陷，遇到异常情况应分析原因及时处理。

（5）涂敷每一道涂料的用量：底层涂料为 $0.13 kg/m^2$ 左右，面层涂料为 $0.13 kg/m^2$ 左右。

（6）两道涂敷之间，应有足够的时间间隔。在涂敷罐顶、罐壁时要在上一道涂料表干后方可涂敷下一道涂料，一般一天可涂敷两道；涂敷罐底时，应在上一道涂料实干后，方可涂敷下一道涂料，一般一天涂敷一道。涂敷后的涂层应平整、光滑、有光泽。

（7）若用于油罐的修补堵漏，应先堵漏。用底层涂料调制成腻子，在泄漏处抹上两道找平待干固后再按上述步骤涂敷。若漏孔较大或钢板腐蚀面积较大时，可采用一块新钢板覆盖于泄漏部位，使用该涂料加以粘接。从而达到修复堵漏的目的。

（8）每一道涂料施工结束时，应立即用稀释剂清洗配料容器和涂敷工具。

8.6.7　涂料施工质量和涂层质量的检验

（1）涂料施工质量主要由油罐钢板表面预处理、涂料配制、涂敷操作和施工环境等因素决定，因此上述各方面必须按规定的有关内容实施检查。每道工序合格后方可进行下一道工序施工。

（2）外观检查：在涂敷过程中，涂层出现漏刷、流痕以及咬底、慢干、失光、起泡等现象，要分析原因及时处理。施工完成后，涂层应平整、光滑、有光泽。

（3）厚度检查：钢质油罐涂层施工结束后，涂层厚度可用 QCC－A 型磁性测厚仪进行检测。上、中、下各取四个测点，作为防腐时，其涂层最薄点的厚度不得小于表 8－6－2 规定的厚度。不合格的涂层应进行补涂。作为修补堵漏时，其涂层厚不得小于防腐涂层的厚度。

（4）涂层附着力和剥离力的检验应符合下列规定：

①在施工中应按规定等级和结构同量涂敷试验样板，试验样板底板规格为 $200mm \times 200mm \times 2mm$，材质应与钢油罐的材质相同。

②涂层附着力的检验方法应按《色漆和清漆拉开法附着力试验》（GB/T 5210—2006/ISO4624：2002）的规定执行。

③涂层剥离力的检验方法，参照 GB 2790—1995 进行。

（5）涂层面层涂膜扯断强度和扯断伸长率的检验应符合下列规定：

①在施工中应同时涂敷试验样板，试验样板底板选用 $300mm \times 300mm$ 的普通玻璃板，用稀释剂清洗干净，罐内涂敷面层涂料时，同时涂敷玻璃板。

②涂敷面层涂料结束 7 天后，将玻璃板上的涂膜剥下，常温放置 21 天后，按 GB 528—2009 测定。

8.6.8　涂层的补伤

补伤处的涂层材料与结构应与钢质油罐内壁涂层相同。补伤施工方法、检验方法应与上述主体施工的涂层相符合。

8.6.9　竣工资料

施工结束后，应提供以下技术资料：

（1）钢质油罐的基本情况、涂料合格证、施工质量证明文件、涂料施工技术方案、施工总结(含施工日期、用工及经费结算等)及验收文件；

（2）返修记录，应包括返修部位、原因、方法及数量；

（3）补伤及检测记录；

（4）其他有关记录。

8.6.10　涂层附着力检验方法

1. 检验方法摘要

在涂层上用刀尖划两条切透涂层的相交切割线，在切割线区域内用刀尖挑涂层以判断附着力是否合格。

2. 检验步骤

（1）用刀刃锋利的尖刀在涂层上划每边长约40mm的V形切割线，以30°～45°角相交；

（2）切割时应使刀尖和检查面垂直，并做到切割平稳无晃动；

（3）仔细检查切口，以确保涂层被切透；

（4）用锋利的刀尖从切割线相交点挑涂层，检查切割线所围区域内涂层和基材的粘接情况；

（5）记录检验结果。

3. 结果评定

合格的涂层：实干后只能在刀尖作用处被局部挑起，而其他部位涂层和钢板表面仍粘接良好，不得出现涂层被成片挑起和层间剥离的情况。固化1个月后用刀尖很难将涂层挑起。

8.7　油罐堵漏方法之五（Ⅰ）
——焊接堵漏动火前的准备工作

若油罐遭受破坏程度严重，或被腐蚀面积很大，且使油罐钢板强度远远低于使用要求，采取不动火修补堵漏效果不理想的情况下，往往不得已采用焊接方法进行修补，或更换局部壁板，多数为更换下层或最上层圈板，或更换罐底板。油罐为1级危险场所，焊接堵漏动火前必须严格按照有关法规认真做好动火前的各项准备工作。

8.7.1　腾空隔离

1. 腾空罐内油料

油罐发生泄漏，决定采用焊接堵漏修复方案后，应首先将待动火油罐内的油料输转至其他油罐。若该油罐为露天油罐，在该油罐周围防火安全距离以内的所有油罐或其他存有油料的设备内的油料都必须腾空。

2. 将泄漏油罐与不泄漏油罐实施隔离

1）露天油罐的隔离

对于待修油罐为露天油罐，将与该油罐的所有连接管道都截断，用盲板封堵，切不可以关阀代替盲板封堵。截断一切电气连接，使之成为孤立体。

2）岩洞内油罐的隔离

①在洞口把输油管线上预留的短管拆掉，两端安上盲板，断开静电接地扁钢，使洞内与洞外彻底断开。

②拆掉主坑道与支引道交界处管线上的阀门，断开管线，两端用盲板堵死，断开静电接地扁钢，使主坑道与罐体断开。

③如图8-7-1葡萄式油洞，2#罐和7#罐渗漏，就把1#、3#、4#、5#、6#、8#罐封死，即在不渗漏油罐的支引道靠近主坑道处用砖和黄泥砌墙隔离，这样就可对渗漏的油罐，进行处理。

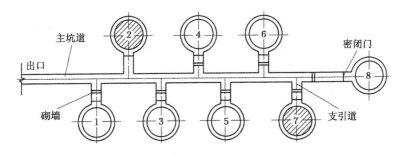

图 8-7-1 葡萄形油洞

④ 如图 8-7-2 穿廊房式油洞，若 1#罐和 3#罐渗漏，就应在 3#罐和 4#罐中间砌墙隔开，仅把 1#、2#、3#罐倒空、通风、冲洗即可，然后再焊补 1#和 3#罐。

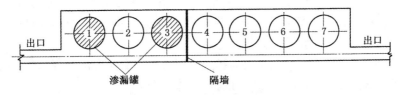

图 8-7-2 穿廊房式油洞

⑤ 砌墙的厚度视断面大小而定，以 370mm 为好。砌墙完后还要用黄泥抹面，一定要严密，不应有裂纹和孔隙。

8.7.2 排净油气

（1）底油放出后，要用防爆通风机接到油罐人孔上，进行通风，使油气浓度降到无毒害、无爆炸危险的程度，即可燃气体的含量在爆炸极限以下。

（2）如果油罐在单引洞内，用特制风管将油罐人孔与通风管道接通，打开油罐间密闭门和罐顶采光孔，作进风口，用油洞内固定通风机将罐内油气排出洞外，见图 8-7-3。

（3）如是上下坑道，排出油气更快。有的上下坑道没有固定的通风管，只在下支引道密闭门的上方，设有专供油罐通风的短管，平时不用，只有通风时，在短管内侧用特制通风管与油罐人孔连接，关闭下支引道的密闭门，打开罐顶采光孔和上支引道密闭门，用防爆通风机将罐内油气经上坑道吹出洞外。

（4）如罐底渗漏很严重，可在罐底用手摇钻钻适当数量 8mm 的孔（要边钻边加润滑油，以防出现火花），向孔内吹风，以驱出罐底油气，使其降到爆炸极限以下。

（5）按本节关于油气检测的要求进行油气浓度测定。

8.7.3 冲洗油罐

（1）对于内壁涂漆较好而没有锈蚀的油罐，只需用 3~5kgf/cm²（1kgf/cm² = 98.06kPa）的高压水冲净即可。

（2）对于内壁锈蚀严重的油罐，也要用高压

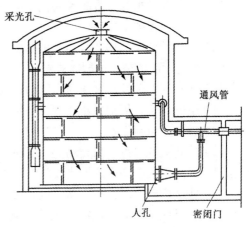

图 8-7-3 排净油气示意图

213

水冲洗，冲洗浮锈和油垢。

（3）对于内壁已开始锈蚀而锈蚀又较快的油罐，切记勿用水冲，水冲后会使没有生锈的地方很快生锈，尤其是夏季，生锈速度更快。如用煤油冲洗更好，也可以采用多通风，用布擦拭的办法。

（4）对于粘油罐，罐壁不易锈蚀，重点是排除罐底积污。有条件的可用蒸汽蒸洗，溶解罐内的油垢，刚通入蒸汽时，应将罐上所有孔盖关闭，待温度达到60～70℃时，再打开孔盖继续蒸洗，蒸洗完后要等罐壁冷却后再进行通风。必要时，用高压水再冲洗一遍。罐底若沉渣很多，常用锯末铺撒擦拭，一起带出。若罐内锈垢不能完全冲洗干净时，应用铜铲或铜丝刷等除去积污，然后用布擦拭干净。

8.7.4 申请领取动火作业证

在油罐上动火，基本上都属一级用火作业，必须按油库所属部门的有关油库用火规定，申请办理《用火作业证》。申请用火人应对动火现场进行认真检查，制定动火方案和防火防爆措施。在给上级呈报的书面申请中要求说明用火理由、种类、地点、时间、项目、工作量、施工人员及其技术业务水平、安全措施等。

《用火作业证》领取后，必须在防火监护人、用火安全责任人都在现场的条件，在《用火作业证》有效期内动火，愈期者应重新办理《用火作业证》。

8.7.5 找出渗漏部位

（1）对于麻点腐蚀，除应找出腐蚀的面积和部位外，还应量出麻点的深度，其深度应用带测深尺的游标尺进行测量。测量时，将卡尺跨在腐蚀麻点上，把测深尺插入麻点直接测量即可。

（2）对腐蚀穿孔，应把孔数的多少及所在部位标记清楚。

（3）如腐蚀面积很大，可把面积量下来，并准备新板，以便调换。

（4）检查焊缝部位时，要清除焊缝周围的脏物，刷肥皂水，用真空盒一段一段检查。当真空盒内出现气泡时，就在出现气泡的地方标出记号，并标记在图上。

（5）检查涂漆的罐底焊缝渗漏时，应先用气焊火炬轻轻燎一下（以钢板不红为准），开大风门再吹一下，使焊缝处的油漆、杂物等烧掉，将渗漏点充分暴露出来，然后再扣真空盒。

（6）对于裂纹，除要量出长度外，还要找出裂纹的原因。

（7）对于锈蚀极为严重的罐底板，即整个罐底的腐蚀深度已接近穿孔，而有的已经穿孔的情况下，要更换整个罐底。

（8）按渗漏油罐的罐底，绘制出排版图，将找出渗漏的位置标记在图上。

8.7.6 周围设备的防范措施

为防止动火时危及动火油罐周围的设备设施，应采取以下措施：

（1）清除动火点周围最小半径15.0m范围内的下水井（沟）、地漏、地沟、电缆沟等处的易燃物，并予以封闭。

（2）防止火花飞溅。高处动火（2.0m以上）时，必须采取防止动火时的火花飞溅措施，根据风力和风向设置适当的挡堵设施。风力大于5级时禁止动火。

（3）罐区内动火时，在距动火点防火间距以内的其他油罐也应腾空、换气、清除其周围的易燃物，且应在油罐（设备）内储水，切不可脱水，保证动火时，罐内气相空间中的燃气浓度亦在允许动火的指标以内。

（4）电焊回路线应接在焊体上，把线及二次线绝缘必须完好，不得穿过下水井（沟）或其他设备搭火。

8.7.7 检测油气浓度

（1）必须采用 2 台以上同型号、同规格的可燃气体测定仪进行重复测定。2 台仪器所测结果差别较大时，应重新标定再进行测定，且以较大一组数据为其结果。

（2）检测部位应遵循由外及里的原则，并应特别注意易于积聚可燃气体的低凹部位。

（3）现场动火作业时，总后规定应在动火前 30min 内进行检测，动火时复测一次。若动火作业中断 30min 以上必须重新测定，方可继续动火。中石化规定是在动火作业前 1.0h 内进行测定，动火时复测一次，若动火作业中断 1.0h 以上，须重新测定，方可继续动火。

（4）测定罐内氧气含量，达到有关规定的要求时，人员才可进罐。

8.7.8 注意事项

（1）要对参加渗漏油罐动火焊补的人员，进行油库有关安全常识的学习和教育，使其自觉遵守各项规章制度，克服麻痹大意、侥幸心理和怕麻烦思想。对施工无关人员，严禁进入现场。

（2）待修油罐地处岩洞内时，所在的山洞内，往往有几个油罐，或很多个油罐，渗漏罐也只有一二个、多则几个，发现有渗漏油罐时，要仔细分析，认真研究，选出最佳方案。千万不可一发现有渗漏油罐，就把全油洞内的油罐都倒空、通风、冲洗，这样做是很不经济的。如一个 5000m³ 油罐，从倒空、通风、冲洗等，至少要 4~6 天才能达到要求，既费钱又费时。

（3）排出油气时，通风和冲洗油污，可穿插进行，一般是先通风后冲洗再通风，有的不需要冲洗，有的通一次风即可达到要求，应视具体情况而定。

（4）排出油气通风时，禁止在雷雨天进行。

（5）要处理好残油和罐底清除出来的沉渣，防止污染及引起事故。

（6）要做好记载。如某罐有多少渗漏点，在什么时候什么情况下进行焊补，电焊条和补板规格，试漏及有关技术鉴定等都要记载清楚，并绘制好焊补图，以备存档。

8.8 油罐堵漏方法之五（Ⅱ）
——焊接堵漏工艺

8.8.1 直接焊补

下列情况可以直接进行焊补：

（1）点蚀小孔、小坑（深度超过 1mm），俗称腐蚀麻点。

（2）麻点很深，接近穿透钢板时，干脆将其用钻钻通，然后进行焊补。

（3）机械外力穿孔（如被枪弹击中、弹片砸穿等）、砂眼等。

（4）裂纹长度小于 100mm，可在裂纹两末端钻孔后，直接焊补。但至少须分两遍进行焊补。

8.8.2 "补丁"焊补

1. 适用条件

下列情况可采用贴"补丁"办法进行焊补：

（1）裂纹长度大于 100mm 时，除在裂纹两末端钻孔外，还应在裂纹上覆盖钢板，其板尺寸应达到在裂纹的每一方向上的超出距离不小于 200mm。

（2）大面积的严重腐蚀，应将其腐蚀范围内的旧板割去，在其上覆盖新板，其大小也应达到每一方向上均应比割去的旧板超出的距离不小于 200mm。

（3）孔径较大的机械穿孔、砂眼缺陷，应焊以圆形补板，补板的直径应比穿孔直径大400mm 以上。

（4）对于大裂纹，若感到有扩张的可能，焊补盖板仍不可靠时，可将裂纹处的旧钢板割去，重新焊以新板。其割去钢板的大小应视裂纹长度而定，但宽度一般为 1.0m 左右（裂纹正好处于中间位置）。

（5）罐底"补丁"焊补

罐底板局部遭到较严重腐蚀，直接补焊不行时，须将局部旧板割去，在其上另焊以新板。

2. 罐底采用"补丁"焊补时，应按以下程序进行施工，否则易引发事故。

（1）先向所有腐蚀孔内注入灭火剂干粉，后用电钻按需要更换的旧底板的周边钻孔，边钻边灌水冷却。钻一圈后，用防爆錾子錾断未钻透部分，不可用割枪直接切割。

（2）将旧板取出后，尽量将其下部及其四周的含油砂垫层取出，再垫无油砂。

（3）焊接时还应采取降温措施，以降低焊点周围底板温度，保证其不被引燃。

8.8.3 换底焊补

1. 立式油罐换底方法简介

经大量的调查证明，即使使用期长达 20～30 年以上的油罐，除油罐底严重腐蚀或穿孔外，油罐内壁钢板（第一圈钢板 300mm 高处以下除外）腐蚀都不严重，没有超出"石油库设备检修规程"的标准范围。因此，一般都不需拆掉重建，而可采用换底施工修复的方法，以节省资金，提高经济效益。目前国内外立式油罐换底的施工方法常用的有以下几种。

（1）顶升法　视油罐的总重量，用若干个千斤顶将整个油罐顶升高约 2.0～2.5m。然后将整个底部用乙炔焰割去底板；修好旧罐基础和防护层，换上新的油罐底板后，慢慢将罐身放下来对好位后与新底板焊接。用此法已成功修复容量大小不等的很多旧油罐。包括直径达80m、容量达 12000m³ 的大型立式油罐。只要罐顶上空有 2.5m 以上的空间，均可采用此法。

（2）移位法　将油罐整体用吊机吊起移开原位，割除旧罐底板，然后修复好旧罐基础，焊接好底板；再将油罐吊回原处对好位并与新底板焊接好。此法适用于 300m³ 以下的立式油罐，但油罐周围要有较平坦宽敞的场地。

（3）加层法　此法是在原底板不割除的基础上，进行防腐处理后，再焊上一层同厚度的油罐底板。其方法为：先在油罐壁第一圈钢板上割开一块长约 2m 左右的进料口，以便进料和方便人员入罐施工。

将油罐清洗干净后，在旧罐底板上用填充料（一般用环氧树脂黏合剂）把穿孔部位堵死。然后按技术要求在旧底板上铺上一层厚 100mm 的沥青砂（起防腐和隔离作用，确保施工和油库安全），再焊上一层与原罐底板同样厚度的底板，罐壁 300mm 高度以下处视腐蚀情况决定是否作加层处理。

加层法施工不受场地限制，施工简单，工期短。投资小，收效快。

2. 换底方法的比较

油罐底板穿孔漏油后，油罐基础的局部沥青砂层基本处于油气饱和状态，在变形翘起底部板的空隙部位充满了油蒸气。另外，维修的油罐常常处在罐群区域之中，因此，施工动火

216

作业的安全问题，成了施工的最大难点和焦点。所以，选用哪一种方法施工，首先要看现场的各种因素和条件情况；其次是考虑投资对比；但最重要的是要保证施工中的安全问题。当然，不论用何种方法油罐在施工前都要清洗干净，用测爆仪检测均要达到零值。

（1）顶升法　由于油罐被顶升高大约2.0～2.5m，油罐与油罐基础分离、沥青砂层容易处理，因此，施工中动火焊接作业时的着火、爆炸问题危险性小；人员施工作业方便。缺点是施工机具多，油罐顶升、下降操作要求严格；另外，罐体垂直度难以控制，所以，施工工艺要求较高；而且整体费用较高，施工工期稍长。此法只适用于油罐罐顶上空有2.0～2.5m以上空间及罐周围有较宽位置的油罐。

（2）移位法　优缺点与顶升法相同，但吊装费便宜，主要缺点是此法施工受地形、场地限制，一般只适用于300m³以下的小容量立式油罐。

（3）加层法　由于省去了顶升法的机具和移位法的吊装费用，所以，整体费用较低；在原位施工，油罐体的垂直度不受施工影响；动火作业在罐内进行，罐区内防火多了一道屏障。因此，罐区安全防护较好处理。主要缺点是原损坏的沥青砂层不能修复处理，底板内的含油、油气层较难清除干净。因此，施工中防止着火、爆炸事故的难度较大，施工作业人员、安全监察人员心理上也承受着巨大压力。此法适用于各种库型，特别适宜于半地下、洞库的油罐换底施工。

3. 原基础处理

采用顶升法和移位法换底时，应处理好原基础。

由于罐底漏油，罐底基础的沥青砂垫层如严重软化，使基础原来的弹性显著下降，如不处理即使铺上新的钢板，仍会引起油罐的不均匀沉陷和底板变形。因此，必须对已严重软化的原基础进行处理。

需换底的油罐基础，是否需要进行处理，应先在锈蚀严重的地方，离罐壁20cm以远处割开罐底板，检查油罐基础软化情况，如果基础软化严重需要处理，就将罐底板按离罐壁20cm的距离全部割掉，把废板运出罐外。

处理方法：将原软化的沥青砂垫层取出，重新敷设。沥青砂垫层用含泥量不大于3%经烘干脱水的中砂和3～4号石油沥青搅拌均匀后分两层铺设（沥青加热温度保持在150～200℃，不宜过高，以免烧焦），并用热的铁辗子滚压密实。沥青砂垫层厚度为10cm，它的铺筑方向，如图8-8-1所示。

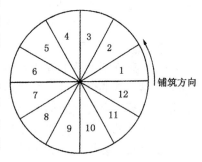

图8-8-1　沥青砂垫层的铺筑顺序

油罐基础若易沉积水，使基础变形翻砂，可在基础处理时开一条深暗沟通至罐外。暗沟上铺碎石15cm，粗砂垫层15cm（粒径0.5～2mm，砂中含泥量不大于5%），沥青砂垫层10cm。

如果不割掉原罐底钢板，可直接将新钢板铺上去，但原钢板下面的基础及沥青砂垫层必须确保是良好的。

4. 罐底板下料与铺设

油罐换底，所用钢板一般为AF_3钢板或低碳平炉镇静钢板。注意所选钢板的外形要表面平整，麻面深度不超过0.1mm，边缘无裂纹分层、夹灰和气孔等缺陷的长度允许误差为

$^{+20}_{-5}$ mm，对角线长相差不超过5mm。

罐底下料，按设计图精确下料，并编上号。按图纸下好的料，不得超过允许偏差。罐底心板（中间板）允许偏差：长度$^{+4}_{-3}$，宽度$^{+10}_{-2}$，对角线长±5。边板允许偏差：长短边的长度$^{+2}_{-6}$，宽度$^{+6}_{-3}$（偏差单位为mm）。

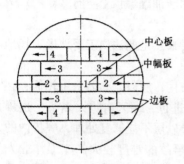

图8-8-2 底板铺设

罐底铺设的好坏，直接影响到罐底的质量，必须引起足够的重视。铺设罐底板前，先在基础上画十字中心线，同时罐底中心板也画十字线。铺板时先铺中心板1，使中心板和基础上的两对十字线重合，然后照排板图向四周对称铺设2、3、4……，这样依次铺设至边板，如图8-8-2所示。

罐底应边铺设边临时固定。固定方法采取点焊，点焊长度0.5~2cm，点焊间距为50~60cm。

5. 焊接顺序和工艺

罐底焊缝采用搭接式，以增加强度和严密性。铺好罐底进行焊接时，焊接顺序掌握不好容易使罐底变形，甚至无法收尾。因此，掌握好焊接顺序，才能确保罐底的施工质量。

焊接罐底的顺序是：先焊丁字缝，后铲开边板清除应力，压好边板，再先焊短缝，后焊长缝，第二次和第一次焊接顺序相反，如图8-8-3所示。

（1）边角缝的焊接 焊接边角缝，首先从边角缝的一边，由内向外焊接，如图8-8-4所示。其次，从边角缝的另一边由外向内焊接，如图8-8-4所示。最后，从这条缝的中间由外向内焊接，如图8-8-4(c)所示。焊缝厚度与钢板相平为宜。

（2）丁字缝的焊接 罐底与罐圈板连接处的环形缝称为丁字缝。焊前铲除罐圈板根部油罐底边板（要求端面齐平并打出坡口）。

将罐体从支架上落下放在新铺设的底板上，施焊人员进入罐内，焊接丁字缝时人员分布要均匀，第一次顺焊，第二次逆焊。丁字缝焊完后，铲开所有板边点焊处，消除内应力，压紧，重新点焊，点焊间距仍为50~60cm。

（3）短缝的焊接 焊接短缝顺序：一般为先焊边板短缝，后焊中板短缝，由边向中心焊去，人员分布也要均匀。焊接时，第一次由内向外焊接，第二次方向相反，遇到一排板上短缝超过2条，必须留出一条自由伸缩缝（一般留在这排板的中间位置）最后焊。长短缝交叉处，除在焊接前压实外，并在焊接短焊缝时继续焊向长焊缝5cm左右，注意防止局部应力集中。

（4）使用低碳钢焊条 一般采用T42型碳钢电焊条。为保证焊接质量和焊件不致过热变形，宜在0℃以上气温条件下进行，采取间断性焊接方法（焊接面积大焊点多时要防止过热产生变形），选用的焊接电流比通常焊接电流高。焊点大小应根据破坏的面积而定，不要过宽过高。

8.8.4 试漏试压

罐底板焊接完成后，应对所有新焊缝进行100%的X射线探伤。按照GB 50128—2005《立式圆筒型钢制焊接油罐施工及验收规范》和SY/T 5921—2011《立式圆筒型钢制焊接油罐操作维护修理规程》的有关规定进行试漏试压，全部合格后，清洗、干燥，方可投入运营。

218

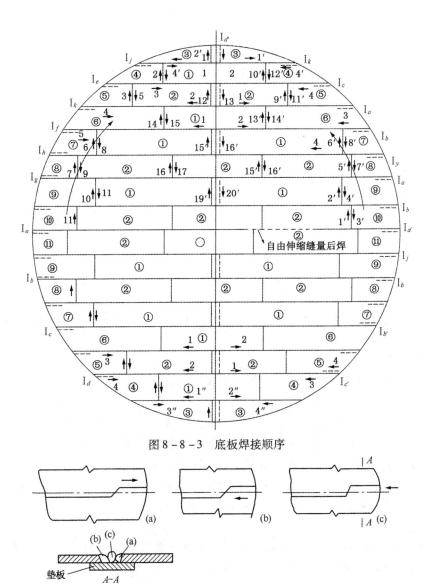

图 8-8-3 底板焊接顺序

图 8-8-4 边角缝焊接顺序示意

9 岩洞和建筑物堵漏

我国有不少油库拥有岩洞，有自然溶洞，但大多为人工开挖的岩洞，经被覆后，油罐就安装于其洞穴内。岩洞若防水处理不好，会发生渗水，使洞内湿度增大，油罐等设备长期处于过湿环境极易被腐蚀。为保持洞内干燥，对岩洞渗漏采取有效堵漏措施，对于油库而言，就显得尤为重要。另外，油库泵房往往其泵间室内地坪都低于其室外自然地坪，泵间地坪及其墙面渗水，是油库的又一难题。为此，本章对岩洞及建筑物渗漏的处理技术作一简单介绍。

9.1 粘接堵漏

建筑物用料主要是水泥混凝土、砂、石、钢及其结构。其特征、特性和用途与金属材料有较大差异。

9.1.1 堵漏材料

建筑工程上使用的堵漏材料除水下胶黏剂和其他一些胶黏剂外，常用的有如下几种堵漏材料。

（1）914-1-2#胶 是双组分室温快速固化环氧胶，使用方便，固化快，粘接强度较好，耐油、耐水，可粘接金属、陶瓷、玻璃、塑料、水泥制品等。用于水塔等容器的堵漏，玻璃钢滤水罐补漏。使用温度 -60~60℃。按质量配比 A: B = 6:1。

（2）911#胶 是双组分室温快速固化胶黏剂，使用方便，能在较低温度下固化，固化反应强烈，一次不宜配胶过多，配比按 A: B = 9:1 的体积比。此胶在常温下 5~20min 固化，具有一定强度。

（3）6202 胶 是双组分胶，常温固化，无溶剂、触变型、不流淌，适于缝隙的填充。用于粘接水泥、玻璃、陶瓷、金属等材料。配比按 A: B = 1:0.3。

（4）促凝剂 是用水玻璃（硅酸钠）为主配制的。按质量配比：水玻璃 400:硫酸铜（胆矾）1:重铬酸钾（红矾钾）1:水 60。

配制方法：水加热至 100℃时，将硫酸铜和重铬酸钾倒入水中加热，搅拌溶解后，冷却至 35℃左右，将溶液倒入水玻璃中，搅拌均匀，放半小时可用，或用密闭容器封存待用。促凝剂与建筑用料混合后用于堵漏。

水泥胶浆的配比：水泥:促凝剂 = 1:0.5~1，按具体要求调整配比。

促凝剂水泥浆的配比：水灰比在 0.55~0.6，促凝剂为水泥重量的 1%。

促凝剂水泥砂浆的配比：按质量配比，促凝剂与水、水泥与砂子都按 1:1 调配，然后，促凝剂水溶液与干拌均匀的水泥砂按 0.45~0.5 的水灰比调制。

（5）氯化铁防水剂 其主要成分是三氯化铁和氯化亚铁。三氯化铁等氯化物能与水泥水化生成的氢氧化钙作用，生成不溶于水的氢氧化铁等胶体，堵塞砂浆中的微孔和毛细管，使其具有不透水性能。

配制方法：以质量为氧化铁 2 倍的盐酸混合于瓷缸中，搅拌让其反应 2h，再加入原氧化铁的 20% 的氧化铁皮，让其继续反应 4~5h，将氧化铁溶液静置 3~4h，吸取清液并在清液中加入 5% 的硫酸铝，搅拌溶解后即成。

防水砂浆按质量配比：

水泥：砂：防水剂 = 1 : 2 : 0.03（底层用）

= 1 : 2.5 : 0.03（面层用）

氯化铁防水剂和氯化物金属盐类防水剂、金属皂类防水剂一样，防水砂浆抹面一般要抹防水砂浆两道、防水净浆一道。

（6）石膏水泥浆　是一种快速堵漏材料，先将石膏粉放入锅内炒 10min，再将其按质量比 1 : 1 与 425# 普通硅酸盐水泥拌匀，密闭备用。堵漏时，与一定量的水调成稠糊状，填入泄漏处几分钟凝固。

建筑工程堵漏材料很多，除柔面性油膏外，还有氰凝、丙凝、环氧树脂注浆剂等，使用时请查阅有关手册。

9.1.2　抹面止漏

建筑工程上的蜂窝麻面、小孔、小裂缝等泄漏处，如泄漏很小，可采用抹面止漏的方法。

混凝土上的蜂窝麻面漏水的处理：将表面洗净，在漏水部位均匀抹上促凝水泥胶浆一层，在胶浆上撒上一层干水泥灰，检验泄漏点，发现干水泥灰上有湿点，用拇指压住至凝固后，漏水点堵住了。漏水点堵完后，立即抹上素灰一层、砂浆一层，并抹成毛纹，待凝固后做好防水层。水泥砂浆抹面防水层一般为四层：素灰、水泥砂浆、素灰、水泥砂浆，如是与水直接接触，应在第四层上再抹一层水泥浆。也可涂刷两遍氰液进行抹面止漏。

墙面裂纹渗水的处理：抹面和贴面部位清理干净，为了加速环氧树脂胶的固化，吸收水分，用生石灰与环氧树脂胶掺合，涂在裂纹处，然后用胶液涂在不透水的布面上，共贴三层，一层比一层覆盖面大，并施加一定压力，待固化后，再涂刷一层环氧树脂胶。或采用快干水泥先堵漏，在它的表面抹一层水泥砂浆，再涂刷环氧树脂。

9.1.3　剔槽堵漏

建筑工程上孔洞、裂缝等泄漏处，泄漏量较大，用抹面无法止漏时，可采用剔槽堵漏方法。

图 9-1-1（a）为剔槽堵洞，以漏水点为圆心剔槽，槽径一般为 10~30mm，槽深为 20~50mm，用水冲洗干净。用上述堵漏材料配制水泥胶泥，并捻成与槽径相近的锥形团，待胶泥开始凝固时，将其堵塞于槽内，向四壁挤压严实。堵完后，抹干槽洞周围的水迹，撒上干水泥灰检查，如果不漏，即可在胶泥面上抹素灰和水泥砂浆各一层，并将砂浆表面扫成纹路，待砂浆干后，再作四层防水层。

图 9-1-1（b）为剔槽堵缝方法。先在裂缝两端前方 30mm 处凿止裂孔，以防裂缝伸延，然后以裂缝为中心线，按 Y 形剔槽，用钢丝刷刷毛，除掉异物和松散组织，用水冲洗干净。必要时用丙酮除油，用胶液涂刷粘接部位，再用环氧砂浆或环氧胶泥等粘接物，逐次填塞到槽内，并向两壁挤压，抹平表面。如果不漏，可按具体情况加上一层防水层。

(a) 剔槽堵洞　　　(b) 剔槽堵缝

图 9-1-1　剔槽堵塞

9.1.4　堵塞止漏

堵塞止漏适于孔洞或裂缝收口处，一般用在泄漏压力较大的条件下。

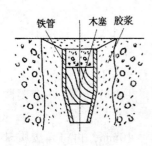

图9-1-2 堵塞止漏

图9-1-2为堵塞止漏的一种方法。先以孔洞为圆心剔槽，除掉槽内松散组织，清洗干净。用适用的铁管一端压扁，放入槽中，使铁管上端低于建筑体表面30~40mm，四周用调好的胶浆压紧压严，待凝固牢实后，将圆锥形木塞子粘上胶液或冷底子油后打入铁管中，并使木塞子低于铁管上端30mm左右，用胶液调成的水泥砂浆封口，再将槽洞抹素灰和砂浆各一层，待有一定强度后，酌情整体抹一层防水层。

9.1.5 引流堵漏

引流堵漏是带压堵漏常用的一种有效方法，这种方法适用于流量较大、压力较高的泄漏处。引流堵漏的原则：由缝漏变孔漏；由大洞漏变小孔漏；由大面积漏变小面积漏，使泄漏部位集中于一点或几点，最后堵点止漏。

图9-1-3为几种常见的引流堵漏方法剖面图。

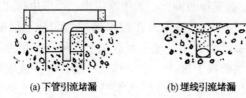

(a)下管引流堵漏   (b)埋线引流堵漏   (c)藏条引流堵漏

图9-1-3 引流堵漏几种方法

（a）图适于孔洞部位，其方法类似堵塞止漏。按常规剔洞和洗清洞槽，在洞底铺上一块铁皮或油毡隔水，中间打孔插入胶管，使水流出，如果水倒回槽洞内，可用隔水墙拒于水洞外。然后用环氧树脂胶浆、促凝剂水泥胶浆等堵漏材料压严或灌满槽洞，并使胶浆面低于建筑体表面10mm，撒干水泥灰检查有无泄漏，无泄漏后拔出胶管，用胶泥塞于管孔中堵漏，拆除隔水墙，作防水层。

（b）图为埋线引流堵漏，剔槽方法类似于剔槽堵缝的方法。在槽底放一根绳子，将胶泥填于槽内，然后抽出绳子，再压实胶泥于槽两边，以防胶泥堵住绳孔，让水顺绳流出。这样分段逐次堵漏，并相隔适当距离留出引流小孔，再逐一地用胶泥包钉子，插入引流小孔并四周压实胶泥，抽出钉子，使泄漏孔成钉孔，待胶泥凝固后，用胶泥堵住小孔。最后抹素灰、水泥砂浆和防水层。

（c）图为藏条引流堵漏。它是用铁皮条制成剖面为圆弧或半圆的形式，铺在泄漏线上。如果铁皮条长的话，可在其上钻孔插小胶管引流；如果铁皮条短的话，可在铁皮条两端或一端处插胶管引流。然后用胶泥或胶浆盖住铁皮条，并压紧接触处，待凝固后，再用胶泥直接堵住小孔止漏，按要求作好抹灰和防水层的施工。

9.1.6 应用举例

某研究所根据多年实践研制出了以环氧树脂为主剂的潮湿混凝土环氧胶黏剂。其配方为：

环氧树脂（E型树脂）	主剂
二丁酯（或669#）	稀释剂
酮亚胺（B）	潜伏性固化剂
二乙烯三胺	固化剂
Di-Sa剂	改性-促凝剂

T－he剂 　　　　　　　　　促进剂

水泥、石灰等 　　　　　　　　填料

配制方法：先制备好改性剂、促进剂及酮亚胺，后按下面次序称量、调和，搅拌。环氧树脂——→稀释剂——→改性剂——→胺固化剂——→促进剂——→填料。其黏接剂本体强度：抗压强度＞87.9MPa，抗拉强度＞7.8MPa；粘接强度：潮湿"8"字模水泥砂浆的抗拉强度为3.2～3.4MPa，可达到500#混凝土的抗拉要求。

应用范围：用于小流量部位堵水；用于水工、地下建筑物修补工序中的表面封闭处理；用于水下的静态修补或快速修补；用于潮湿条件下混凝土表面或钢制构件的表面涂料。在混凝土船坞、水库底洞、水闸、地下粮库、桥墩、防空设施等水工、地下建筑物的多次修补中，取得了良好的效果。

9.2　灌浆堵漏

建筑体灌浆堵漏与弗曼奈特堵漏有较大的区别。建筑体灌浆堵漏一般注入本体内，介质是水，常温，泄漏面较大；弗曼奈特堵漏主要注胶在本体外的空腔中，介质复杂，温度范围大，但泄漏面较小。建筑体灌浆堵漏施工艰苦，工作量大。常用的灌浆堵漏液有氰凝、丙凝、环氧树脂以及其他浆液。

9.2.1　氰凝灌浆堵漏

（1）氰凝的应用　氰凝又名聚氨酯，氰凝浆液遇水后立即发生反应，形成不溶于水的凝胶体，堵塞孔隙，达到止漏效果。氰凝堵漏可适用于混凝土结构内部松散、蜂窝、麻面、孔洞、造成的渗漏，混凝土施工缝结合不严和混凝土局部裂缝的泄漏，以及止水带与混凝土结合不严而产生的漏水。

（2）氰凝的配制　它是以多异氰酸酯与羟基化合物作用的预聚体为主要原料，市场供应的预聚体有TT－1、TT－2、TM－1、TP－1等型号。氰凝浆液配合比见表9－2－1。

表9－2－1　氰凝浆液配合比

材料名称	规格	重量比	作用	备注
预聚体	TT－1	100	主剂	用TT－2、TM－1、TP－1配比用量一样
硅油	201－50#	1	表面活性剂	即聚羟基硅氧化乳液
吐温	80#	1	乳化剂	
邻苯二甲酸二丁酯	工业用	10	增塑剂	
丙酮	工业用	5～20	溶剂	
三乙胺		0.7～3	催化剂	可用二甲基醇代替

氰凝浆液配制按预聚体、增塑剂、乳化剂、溶剂、催化剂顺序称量倒入容器内，搅拌均匀。凝胶时间一般控制在几分至十几分钟内。催化剂用量越大，凝胶时间越短，温度增高其黏度变小，凝胶时间缩短。

（3）灌浆机具　氰凝浆液为单组分，采用灌浆机具为单台形式，常用的机具有风压罐（见图9－2－1）和手掀泵（见图9－2－2）两种。它们通过风压和泵压给浆液，经过注浆嘴注入建筑体内。注浆嘴常用有胶圈式(靠调节橡胶圈与本体密封)、楔入式(靠麻丝与本体密封)、埋入式(靠预埋本体内密封)。埋入式注浆嘴见图9-2-3。

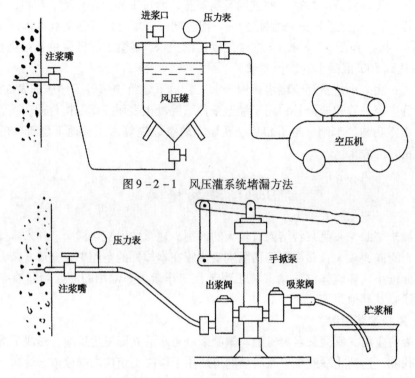

图9-2-1 风压灌系统堵漏方法

图9-2-2 手掀泵系统堵漏方法

(4) 堵漏方法 灌浆孔用钻孔机(冲击电钻)钻孔，孔深不应穿透结构层，双层结构适用于穿透内壁为宜。灌浆孔应选择漏水量最大的部位，并使孔底与裂缝、孔洞相交。裂缝埋设注浆嘴如图9-2-3所示，其剔槽、埋半圆铁片等施工方法与上节介绍的方法相同。对泄漏面较大的部位，灌浆孔应交错布置，其间距视情况而定，一般为500~1000mm。

灌浆前，应堵闭漏水部位，防止漏浆、跑浆。用色水试灌，以便计算灌浆量、灌浆时间，确定配比和灌浆压力。

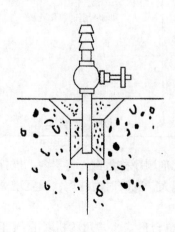

图9-2-3 裂缝处埋设注浆嘴

灌浆顺序应自下而上，从一端至另一端，一般先选其中较低处、漏水量较大的孔灌浆。灌浆压力应大于地下水压，待邻近灌浆孔见浆后及时关闭其孔，继续压浆，使浆液逆水道推进，直至灌不进浆，立即关闭注浆嘴上的阀门，停止进浆。这样逐一进行灌浆完毕后，用丙酮清洗机具，检查灌浆质量，取下注浆嘴，用水泥胶泥堵孔。

9.2.2 丙凝灌浆堵漏

(1) 丙凝的应用 丙凝浆液凝胶后，可以封闭土、砂空隙和构筑物裂隙、孔隙中的漏水通道，适用于地下混凝土结构的明显裂缝、变形缝的堵漏。丙凝不宜作混凝土的补强料用，因它的质地柔软。

224

（2）丙凝的配制　丙凝为双组分，A份与B份混合后，发生化学反应，使其凝固。丙凝浆液在使用过程中，以表9-2-2中的配比为准。

使用中视具体情况调整浆液浓度，变化范围为7%～15%。丙烯酰胺与N,N'-甲撑双丙烯酰胺的配比95:5为恒定不变。若需很短的凝固时间，只添加少许强还原剂氯化亚铁（Fe^{2+}）就可以；若需较长的凝固时间，调整β-二甲胺基丙腈和过硫酸铵的用量，而不用氯化亚铁和铁氰化钾（KFe，阻聚剂）；若水流量大时，应相应地增加丙凝浓度，缩短凝固时间；若灌浆设备不采用比例泵时，A份与B份体积应相等。

表9-2-2　丙凝标准浆液

A 份	B 份
单体主剂:丙烯酰胺（AAM）　9.5kg 交联剂:N,N'-甲撑双丙酰胺（MBAM）　0.5kg 稀释剂:水（H_2O）　40kg 还原剂:β-二甲胺基丙腈（DMAPN）　0.4kg	氧化剂:过硫酸铵（AP）　0.5kg 稀释剂:水（H_2O）　50kg

（3）灌浆机具　丙凝灌浆机具设备有电动双液灌浆泵比例水泵、齿轮油泵，风压罐等。为了防止浆液混合后倒流，造成机具堵塞现象，混合前在各分管上设有止回阀。双风压罐系统见图9-2-4，双手掀泵系统见图9-2-5。在渗漏量不太大，灌浆量不大的情况下，采用手掀泵方便灵活。甚至可采用单台手掀泵，将体积相同的A份和B份浆液混合在储浆桶内进行灌浆，但浆液凝固时间要长些，要防止浆液凝固堵塞手掀泵。

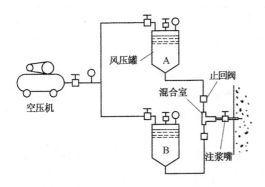

图9-2-4　双风压罐系统堵漏方法

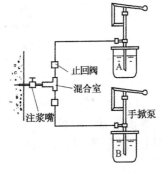

图9-2-5　双手掀泵系统堵漏方法

（4）堵漏方法　丙凝堵漏方法与氰凝基本相似，主要不同之处是丙凝为双组分，而氰凝为单组分。堵漏前清理基层表面，弄清泄漏部位。流量大的部位应引流，用速干水泥封缝，保持泄漏处及其周围干燥，用环氧胶或环氧玻璃胶布粘补，再作防水层，然后在引水管处灌浆堵漏。

地基不好引起的泄漏，应穿透结构，采用大注量、高压力的方法灌浆；地基较好的泄漏部位，一般灌浆不穿透结构，采用较小注量、低压力的方法灌浆。

灌浆前，应作色水示迹试验，如色水注入至流出为20s，那么，调整丙凝凝固时间为色水流出时间的2/3左右，即13s左右，让浆液未流出前就凝固。

9.2.3　甲凝灌浆堵漏法

甲凝浆液是以甲基丙烯酸甲酯、甲基丙烯酸丁酯的单体为主要材料，加入其他辅助剂聚合反应而成。

（1）甲凝的配制　甲凝由甲基丙烯酸甲酯（主剂）、甲基丙烯酸丁酯（主剂）、BPO（引发剂)、D-a-e(加速剂)、P-TS⁴A(抗氧促进剂)组成。在实验室自制 P-TS^{4}A 抗氧促进剂，备好 BPO、D-a-e，按下面程序配制。

$$\left.\begin{array}{l}\text{甲基丙烯酸甲酯} + P-TS^4A \\ \text{甲基丙烯酸丁酯} + BPO\end{array}\right\} + D-a-e$$

甲凝与混凝土裂缝粘接抗拉强度在2MPa以上，与混凝土裂缝粘接抗剪强度为3.3MPa。

(2) 甲凝的应用　甲凝力学性能好，粘接强度高，可灌性强。它在一定压力下在混凝土中渗透半径大，能灌入0.15mm的微细裂缝中，它能承受混凝土热胀冷缩的变形，又对混凝土中钢筋无锈蚀作用，增大了混凝土的力学强度，延长了使用寿命。它被应用到船坞、水库涵管、地下粮库等工程的堵漏和修补。

其施工组织和操作工艺与氰凝相似。

9.2.4　环氧树脂灌浆堵漏法

(1) 环氧树脂浆液特性　环氧树脂浆液对混凝土结构不但能渗透堵漏，而且对混凝土结构有补强作用。

(2) 环氧树脂浆液的配制　环氧树脂浆液配合比见表9-2-3。环氧树脂、糠醛、苯酚预先混合成主液。半酮亚胺由乙二胺和相等摩尔质量的丙酮反应生成。焦性没食子酸或间苯二酚等促进剂，使用时先溶于丙酮中，再加入主液内混合后，最后加半酮亚胺。环氧树脂浆液不宜配制过多，以1h内用完为宜。

表9-2-3　环氧树脂浆液配合比

名　称	环氧树脂	糠　醛	丙　酮	苯　酚	焦性没食子酸	乙二胺
作　用	主剂	稀释剂	释释剂	促进剂	促进剂	固化剂
质量比/%	100	30~60	20~40	10~15	3~5	15~20

(3) 环氧树脂浆液的应用　环氧树脂灌浆方法视泄漏部位而定，可采用毛笔涂刷，注射器灌浆，胶泥压缝，胶泥抹面等方法。若用压力泵灌浆堵漏，其方法与氰凝堵漏方法相同。

9.2.5　灌浆堵漏举例

灌浆堵漏在大坝、堤防、涵闸、地下室、水池、地井、混凝土容器等建筑体上，应用越来越广泛。

某厂水池、阀门地井泄漏较普遍，严重影响正常工作和维修，采用丙凝灌浆堵漏，很快地修复了多口水池和地井，堵住了地下水的渗漏，现在这些水池和地井再不出现渗漏了。

某隧道产生溶洞大塌方，严重威胁着施工人员的安全，阻碍了工程进度，采用丙烯胺类、丙烯酸盐、环氧树脂等多种浆液，用机械方法灌注到松散地层中，无孔不入，结硬成块，凝固成一个厚8m、表面积为数10m²的固块，遏止了罕见的溶洞大塌方。

9.3　油库洞库与油罐掩体渗水堵漏方法

岩洞油库的坑道和油罐与被覆掩体间环形空间的周围山体及封堵墙，经常会发生渗漏水现象，使得其空间内的空气湿度大大增加，加速油罐、油管等金属设备的腐蚀。为防止和减缓岩洞油库金属设备腐蚀进程，油库管理中的一项重要任务是洞库及油罐掩体的防潮工作。通过多年实践，积累了丰富的洞库防潮经验，总结出了"排水堵漏、库门密闭、通风降湿、辅助吸湿"综合防潮方法，同时找到了"堵漏是基础、通风是关键、密闭是保证、吸湿是辅助"的防潮规律。由此可见，掌握洞库和掩体渗水堵漏方法对做好油库防潮管理工作，防止油库设备腐蚀，确保油库安全具有重要意义。

9.3.1 洞库储存区的排水

洞库储存区能否保持干燥，与坑道、罐室的被覆方法和是否采取排水措施有密切的关系。地下水经被覆层渗进洞内蒸发，是洞内潮湿的主要原因。因此，要保持洞内干燥，首先应有可靠的排水措施。

洞库坑道侧墙和罐室侧墙的被覆方法，有贴壁式被覆和离壁式被覆两种。贴壁式被覆是将被覆层与毛洞之间的空隙先用片石回填，然后在内模板与片石之间浇灌混凝土而成。当地下水较多时，最好采用水泥外模板进行离壁式被覆。用3cm厚的预制水泥板做外模，水泥板的外侧填块石，内侧进行被覆。这种离壁式被覆方法，可使地下水经回填石引入排水沟，不会对被覆层造成很大的水压力。实践证明，在水源不很充足的情况下，这种排水方法有良好的效果，被覆层不会发生渗水透湿现象。而且采用水泥外模板还可以防止灌浇被覆层时混凝土沙浆的流失，超挖部分都用石块填补，既节约水泥，还能保证混凝土的质量。具体做法见图9-3-1。

遇到水源充足、水的流量较大的地段，在采用水泥外模板的同时，还应采用开槽引流的方法，如图9-3-2所示，把水汇集于管槽内，通过排水系统将水排出。

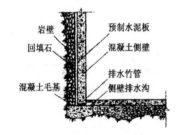

图9-3-1 用水泥外模板进行被　　　图9-3-2 开槽引流排水法

轻微渗水透湿的侧壁，可采用五层灰浆抹面防水法。三层为素水泥层，每层厚2mm，两层为水泥沙浆层，每层厚5mm。素水泥层和水泥沙浆层相互交替，共厚15~20mm。

罐帽拱顶和坑道拱顶，在有地下水渗漏时，其上部应做防水层。对岩体滴水处，可用石板放在拱顶承接，避免滴水破坏被覆层。如拱顶水源丰富，应以钢筋混凝土预制槽板加以收集。罐帽上部的地下水，汇集至拱脚圈梁的排水孔，经侧墙外排水管排至底部排水沟，如图9-3-3所示。

油罐间内设排水明沟（立壁被覆层内侧），以0.5%的坡度坡向操作间方向；立壁被覆层外侧设外排水沟（有明沟、暗沟或盲沟），以1%的坡度坡向操作间方向，均通过暗埋管流入操作间排水井。在操作间的暗埋钢管端部安装控制闸阀，当油罐受到破坏时油料不至于通过排水管流出油罐间，以保证安全。

如果侧墙采用预制块砌筑时，表面应以水泥沙浆抹面，并严格控制质量，如立壁超挖部分回填时，要与拱顶排水系统配合好，设置缸瓦管或环状盲沟、排

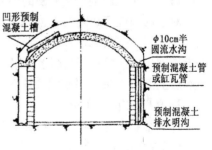

图9-3-3 拱顶排水

水沟等,将山体水顺畅地引到排水沟排出,防止立壁外侧形成静压积水,浸透立壁。

洞库储存区中,坑道和罐室被覆层外的地下水,经过排水沟汇集后,由主坑道排水沟排于洞外。在排水沟的出口处应当设置消波井。消波井的作用是在核武器袭击时,将冲击波削弱到允许值以下,以保证坑道内部人员、设备和油料的安全。

常见消波井是卵石消波井。冲击波进入消波井后,在井内卵石的缝隙中前进时受到很大阻力并经过扩散和反射之后,冲击波的能量大大降低,进入坑道内就没有什么反射作用了。消波井的断面较大,里面虽然放了卵石,仍不影响排水。

如果在排水沟的出口堆砌块石,也能起到消波作用。地下水流出排水沟后,从块石堆的缝隙流出。

9.3.2 洞库与掩体被覆层渗漏的修补方法

洞库与掩体内的水分应采取排放和堵截相结合,并且,以排为主的原则。在雨季时,应查清漏点,作好标记,认真登记。然后,在自然通风季节,进行排水堵漏修补工程。

1. 离壁式被覆的外修补

对于离壁式被覆的外修补,应以外补为主。这样不仅便于施工而且也能保证工程质量。修补前应检查并疏通洞库内的排水系统,排除被覆层上和排水沟内的积水,以提高补漏的质量。

1)伸缩缝、施工缝、温差变形裂缝引起渗漏的外处理

(1)一布三油法 在被覆层外(拱顶或墙侧)沿缝凿一条宽5~6cm、深4~5cm的槽,用钢丝刷除去槽内混凝土碎石和浮灰,并用喷灯烘干,刷上环氧煤焦油,填入环氧腻子(或环氧沙浆),然后做一布三油封面(图9-3-4)。

涂层间的施工间隔以前一层固化为准。施工过程中,应用盖布或其他东西遮盖工作面,以免毛洞滴水影响施工质量。

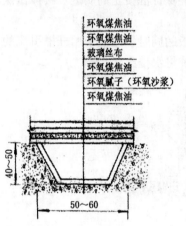

环氧煤焦油
环氧煤焦油
玻璃丝布
环氧煤焦油
环氧腻子(环氧沙浆)
环氧煤焦油

40~50
50~60

图9-3-4 一布三油补漏示意图

(2)二毡三油法 如上述方法开好槽并将槽内清理烘干,再往槽内浇灌热沥青(为施工方便,可做条型沥青)。表面做二毡三油防水层(图9-3-5)。第一层油毡可作成圆弧形,防止洞库混凝土被覆层温差变形拉裂,成为伸缩性封面。

(3)氯化铁防水沙浆抹面 如前方法沿缝开槽清理烘干后,如图9-3-6做法。

2)局部施工缺陷引起渗漏的外处理

对于局部施工缺陷的渗漏水,重要的一点就是要在被覆层外面找准渗漏部位(或渗漏点),然后,在拱顶或侧墙外浇涂沥青防水层。在渗漏较严重的部位,可做一布三油、乳化沥青玻璃丝布或涂环氧树脂水泥浆等防水层。为了保护防水层不受山体渗漏水的影响,可在防水层上面用1.5cm厚水泥浆抹面或作2~3cm厚细石混凝土,这样效果更好。

2. 贴壁式被覆的内修补

1)伸缩缝、施工缝、结构裂缝引起渗漏的内处理

(1)排水抹面。在混凝土被覆层内表面漏水较大处,沿漏缝开凿排水槽。沟槽截面为三角形,口宽为5~8cm,深为3~5cm,然后用半圆形铁皮槽或白铁管、硬塑料管等扣在三角形槽上,也可用角钢扣在三角形槽上(图9-3-7),使水顺沟槽流入排水系统,接着用快凝

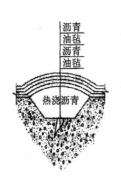

图 9 - 3 - 5 二毡三油补漏示意图　　图 9 - 3 - 6 氧化铁防水沙浆抹面示意图

水泥沙浆分层将沟槽填满，使铁皮槽固定在槽内。最后按乳化沥青玻璃布 5 层作法抹面，即刷一层稀料(乳化沥青:水泥 = 1:0.5)，待稀料干后，刷一道乳化沥青贴一层玻璃毡片(宽10cm)，再刷一道乳化沥青(内加 10% 水泥)，再贴一层玻璃毡片(宽 15cm)，最后再刷一道乳化沥青(内加 15% 水泥)。

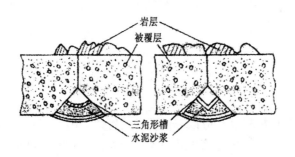

图 9 - 3 - 7 乳化沥青玻璃布 5 层作法

当漏水量不大时，可先沿缝剔一宽 3~5cm、深 1~2cm 的三角形或矩形小槽，用快凝水泥沙浆堵死抹平后，再按乳化沥青玻璃布五层作法堵漏。

(2)粘贴胶片或塑料布排水。粘贴时，先在漏缝侧面抹上一条灰梗，再用黏合剂将胶片或塑料布贴上。这样，在胶片(或塑料布)与被覆内表面之间形成排水空隙。水从空隙流进排水沟后排出洞外。也可以沿裂缝两边各 10~15cm 将混凝土打毛刷净，用高标号水泥沙浆找平，并沿裂缝剔出宽、深各为 1~2cm 的三角槽，与排水沟相同。刷上黏合剂后将胶片平贴上去。

为了保证粘贴质量，应在雨季找准渗漏处，在干燥季节粘贴胶片。对于经常渗漏处，在粘贴胶片前先用喷灯将墙面烘干，以保证黏接强度。

(3)压注环氧胶浆。向裂缝中压注环氧胶浆的程序如下：

检查——摸清混凝土裂缝程度，用小锤和钢丝刷，将沿逢封闭范围(3~4cm)内的碎屑和灰尘排除。

清洗——为布嘴及封闭打基础。可用丙酮或酒精擦洗，但因价格太高，所以一般用毛刷或干布擦净即可。

布嘴——为压浆的基础。用配好的腻子把嘴子固定在混凝土裂缝上面。当裂缝宽 1~2mm 时，嘴子间距 70~80cm；缝宽 0.5~1mm 时，嘴子间距 20~40cm。在缝的交叉及缝端必须设嘴子。嘴子中心应和裂缝中心重合，以利压浆。

封闭——将配好的腻子用油刀封闭裂缝，抹的宽度宜为 3～4cm，厚 1～3cm，中间厚两边薄，要挤压密实。

试气——封闭裂缝 24h 后进行试气，检查裂缝封闭质量，吸尽缝内残留灰尘，检查裂缝是否贯通。压力宜控制在 0.4MPa 左右，发现问题及时修补。

压浆——使胶浆压入裂缝之中，待凝固后承担强度及起防水作用。压浆应自下而上，或从一端向另一端进行。对混凝土穿透裂缝地段应采取二次压浆，第一次压力控制在 0.1～0.15MPa，使裂缝背面封闭。一般情况下裂缝宽时压力控制在 0.2～0.3MPa 左右，裂缝细时压力控制在 0.3～0.4MPa。具体做法如图 9－3－8。

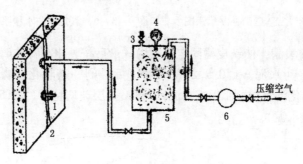

图 9－3－8　压注胶浆示意图
1—压浆嘴；2—混凝土裂缝；3—送浆排气孔；
4—压力表；5—压浆缝；6—气包

每个嘴子处的胶浆压注程度，应以邻近嘴子处冒浆为限。当一个嘴子压注完后，再到邻近嘴子重覆压浆。压浆时的气压应该逐渐加大，最大控制在 0.4MPa 以内。当压最后一个嘴子时应持续一定时间，以便胶浆能灌满裂缝，嘴子冒浆时用木楔塞紧，用具用完后立即用丙酮擦洗干净以备再用。施工中每次调制的胶浆不宜过多，以免用完硬化。

收嘴——压注胶浆 12～24h 后即可用小锤将嘴子敲下，先用火烧净嘴子中凝固的物质，再用丙酮擦洗干净以备再用。用腻子把粘接嘴子处的混凝土表面抹好。

胶浆原材料很多都是有毒易燃物质，所以施工中必须注意防火、防毒工作。

2）局部施工缺陷引起渗漏水的内处理

对于贴壁式洞库，因施工缺陷引起的渗漏水，在排堵处理上比处理各种缝的渗漏水要困难一些，因此在处理过程中要把好质量关，而且对已做过处理的地方也要及时检查，发现问题及时修补。对渗漏部位的处理方法，要根据渗漏和面积的大小，采取不同的处理方法。

（1）渗漏部位面积较小，可采取堵水抹面的办法。较小面积的渗漏往往是由一个或几个渗漏点引起的，遇到这种情况可采取堵水抹面的办法。步骤为：

找水眼。方法有两种，一种是先用干擦布擦净渗漏部位的表面浮水，撒上水泥粉或石灰粉，先润湿部位即为水眼；另一种方法是用干布擦净后，用喷灯烘干，冒水处即为水眼。

凿毛。首先将渗漏部位的混凝土凿毛，严重的渗漏部位凿毛深度为 1～2cm，宽度视其渗漏面积大小而定，凿毛后用钢丝刷刷去灰尘和浮渣，并用水冲净。

堵水眼。对渗漏严重部位，用促凝防水沙浆堵住水眼，防止漏水冲破防水抹面，然后用水泥沙浆分层抹面即可。除此之外，用促凝防水沙浆的 5 层抹面法和氯化铁防水沙浆抹面也能达到较好的效果。

230

（2）在渗漏水不大的情况下，可采取膨胀水泥沙浆或普通水泥沙浆抹面。

环氧树脂浆液涂层：这种方法适用于渗漏较轻并且渗漏部位能用喷灯烘干的地方。

环氧树脂浆液涂层，是以环氧树脂为主体，加入辅助材料（固化剂、增韧剂、稀释剂和填料）配制而成。环氧树脂涂层，强度高，黏接力大，收缩性小，化学稳定性好，广泛用于修补混凝土工程，并取得较好效果。

3）地坪返水的处理

地坪返水较严重的洞库，仅处理拱顶和侧墙不能完全解决洞库潮湿问题，还应处理好地坪返水问题。通常的做法是在地坪上敷设一层沥青混凝土或铺一层沥青沙垫层。也可将地坪做成乳化沥青防潮层。乳化沥青防潮层有两种做法，一是将地坪分两层浇灌，在两层混凝土中间加铺乳化沥青防潮层；二是在地坪混凝土上喷涂乳化沥青，再在其上抹2cm厚的水泥沙浆作为保护层。

参 考 文 献

1　张开．粘合与密封材料[M]．北京：化学工业出版社,1996.

2　王金刚．石化装备流体密封技术[M]．北京：中国石化出版社,2007.

3　王训钜．带压堵漏技术[M]．北京：中国石化出版社,1992.

4　中国石化总公司．职业安全卫生管理制度[M]．北京：中国石化出版社,1999.

5　HG/T 20201—2007,带压密封技术规范．

6　陈华波,涂亚庆．输油管道泄漏检测方法综述[J]．管道技术与设备,2000.1.

7　袁进军．闸阀阀杆密封填料渗漏处理[J]．油气储运,1998.11.

8　杨建春．阀门密封填料泄漏原因及改进措施[J]．油气储运,1999.4.

9　樊宝德．用油封代替泵轴密封填料[J]．油气储运,1983.1.

10　李雪真．用膨胀石墨作密封填料[J]．油气储运,1983.2.

11　潘世维．螺旋密封在D型输油泵上的应用[J]．油气储运,1990.3.

12　夏光．离心泵机械密封渗漏的剖析及防漏措施[J]．油气储运,1987.5.

13　孟振虎等．骨架橡胶油封和油库泵轴封问题[J]．油气储运,1991.6.

14　胡忆沩．管道的泄漏及带压处理方法[J]．管道技术与设备,1997.3~6.

15　尹国耀,屈文理,武建民．管道带压封堵技术[J]．管道技术与设备,1999.3.

16　闵希华,梁党国等．长距离天然气管道抢修技术[J]．油气储运,2002.5.

17　林金贤．管道动火作业的隔离与扫线[J]．油气储运,1999.4.

18　邓华蛟．不停输开孔封堵设备在管道输送中的应用[J]．管道技术与设备,2001.2.

19　郝旭昭,丁明东．油罐粘接开孔工艺的研究与应用[J]．油气储运,2000.2.

20　SY/T 5921—2011 立式圆筒形钢制焊接油罐操作维护修理规程．

21　高延禹．带油管道施工动火的安全措施[J]．油气储运,1997.4.

22　张万斌．立式金属油罐的换底及施工[J]．油气储运,1990.4.

23　翁熙祥,梁志杰等．金属粘接技术[M]．北京：化学工业出版社,2006.

24　邢世平,杨志华．快速带压堵漏技术及其应用[J]．石油工程建设,2001.1.

25　赵良编著．带压堵漏技术实例[M]．河南科学技术出版社,2007.

26　李煌英,高光军．国外旧管道不停输外修复技术[J]．油气储运,2000.3.

27　刘国军．大化肥生产中在线堵漏技术[J]．管道技术与设备,2001.2.

28　王凡喜．油库区管道动火检修方法及措施[J]．油气储运,1995.5.

29　周先进,石新等．油库设备安全运行与管理[M]．北京：中国石化出版社,2008.

30　许长青．油库输油管道泄漏的抢修方法[J]．油气储运,1998.12.

31　赵振荣．D型输油泵螺旋密封改造[J]．油气储运,2000.9.

32　王汝美．实用机械密封技术问答[M]．北京：中国石化出版社,2000.

33　Jim Le Bleu 张人杰译．用FRP衬里系统来取代储罐底板更换[J]．石油商技,1996.1.

34　陈代双等．错位法兰不停产带压堵漏密封的方法[J]．化工设备与管道,2008(2).

35　姚哲,夏长友．管道人为破坏泄漏事故的抢修方法[J]．油气储运,2001.2.

36　陈德才,崔德容．机械密封设计制造与使用[M]．北京：机械工业出版社,1993.43.

37　日本旭技建公司 简并健治．日刊《配管と装置》20[5],(1980)．

38　日本太阳电子工业公司 木田谊．日刊《配管と装置》20[5],(1980)．

39　蔺子军等．油库设备应急抢修技术[M]．北京：中国石化出版社,2010.

40　GB/T 539—2008 耐油石棉橡胶板．

41　GB/T 5574—2008 工业用棉胶板．

42　GB/T 1712—2008 阀门零部件 填料和填料垫．

43　GB/T 1472—2011 泵用机械密封．